高等职业教育新业态新职业新岗位系列教材

单片机仿真与制作

（基于 Proteus ISIS）

唐　萍　韦雅曼　黄宇婧　周文军　　主　编

莫名韶　谢祥强　覃　铖　　　　　　副主编

陈　勇　李珍珍　曾　鹏

电子工业出版社
Publishing House of Electronics Industry
北京·BEIJING

内 容 简 介

本书涵盖 51 单片机 C 语言程序设计所需掌握的各方面知识点。首先详细介绍了 51 单片机的集成开发环境和开发流程；然后结合实例对 51 单片机 C 语言程序设计的基础知识点进行介绍；接着对 51 单片机 C 语言程序设计进行了详细的讲解，包括中断设计、定时/计数器、串口设计等内容；最后设计了 2 个完整的综合应用实例。本书不仅介绍了 51 单片机 C 语言程序设计相关知识，还对单片机的硬件资源，以及如何使用 51 单片机 C 语言来编程控制单片机的各种片上资源进行了详细的介绍，通过学习和实践，学生能够真正掌握单片机开发的核心技术，为将来进入相关岗位工作或继续深造奠定基础。

本书可作为高等职业院校、中等职业院校、技工院校及应用型本科院校的单片机教材；也可作为电子类、机械类专业学生，以及渴望掌握现代智能电子技术的相关工程技术人员的教材或学习参考书。

未经许可，不得以任何方式复制或抄袭本书之部分或全部内容。
版权所有，侵权必究。

图书在版编目（CIP）数据

单片机仿真与制作：基于 Proteus ISIS / 唐萍等主编. —北京：电子工业出版社，2024.1
ISBN 978-7-121-46905-3

Ⅰ. ①单… Ⅱ. ①唐… Ⅲ. ①单片微型计算机－系统仿真－应用软件－高等学校－教材②C 语言－程序设计－高等学校－教材 Ⅳ. ①TP368.1②TP312.8

中国国家版本馆 CIP 数据核字（2023）第 245866 号

责任编辑：王昭松　　特约编辑：田学清
印　　刷：天津嘉恒印务有限公司
装　　订：天津嘉恒印务有限公司
出版发行：电子工业出版社
　　　　　北京市海淀区万寿路 173 信箱　邮编：100036
开　　本：787×1 092　1/16　印张：14.5　字数：371 千字
版　　次：2024 年 1 月第 1 版
印　　次：2024 年 1 月第 1 次印刷
定　　价：49.00 元

凡所购买电子工业出版社图书有缺损问题，请向购书店调换。若书店售缺，请与本社发行部联系，联系及邮购电话：（010）88254888，88258888。
质量投诉请发邮件至 zlts@phei.com.cn，盗版侵权举报请发邮件至 dbqq@phei.com.cn。
本书咨询联系方式：（010）88254015，wangzs@phei.com.cn。

PREFACE
前言

现在几乎很难找到哪个领域没有单片机的踪迹，单片机已经渗透到人们生活的各个领域。例如，导弹的导航装置，飞机上各种仪表的控制，计算机的网络通信与数据传输，工业自动化过程的实时控制和数据处理，广泛使用的各种智能 IC 卡，汽车的安全保障系统，录像机、摄像机、全自动洗衣机的控制，程控玩具及电子宠物等，这些都离不开单片机。更不用说自动控制领域的机器人、智能仪表、医疗器械了。科技越发达，智能化的东西就越多，单片机使用得就越多。因此，单片机的学习、开发和应用将造就一批计算机应用与智能控制的科学家、工程师。编者结合多年教学心得和实际项目开发经验编写了本书，希望学生通过学习和实践真正掌握单片机开发的核心技术，为将来进入相关岗位工作或继续深造奠定基础。

本书在编写过程中力求体现以下特色。

√ 内容全面，由浅入深

传统的教学方法只注重理论而忽略了实践，要记住那些空洞而枯燥的理论知识实在不是一件容易的事。本书尝试了一种全新的单片机教学方法——项目式的、循序渐进式的实践教学方法，以单片机的应用为基础，结合基本的控制系统和实践工作中的具体应用，由浅入深地将各条指令贯穿于一个又一个实验项目中。通过所见即所得的实验来讲解各种指令的编程方法与单片机各模块的应用，并穿插讲解相关的基本概念，学生可以尽快地熟悉单片机应用的基本步骤，掌握软件编程的基本方法。

√ 结合实例，加深理解

关于单片机的每个知识点，都采用任务驱动的方式来编写，均给出了其在程序设计中的编程实例，都可以进行仿真与实际制作，学生可以在学习独立知识点的同时，根据应用实例举一反三，快速掌握相应知识点在整个程序设计系统中的实际应用。

√ 仿真调试，强化理解

本书对 51 单片机 C 语言程序设计的典型开发环境，即编译环境 Keil µVision2、程序下载环境 STC-ISP 和仿真环境 Proteus ISIS 进行了详细介绍。在讲解过程中，结合完整的 51 单片机 C 语言程序设计实例，详细阐述了如何仿真调试单片机的各种片上资源。本书契合学生的需求，使学生能够强化对程序的理解。

√ 仿真、万能板与双面 PCB 板 3 种方法相结合，契合所有学生的需求

本书采用 3 种方法来实现所有实例：Proteus ISIS 仿真、万能板实物制作与双面 PCB 板实物制作。学生可以根据自身情况选取其中较容易实现的一种方法，基本可以满足所有学生的需求。本书中的所有实例均可以通过编者自主开发的配套实验板进行测试，并附有全部实例的电路板制作双面高清图片，以及演示运行时的录像，读者可登录华信教育资源网（www.hxedu.com.cn）免费注册后下载本书全套电子资源。

本书由南宁职业技术学院的唐萍、韦雅曼、黄宇婧、周文军任主编；深圳复兴智能制造有限公司的陈勇和广西电力职业技术学院的谢祥强，以及南宁职业技术学院的莫名韶、覃铖、李珍珍、曾鹏任副主编。具体分工：唐萍负责编写任务 1～任务 5 并负责本书的整体策划和统稿工作，韦雅曼负责编写任务 6～任务 9，黄宇婧负责编写任务 10～任务 12，谢祥强负责编写任务 13，周文军负责编写任务 14 和任务 15，陈勇对全书的系统设计提出了诸多创新性意见，莫名韶、覃铖、李珍珍、曾鹏协助完成全书所有项目的实验验证及资料整理。本书创作得到了南宁职业技术学院、广西电力职业技术学院、深圳复兴智能制造有限公司等单位有关领导、教师和工程技术人员的大力支持与帮助，在此表示衷心的感谢。

CONTENTS
目录

项目一
认识单片机最小系统及开发环境 /1

任务1 让一只LED闪烁起来 /1
【任务要求】 /1
【任务目标】 /1
【相关知识】 /2
    1. 单片机简介 /2
    2. Keil μVision2 集成开发环境 /7
    3. Proteus ISIS 仿真环境 /15
    4. STC-ISP 程序下载环境 /19
    5. 配套实验板 /23
【任务实施】 /24
【任务评价】 /27
【任务小结】 /28
【拓展训练】 /28
【课后练习】 /28
【精于工、匠于心、品于行】 /29

项目二
单片机P口输出 /31

任务2 LED流水灯 /31
【任务要求】 /31
【任务目标】 /31
【相关知识】 /31
    1. 十六进制与二进制 /32
    2. LED 驱动 /33
    3. 单片机P口 /34
    4. Keil C 语言 /38

【任务实施】/49
　　【任务评价】/52
　　【任务小结】/53
　　【拓展训练】/53
　　【课后练习】/54
　　　　【精于工、匠于心、品于行】/55

任务3　通过继电器控制照明灯　/56
　　【任务要求】/56
　　【任务目标】/56
　　【相关知识】/57
　　　　1．普通继电器　/57
　　　　2．固态继电器　/58
　　【任务实施】/60
　　【任务评价】/63
　　【任务小结】/64
　　【拓展训练】/64
　　【课后练习】/65
　　　　【精于工、匠于心、品于行】/65

任务4　让蜂鸣器产生报警声音　/66
　　【任务要求】/66
　　【任务目标】/66
　　【相关知识】/66
　　　　1．声音的产生　/66
　　　　2．蜂鸣器　/67
　　【任务实施】/68
　　【任务评价】/72
　　【任务小结】/73
　　【拓展训练】/73
　　【课后练习】/73
　　　　【精于工、匠于心、品于行】/74

任务5　让7段数码管循环显示数字　/74
　　【任务要求】/74
　　【任务目标】/74
　　【相关知识】/75
　　　　1．7段数码管　/75
　　　　2．一维数组和二维数组　/78
　　【任务实施】/80
　　【任务评价】/84
　　【任务小结】/85
　　【拓展训练】/85

【课后练习】 /85

　　【精于工、匠于心、品于行】 /86

任务6　用4位7段数码管显示数字组合2023 /87

　　【任务要求】 /87

　　【任务目标】 /87

　　【相关知识】 /87

　　　　1. 多位7段数码管 /87

　　　　2. 4位7段数码管 /88

　　　　3. 扫描驱动存在的问题 /90

　　　　4. 集成译码器74HC138 /91

　　　　5. 锁存器74HC573 /92

　　【任务实施】 /93

　　【任务评价】 /96

　　【任务小结】 /97

　　【拓展训练】 /97

　　【课后练习】 /97

　　【精于工、匠于心、品于行】 /98

项目三

单片机P口输入 /100

　　任务7　按键控制LED的亮和灭 /100

　　　　【任务要求】 /100

　　　　【任务目标】 /100

　　　　【相关知识】 /100

　　　　　　1. 按键的分类 /100

　　　　　　2. 独立式按键输入电路设计 /103

　　　　　　3. 按键抖动与去抖 /104

　　　　【任务实施】 /106

　　　　【任务评价】 /109

　　　　【任务小结】 /110

　　　　【拓展训练】 /110

　　　　【课后练习】 /110

　　　　【精于工、匠于心、品于行】 /110

　　任务8　用1位7段数码管显示4×4矩阵键盘按键值 /111

　　　　【任务要求】 /111

　　　　【任务目标】 /111

　　　　【相关知识】 /111

　　　　　　1. 矩阵键盘简介 /111

  2. 矩阵键盘的工作原理 /112

  3. 制作 4×4 矩阵键盘 /115

【任务实施】 /115

【任务评价】 /120

【任务小结】 /121

【拓展训练】 /121

【课后练习】 /121

【精于工、匠于心、品于行】 /122

项目四

外部中断的应用 /123

任务 9 用外部中断 INT0 控制 8 只 LED 单灯左移 /123

【任务要求】 /123

【任务目标】 /123

【相关知识】 /124

  1. 中断 /124

  2. MCS-51 中断系统 /124

  3. 中断开关寄存器（IE） /125

  4. 定时/计数器控制寄存器（TCON） /126

  5. 中断子程序 /126

【任务实施】 /128

【任务评价】 /130

【任务小结】 /131

【拓展训练】 /131

【课后练习】 /132

【精于工、匠于心、品于行】 /133

任务 10 用两个外部中断控制 7 段数码管加/减计数 /134

【任务要求】 /134

【任务目标】 /134

【相关知识】 /134

  1. 中断优先级 /134

  2. 中断嵌套 /136

【任务实施】 /137

【任务评价】 /140

【任务小结】 /140

【拓展训练】 /141

【课后练习】 /141

【精于工、匠于心、品于行】 /141

项目五

定时/计数器中断的应用 /143

任务 11 用定时器 T0 中断控制 LED 闪烁 /143

【任务要求】 /143

【任务目标】 /143

【相关知识】 /143

    1．定时/计数器中断的概念 /143

    2．TMOD /144

    3．TCON /147

【任务实施】 /148

【任务评价】 /150

【任务小结】 /151

【拓展训练】 /151

【课后练习】 /151

【精于工、匠于心、品于行】 /152

项目六

单片机串口应用 /153

任务 12 通过串口发送一串字符至计算机 /153

【任务要求】 /153

【任务目标】 /153

【相关知识】 /153

    1．串行通信的基本概念 /153

    2．AT89C51 的串口 /156

    3．计算机与单片机之间的串行通信 /160

【任务实施】 /164

【任务评价】 /167

【任务小结】 /168

【拓展训练】 /168

【课后练习】 /169

【精于工、匠于心、品于行】 /169

任务 13 甲单片机板通过串口控制乙单片机板上的 LED 闪烁 /170

【任务要求】 /170

【任务目标】 /170

【相关知识】 /170

【任务实施】 /171

【任务评价】 /177

【任务小结】 /178

【拓展训练】 /179

【课后练习】 /179

【精于工、匠于心、品于行】 /180

项目七

单片机系统综合应用 /182

任务14 红外线解码并用7段数码管显示解码值 /182

【任务要求】 /182

【任务目标】 /182

【相关知识】 /182

1. 红外线遥控器简介 /182
2. 红外线信号的传输过程 /183
3. 红外线信号传输协议 /184

【任务实施】 /187

【任务评价】 /197

【任务小结】 /198

【拓展训练】 /198

【课后练习】 /198

【精于工、匠于心、品于行】 /199

任务15 用DS18B20测量温度并用7段数码管显示 /200

【任务要求】 /200

【任务目标】 /200

【相关知识】 /200

1. DS18B20简介 /200
2. DS18B20的测温原理 /201
3. DS18B20的内部结构及外部封装 /202
4. DS18B20的存储器 /202
5. DS18B20的温度转换 /204
6. DS18B20单总线通信协议 /205
7. DS18B20的测温过程 /212

【任务实施】 /213

【任务评价】 /219

【任务小结】 /220

【拓展训练】 /220

【课后练习】 /220

【精于工、匠于心、品于行】 /221

项目一

认识单片机最小系统及开发环境

任务1 让一只 LED 闪烁起来

【任务要求】

仿真演示

万能板演示

双面 PCB 板演示

制作一个单片机最小系统电路板,让一只 LED 闪烁起来。通过更改程序,要求将指定的一只 LED 点亮。

【任务目标】

知识目标
- 了解单片机的基本概念。
- 了解硬件开发环境。
- 理解单片机的软件开发环境:编译环境 Keil μVision2、仿真环境 Proteus ISIS、程序下载环境 STC-ISP。
- 掌握单片机系统开发的基本流程。

能力目标
- 能将程序下载到所制作的电路板中并调试。
- 能用万能板或双面 PCB 板制作一个最小系统电路。
- 能改写程序,点亮一只 LED。

素养目标
- 培养学生认真务实的态度。
- 使学生养成理论与实际相结合的思维习惯。

【相关知识】

本项目通过单片机驱动一只 LED 闪烁,带领学生进入单片机世界,使学生对单片机和单片机系统有一个初步的认识。在此,首先简要介绍单片机的基本概念,然后学习单片机开发所需的软/硬件环境,其中,软件环境包括编译环境 Keil μVision2、仿真环境 Proteus ISIS、程序下载环境 STC-ISP;硬件环境包括与本书配套的可自行组装、焊接或在网上可轻易买到的单片机实验板。

1. 单片机简介

单片机是集成在一块芯片上的微型计算机系统。图 1-1 所示为 STC89C52RC 单片机实物图,目前所用的所有 51 单片机的外观和引脚都与这款单片机相似,均为 40 引脚,且引脚功能基本上相同。尽管单片机的大部分功能都集成在一块芯片上,但是它具有一台完整计算机所需的大部分部件:CPU、内存、内部和外部总线系统,如图 1-2 所示。同时,它集成诸如通信接口、定时器、实时时钟等外围设备。而现在最强大的单片机系统甚至可以将声音、图像、网络、复杂的输入/输出系统集成在一块芯片上。

图 1-1 STC89C52RC 单片机实物图

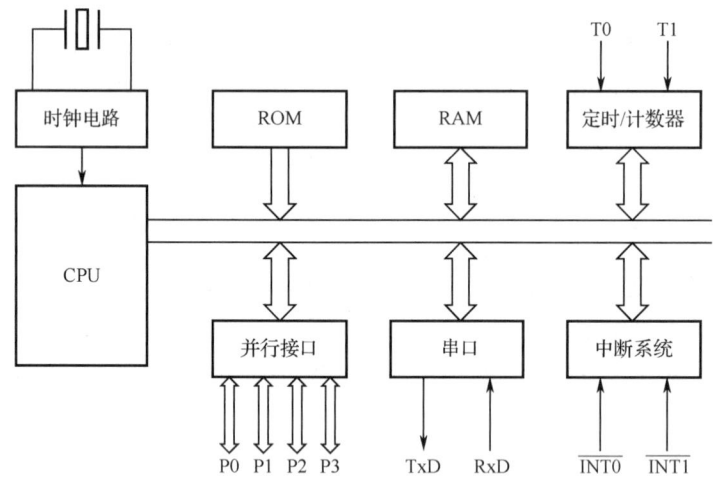

图 1-2 51 单片机的基本结构

1)单片机的发展历史及应用领域

单片机诞生于 20 世纪 70 年代末,经历了 SCM、MCU、SoC 三大阶段。第一阶段是 SCM(Single Chip Microcomputer,单片微型计算机)阶段,主要寻求最佳的单片形态嵌入式系统的最佳体系结构。第二阶段是 MCU(Micro Controller Unit,微控制器)阶段,主要的技术发展方向是在不断扩展满足嵌入式应用的同时,加强对象系统要求的各种外围电路与接口电路,突显其对象的智能化控制能力。第三阶段是 SoC(System on Chip,片上系统)阶段,是目前单片机嵌入式系统的独立发展之路。向 SoC 阶段发展,就是要寻求芯片在应用系统上的最大化应用,专用单片机的发展自然形成了 SoC 化趋势。因此，对单片机的理解可以从单片微型计算机、单片微控制器延伸到单片应用系统。

目前，单片机的主要应用如下。

（1）智能仪器仪表上的应用：单片机具有体积小、功耗低、控制功能强、扩展灵活、微型化和使用方便等优点，广泛应用于仪器仪表中，结合不同类型的传感器，可实现诸如电压、功率、频率、湿度、温度、流量、速度、厚度、角度、长度、硬度、元素、压力等物理量的测量。采用单片机控制使得仪器仪表数字化、智能化、微型化，且其功能比起采用电子或数字电路更加强大，如精密的测量设备——功率计、示波器、各种分析仪等。

（2）工业控制中的应用：用单片机可以构成形式多样的控制系统、数据采集系统，如工厂流水线的智能化管理、电梯智能化控制、各种报警系统，以及与计算机联网构成二级控制系统等。

（3）家用电器中的应用：现在的家用电器基本上都采用单片机来控制，如电饭煲、洗衣机、冰箱、空调、电视、其他音响视频器材、电子称量设备等。

（4）计算机网络和通信领域中的应用：现行的单片机普遍具备通信接口，可以很方便地与计算机进行数据通信，为计算机网络和通信设备间的应用提供了极好的接口条件，现在的通信设备基本上都实现了单片机智能控制，如手机、小型程控交换机、楼宇自动通信呼叫系统、列车无线通信、集群移动通信、无线电对讲机等。

（5）医用设备领域中的应用：单片机在医用设备中的用途也相当广泛，如医用呼吸机、各种分析仪、监护仪、超声诊断设备、病床呼叫系统等。

（6）各种大型电器中的模块化应用：某些专用单片机设计用于实现特定功能，从而在各种电路中进行模块化应用，而不要求使用人员了解其内部结构。例如，对于音乐集成单片机，看似简单的功能，微缩在纯电子芯片中（有别于磁带机的原理），就需要复杂的类似计算机的原理。音乐信号以数字的形式存于存储器中（类似 ROM），由微控制器读出，转化为模拟音乐电信号（类似声卡），这种模块化应用极大地缩小了设备的体积，简化了电路，降低了损坏率、错误率，也方便更换。

（7）汽车设备领域中的应用：单片机在汽车电子中的应用非常广泛，如汽车中的发动机控制器、基于 CAN 总线的汽车发动机智能电子控制器、GPS 导航系统、防抱死系统、制动系统等。

（8）单片机在工商、金融、科研、教育、国防、航空航天等领域都有着十分广泛的用途。

2）51 单片机引脚功能

图 1-3（a）所示为电路原理图中的单片机引脚对应的功能图，引脚上的数字为引脚编号，框体里面的字母说明为功能表示。在电路原理图中，一般将功能相似的引脚放在一块。实物中的单片机引脚如图 1-3（b）所示，是按逆时针依次编号的。

（1）电源引脚。第 40 脚（VCC）为电源引脚正端，第 20 脚（VSS）为接地引脚。这两个引脚在电路原理图中通常隐藏，故图 1-3（a）中未标示出来。单片机通常的工作电压为 4～5.5V，部分低压单片机的工作电压为 3V。

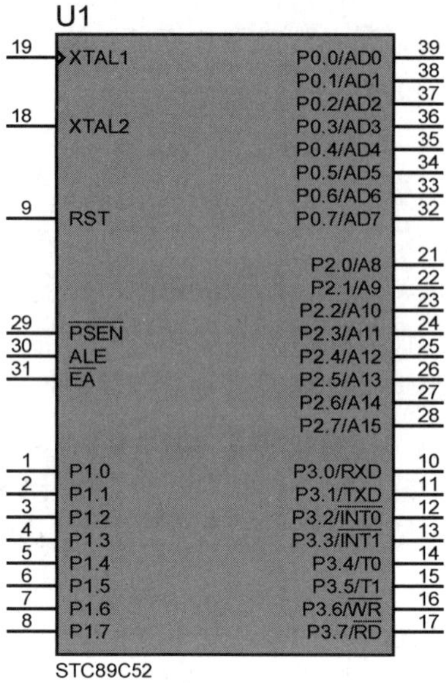

图 1-3 51 单片机引脚

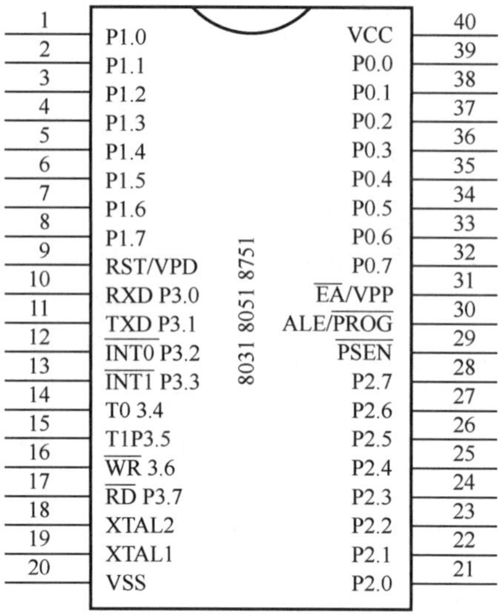

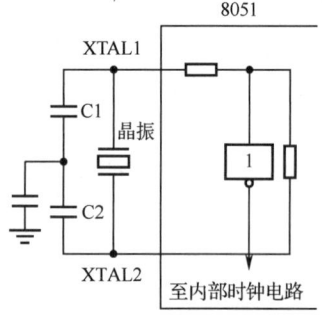

图 1-4 常用单片机晶振电路

（2）外接晶振引脚。第 18、19 脚 XTAL2、XTAL1 用来接时钟电路，为单片机提供时钟脉冲，如图 1-4 所示。在 MCS-51 芯片内部有一个高增益反相放大器，其输入端为芯片引脚 XTAL1、输出端为引脚 XTAL2；而在芯片外部，XTAL1 和 XTAL2 引脚之间跨接晶体振荡器（晶振）和微调电容，从而构成一个稳定的自激振荡器，这就是单片机的时钟电路。

单片机系统中的各部分都是在一个统一的时钟脉冲控制下有序地工作的。时钟电路是单片机系统最基本、最重要的电路。也可以简单地理解为：每个时钟脉冲输入单片机，单片机就进行一个动作，这样，脉冲的速度和稳定性就决定了单片机的运行速度与稳定性。

※※※注意：

- 时钟电路产生的振荡脉冲只有在经过触发器进行二分频后，才成为单片机的时钟脉冲信号。应注意区分时钟脉冲与振荡脉冲之间的二分频关系，否则会造成概念上的错误。
- 一般电容 C1 和 C2 取 30pF 左右，晶体振荡器的振荡频率为 1.2~24MHz。晶体振荡器的振荡频率高，系统的时钟频率就高，单片机的运行速度就快。MCS-51 单片机在通常情况下使用 6MHz、11.0592MHz 或 12MHz 的振荡频率。

（3）复位引脚。第 9 脚（RST）为复位引脚。晶振运行时，当有两个机器周期（24 个振荡周期，当采用 12MHz 晶振时，振荡周期为 2μs）以上的高电平出现在此引脚上时，单片机复位，只要这个引脚保持高电平，单片机便一直处于复位状态。单片机复位后，P0~P3 口均置 1，引脚表现为高电平，程序计数器和特殊功能寄存器（SFR）全部清零。当复位引脚由高电平变为低电平时，PC=0000H，CPU 从程序存储器的

0000H 开始取指令执行。复位操作不会对内部 RAM 有影响。

单片机的外部复位电路有上电自动复位和按键手动复位两种。最简单的复位电路由电容和电阻串联构成，如图 1-5 所示。上电瞬间，由于电容两端电压不能突变（保持为 0V），此时复位引脚的电压值为 VCC。随着对电容的充电，电容两端压差将达到 5V，即复位引脚电平接近 0V。为了确保单片机复位，复位引脚上的高电平时间必须大于两个机器周期的时间，电阻的典型值为 $10k\Omega$，电容的典型值为 $10\mu F$。51 单片机多采用上电自动复位和按键手动复位组合电路，但按键手动复位电路在单片机最小系统中并不是必需的，只是对单片机的复位控制会方便些。

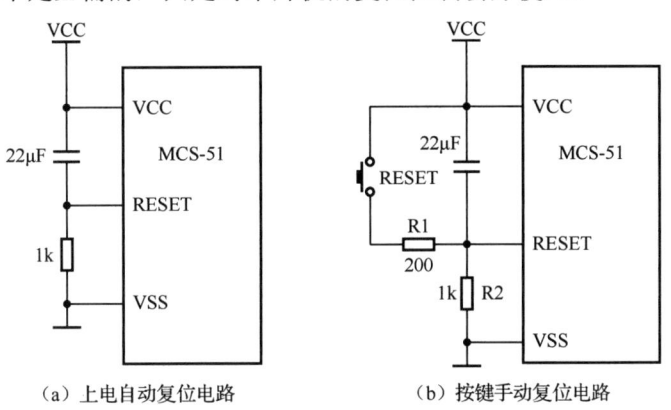

图 1-5 单片机复位电路

（4）输入/输出引脚。

P0 口（P0.0～P0.7）是一个 8 位漏极开路型双向 I/O 口，端口置 1（对端口写 1）时作为高阻抗输入端，作为输出口时能驱动 8 个 TTL 电路。P0 需要外接上拉电阻。

P1 口（P1.0～P1.7）是一个带有内部上拉电阻的 8 位双向 I/O 口，输出时能驱动 4 个 TTL 门电路；端口置 1 时，内部上拉电阻将端口拉到高电平，作为输入口；对内部 Flash 程序存储器编程时，接收低 8 位地址信息。除此之外，P1 口还用于一些专门功能（第二功能），如表 1-1 所示。

表 1-1 P1 口的第二功能

P1 口	兼用功能
P1.0	T2（外部计数器）、时钟输出（C51、S51 无此功能）
P1.1	T2EX（定时器 2 的捕捉/重载触发信号与方向控制）（C51、S51 无此功能）
P1.5	MOSI（用于在线编程）（C51、C52 无此功能）
P1.6	MISO（用于在线编程）（C51、C52 无此功能）
P1.7	SCK（用于在线编程）（C51、C52 无此功能）

P2 口（P2.0～P2.7）是一个带有内部上拉电阻的 8 位双向 I/O 口，输出时能驱动 4 个 TTL 门电路；端口置 1 时，内部上拉电阻将端口拉到高电平，作为输入口；对内部 Flash 程序存储器编程时，接收高 8 位地址和控制信息；在访问外部程序和 16 位外部数据存储器时，送出高 8 位地址；在访问 8 位地址的外部数据存储器时，其引脚上的内容在此期间不会改变。

P3 口（P3.0～P3.7）是一个带有内部上拉电阻的 8 位双向 I/O 口，输出时能驱动 4 个 TTL 门电路；端口置 1 时，内部上拉电阻将端口拉到高电平，作为输入口；对内部 Flash 程序存储器编程时，接收控制信息。除此之外，P3 口还用于一些专门功能，如表 1-2 所示。

表 1-2 P3 口的第二功能

P3 口	兼 用 功 能
P3.0	串行通信输入（RXD）
P3.1	串行通信输出（TXD）
P3.2	外部中断 0（INT0）
P3.3	外部中断 1（INT1）
P3.4	定时器 0 输入（T0）
P3.5	定时器 1 输入（T1）
P3.6	外部数据存储器写选通（WR）
P3.7	外部数据存储器读选通（RD）

（5）其他控制或复用引脚。

对于第 30 脚（ALE/$\overline{PROG}$），在访问外部存储器时，ALE（地址锁存允许）引脚的输出用于锁存地址的低位字节。即使不访问外部存储器，ALE 引脚仍以不变的频率输出脉冲信号（此频率是晶振频率的 1/6）；在访问外部数据存储器时，ALE 引脚会出现一个 ALE 脉冲；对内部 Flash 程序存储器编程时，第 30 脚用于输入编程脉冲 $\overline{PROG}$。

第 29 脚（$\overline{PSEN}$）是外部程序存储器的读选通信号输出端，当单片机从外部程序存储器中取指令或常量时，每个机器周期输出两个脉冲，即两次有效；但在访问外部数据存储器时，将不会有脉冲输出。

第 31 脚（$\overline{EA}$/VPP）为外部程序存储器访问允许端。当该引脚访问外部程序存储器时，应输入低电平。要使单片机只访问外部程序存储器（地址为 0000H～FFFFH），该引脚必须保持低电平。当使用内部的程序存储器时，此引脚应与 VCC 相连。在对内部 Flash 程序存储器编程时，该引脚用于施加 VPP 编程电压。由于 STC 单片机内部的程序存储器的容量大，且 STC 单片机不需要单独施加编程电压，因此该引脚在 STC 单片机中会作他用。

3）单片机最小系统

初学者可能对单片机最小系统感觉很神秘，其实单片机最小系统很简单，就是能使单片机工作的由最少的元器件构成的系统。

时钟电路和复位电路设计完成后，单片机最小系统就完整了。图 1-6 是单片机最小系统原理图，图 1-7 是用万能板制作的单片机最小系统实物图，图 1-8 是用双面 PCB 板制作的单片机最小系统实物图。只要接上电源，单片机就能独立工作。单片机最小系统虽然简单，却是大多数控制系统必不可少的关键部分。对于 MCS-51 单片机，其内部已经包含了一定数量的程序存储器和数据存储器，因此，只要在外部增加时钟电路和复位电路即可构成单片机最小系统。本任务只要按图 1-7 或图 1-8 进行制作，把程序下载到单片机上，这个电路板就构成一个单片机最小系统。它能独立运行，只要给它通上 5V 的电源，它就能一直按程序要求工作。单片机最小系统工作的视频见二维码。

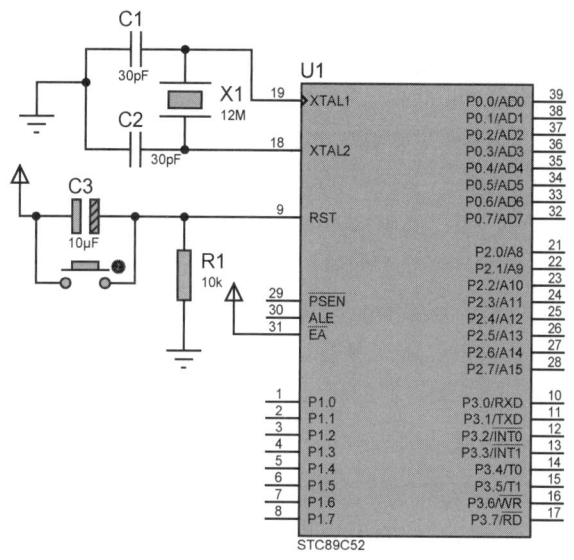

图 1-6　单片机最小系统原理图

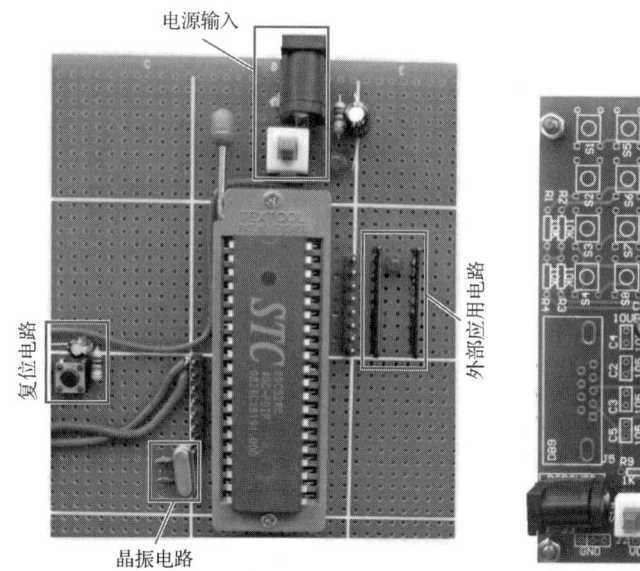

图 1-7　用万能板制作的单片机最小系统实物图　　图 1-8　用双面 PCB 板制作的单片机最小系统实物图

2. Keil μVision2 集成开发环境

Keil μVision2 是德国 Keil Software 公司（2005 年被 ARM 公司收购）出品的 51 系列单片机 C 语言开发软件，使用接近传统 C 语言的语法来开发，与汇编语言相比，C 语言在功能、结构性、可读性、可维护性上有明显的优势，因而易学易用，而且大大提高了工作效率、缩短了项目开发周期。Keil μVision2 还能嵌入汇编（可以在关键位置嵌入），使程序达到接近汇编语言的工作效率。Keil C 语言标准 C 编译器为 8051 微控制器的软件开发提供了 C 语言环境，同时保留了汇编代码高效、快速的特点。

Keil μVision2 是众多单片机应用开发的优秀软件之一,支持所有的 Keil 8051 工具,包括 C 编译器、宏汇编器、连接/定位器、目标代码到 HEX 的转换器。它集编辑、编译、仿真于一体,支持汇编、PLM 语言和 C 语言的程序设计。2006 年 1 月 30 日,ARM 公司推出针对各种嵌入式处理器的软件开发工具,集成 Keil μVision3 的 RealView MDK 开发环境,2009 年 2 月又发布了 Keil μVision4,但这两个新版本都没能取代 Keil μVision2,这是由于它体积小、安装简单、界面友好、易学易用,所以被广大单片机爱好者使用至今。

Keil C 语言软件提供了丰富的库函数和功能强大的集成开发调试工具,全 Windows 界面使用户在很短的时间内就能学会如何使用 Keil C 语言来开发自己的单片机应用程序。

另外,重要的一点是,只要看一下编译后生成的汇编代码,就能体会到 Keil C 语言生成的目标代码效率非常高,多数语句生成的汇编代码很紧凑,容易理解,在开发大型软件时更能体现高级语言的优势。

1)Keil μVision2 的安装

直接将 Keil μVision2 压缩包解压到 C 盘根目录即可使用。如图 1-9 所示,目标路径选为"C:\",单击"确定"按钮,即可正确完成解压。

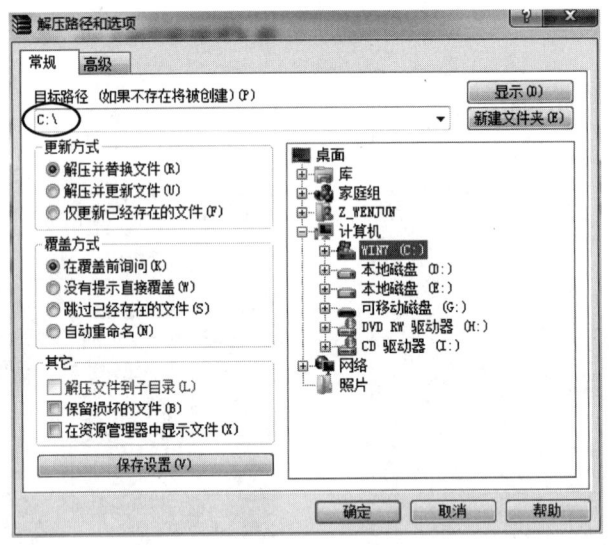

图 1-9 Keil μVision2 的解压目录

解压完成后将"C:\Keil\UV2\Uv2.exe"发送为桌面快捷方式,如图 1-10 所示,以后只需单击桌面上的快捷图标就能打开该软件了。

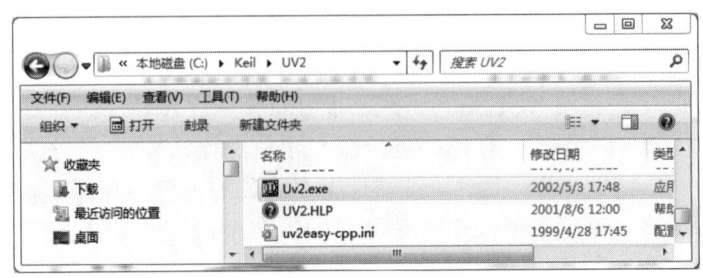

图 1-10 Keil μVision2 的实际安装目录

2) Keil μVision2 的启动

进入 Keil μVision2 后，启动界面如图 1-11 所示，几秒后出现编辑界面，如图 1-12 所示。

图 1-11　Keil μVision2 的启动界面

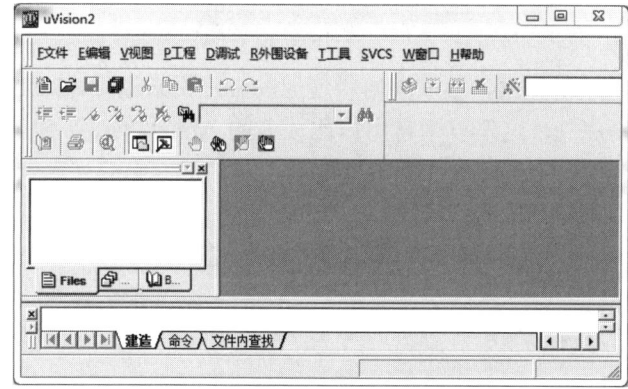

图 1-12　Keil μVision2 的编辑界面

3) 简单程序的调试

学习程序设计语言或某种程序软件最好的方法是直接操作实践。下面通过简单的编程、调试来引导学生学习 Keil μVision2 语言软件的基本使用方法和调试技巧。

（1）建立一个新工程。执行"工程"→"新建工程"命令，如图 1-13 所示。

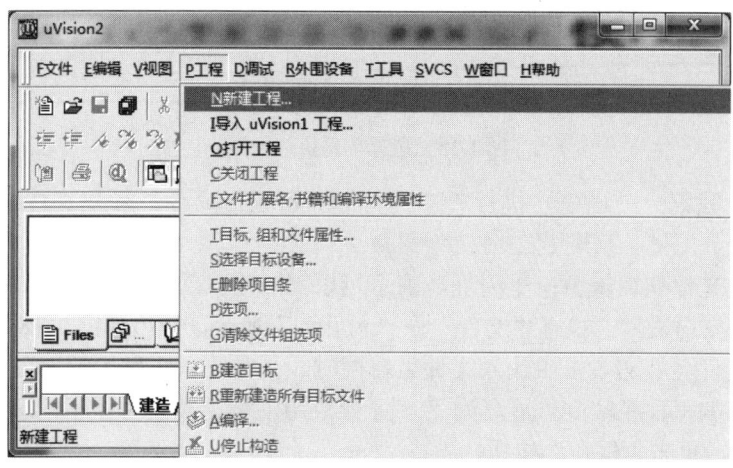

图 1-13　建立一个新工程

（2）选择要保存的路径，输入工程文件的名字，如保存到"D:\任务 1.让一只 LED 闪烁起来"目录里，工程文件的名字为"任务 1.让一只 LED 闪烁起来.uv2"，如图 1-14 所示。单击"保存"按钮。

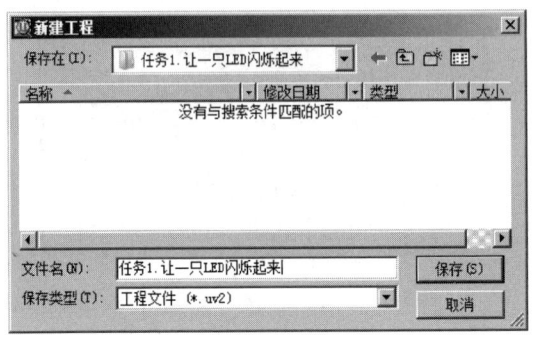

图 1-14　选择要保存的路径

（3）选择单片机的型号，可以根据所使用的单片机来选择。Keil C 语言几乎支持所有的 51 内核单片机，这里以平常用得比较多的 Atmel 的 89C51，即 AT89C51 来说明，如图 1-15 所示（选择单片机的型号后，对话框右侧的列表框中是对这个单片机的基本说明），单击"确定"按钮。完成后的界面如图 1-16 所示。

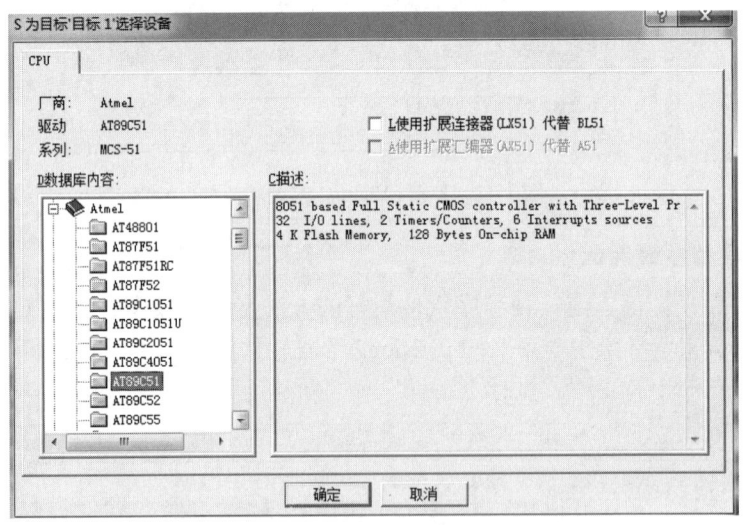

图 1-15　选择单片机的型号

（4）编写第一个程序。执行"文件"→"新建"命令，新建文件，如图 1-17 所示。

此时，光标在编辑窗口里闪烁，表示可以键入用户的应用程序了，但编者建议首先保存该空白文件。执行"文件"→"另存为"命令，弹出如图 1-18 所示的对话框，在"文件名"文本框中输入文件名，同时，必须输入正确的扩展名（注意：如果用 C 语言编写程序，则扩展名为".c"；如果用汇编语言编写程序，则扩展名必须为".asm"）。单击"保存"按钮。

项目一 认识单片机最小系统及开发环境

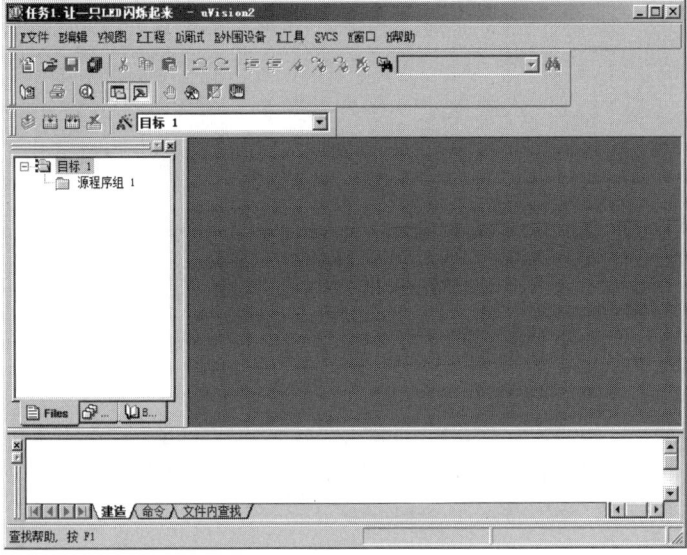

图 1-16 完成后的界面

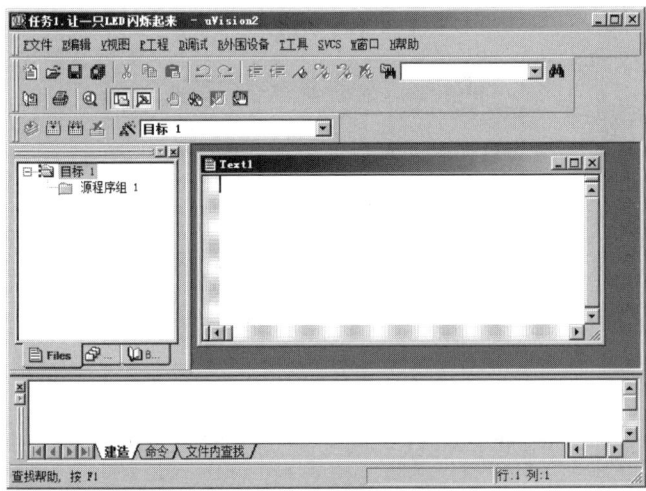

图 1-17 新建文件

图 1-18 另存为 C 文件

（5）回到编辑界面后，单击"目标 1"文件夹前面的"+"号，并右击"源程序组 1"文件夹，弹出如图 1-19 所示的快捷菜单，选择"增加文件到组'源程序组 1'"

选项，弹出如图 1-20 所示的对话框，选中"任务 1.让一只 LED 闪烁起来.c"文件，单击"Add"按钮，结果如图 1-21 所示。这时，"源程序组 1"文件夹中多了一个子项"任务 1.让一只 LED 闪烁起来.c"，子项的数量与所增加的源程序的数量相同。

图 1-19　快捷菜单

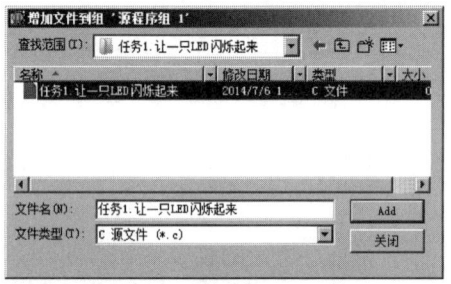

图 1-20　添加 C 文件

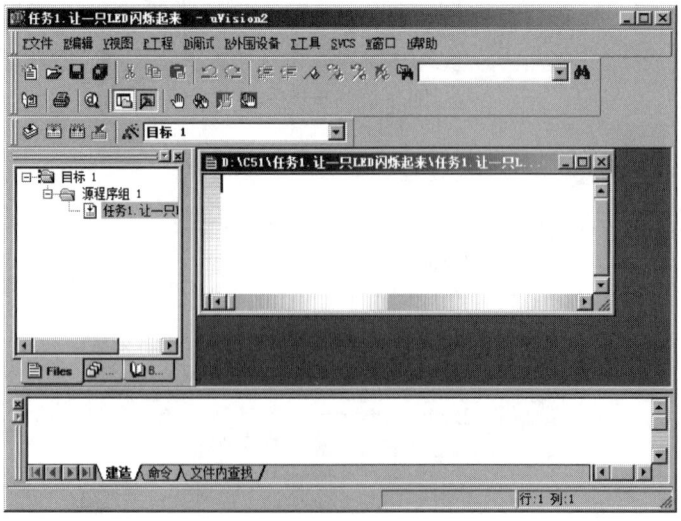

图 1-21　添加 C 文件后的界面

※※※注意：

此处若有现成的源程序（如在随书电子资源中可找到本例源程序），则可以直接添加其中的"任务1.让一只LED闪烁起来.c"文件，即可省去步骤（4）。

（6）输入以下C语言源程序：

```c
/**任务1.让一只LED闪烁起来**/
//================声明区================
#include <reg52.h>              //把库函数reg52.h包含进来
sbit led=P0^0;                  //声明变量led并指向单片机的P0.0引脚
//================主程序================
main()                          //主函数，void指空类型，没有返回值
{
    unsigned int i;             //声明i是一个无符号整型变量（0～65535）
    while(1)                    //无穷循环
    {
        led=1;                  //将P0.0设置为高电平
        for(i=0;i<30000;i++);   //循环30000次，延时一段时间
        led=0;                  //将P0.0设置为低电平
        for(i=0;i<30000;i++);   //循环30000次，延时一段时间
    }
}
```

在输入上述程序时，可以看到事先保存待编辑的文件的好处，即Keil C语言会自动识别关键字，并以不同的颜色提示用户加以注意，这样会使用户少犯错误，有利于提高编程效率。

（7）程序输入完成后，执行"工程"→"建造目标"命令（或按快捷键F7），如图1-22所示。若程序无错误，则会出现"0 错误(s)，0 警告(s)"的提示，如图1-23所示。

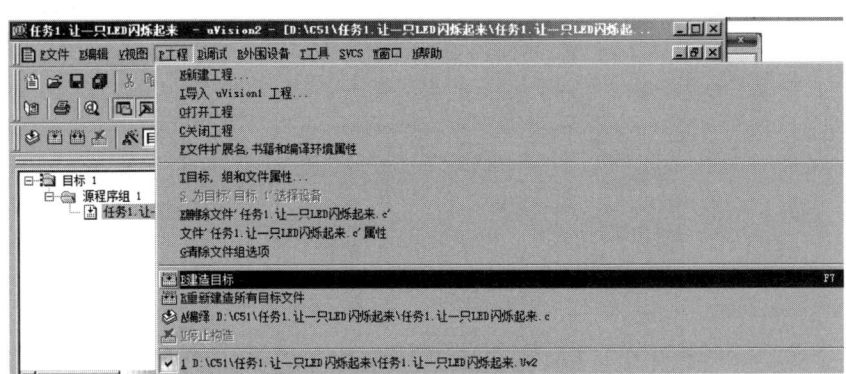

图1-22　建造目标

（8）调试程序（初学者可跳过此步）。执行"调试"→"开始调试"命令（或按快捷键Ctrl+F5），双击"led=0;"代码行就能在该行设置一个断点，行首将出现红块；执行"外围设备"→"I/O-Ports"→"Port 0"命令，打开P1口监视对话框，如图1-24所示。

图 1-23　提示编译成功

图 1-24　调试程序

（9）单击"运行"按钮（或按快捷键 F5）（初学者可跳过此步），程序将快速运行到断点行；单击"单步运行"按钮（或按快捷键 F10），将看到"led=0;"的效果：P0.0 由 1 变成了 0，如图 1-25 所示。

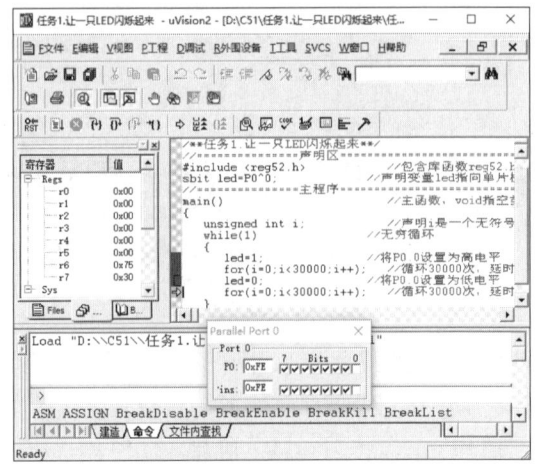

图 1-25　P1.0 由 1 变成了 0

以上只是纯 Keil μVision2 的开发过程，那么如何使用 Proteus ISIS 仿真软件或用配套实验板来查看程序运行的结果呢？执行"工程"→"目标'目标 1'属性"命令，弹出如图 1-26 所示的对话框，在"输出"选项卡下选中"生成 HEX 文件"复选框，使程序编译后产生 HEX 代码，供 Proteus ISIS 仿真软件和配套实验板实际程序下载使用。把程序下载到单片机（或 Proteus ISIS 仿真单片机）中，并在电路中运行。

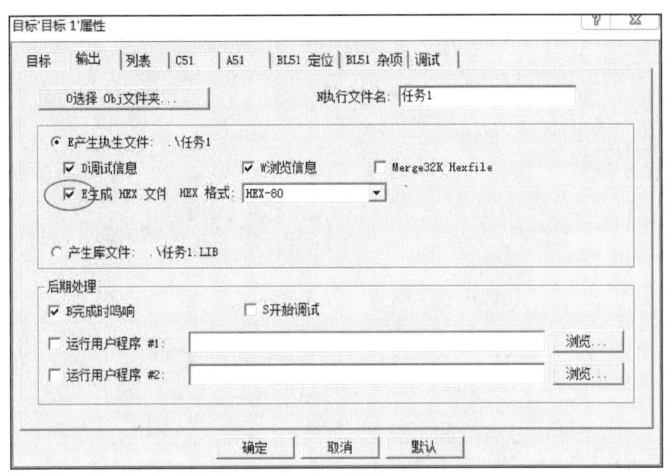

图 1-26 使程序编译后产生 HEX 代码

3. Proteus ISIS 仿真环境

Proteus ISIS 是英国 Lab Center Electronics 公司开发的电路分析与实物仿真软件。它运行于 Windows 操作系统上，可以仿真、分析（SPICE）各种模拟元器件和集成电路。该软件的特点是实现了单片机仿真和 SPICE 电路仿真的结合，具有模拟电路仿真、数字电路仿真、单片机及其外围电路组成的系统的仿真、RS232 动态仿真、I2C 调试器、SPI 调试器、键盘和 LCD 系统仿真功能，有各种虚拟仪器，如示波器、逻辑分析仪、信号发生器等。它支持主流单片机系统的仿真，目前支持的单片机类型有 68000 系列、8051 系列、AVR 系列、PIC12 系列、PIC16 系列、PIC18 系列、Z80 系列、HC11 系列及各种外围芯片。它提供软件调试功能，在硬件仿真系统中具有全速、单步、设置断点等调试功能，同时可以观察各个变量、寄存器等的当前状态，并支持第三方的软件编译和调试环境，如 Keil μVision2 等软件。总之，该软件是一款集单片机和 SPICE 于一身的仿真软件，功能极其强大。本书将结合本例简单介绍 Proteus ISIS 软件的工作环境和一些基本操作。

1）启动 Proteus ISIS

双击桌面上的 ISIS 7.5 Professional 图标或选择"开始"→"程序"→"Proteus 7.5 Professional"→"ISIS 7.5 Professional"选项，出现如图 1-27 所示的界面，表明已进入 Proteus ISIS 仿真环境。

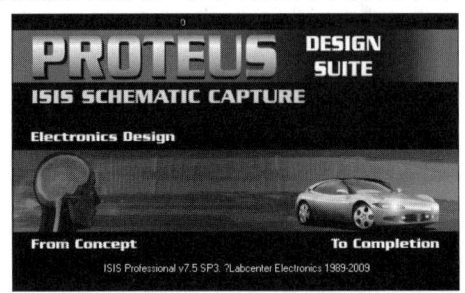

图 1-27 启动时的界面

2）工作界面

Proteus ISIS 的工作界面是一种标准的 Windows 界面，如图 1-28 所示，包括标题栏、主菜单、标准工具栏、绘图工具栏、状态栏、对象选择按钮、预览对象方位控制按钮、仿真进程控制按钮、预览窗口、对象选择器窗口、图形编辑窗口。

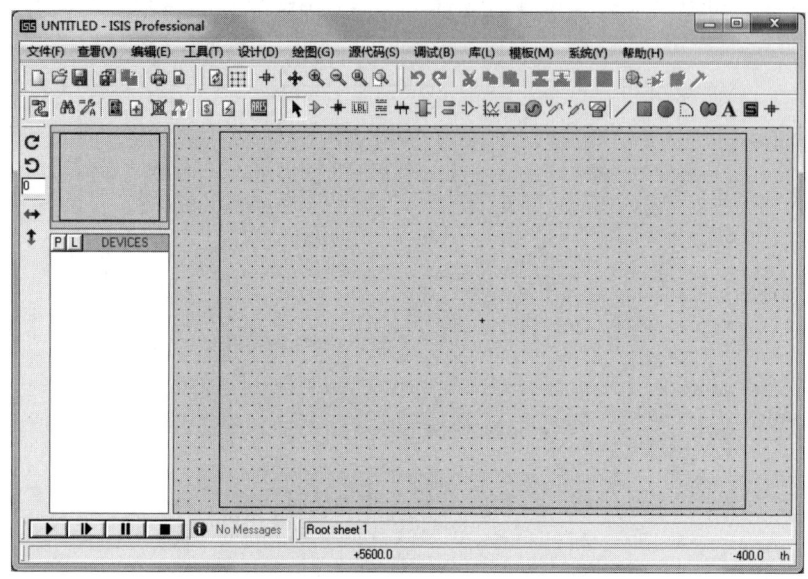

图 1-28　Proteus ISIS 的工作界面

3）基本操作

（1）打开已有的仿真电路图（本书所有程序都配有对应的仿真电路图）（本书中将不对仿真电路图的画法做详细介绍，具体方法参见 Proteus ISIS 教程）。本例仿真电路图如图 1-29 所示。

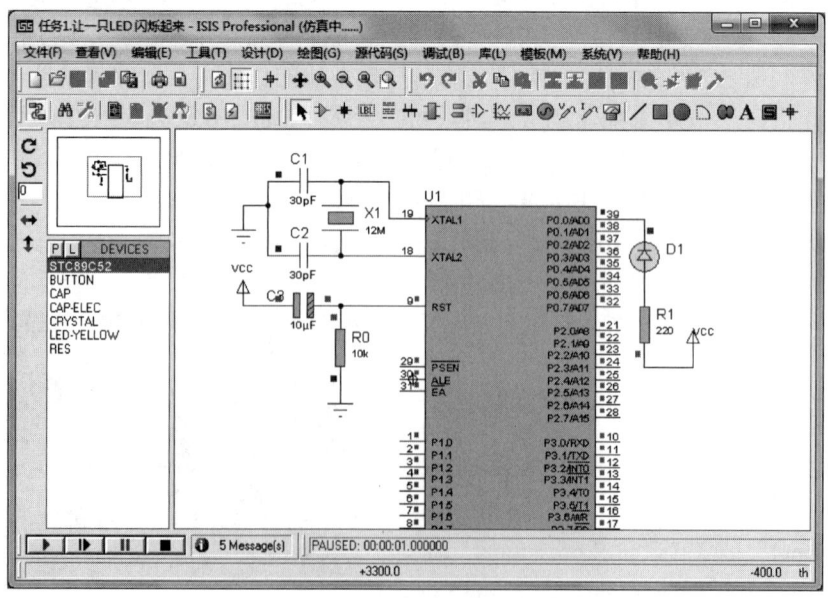

图 1-29　本例仿真电路图

（2）加载 HEX 文件。双击单片机 STC89C52（或右击单片机 STC89C52，在弹出的快捷菜单中选择"编辑属性"选项），将出现"编辑元件"对话框，如图 1-30 所示，单击"Program File"文本框右侧的按钮，选择前面介绍 Keil μVision2 过程中产生的文件"任务 1.hex"，单击"确定"按钮。

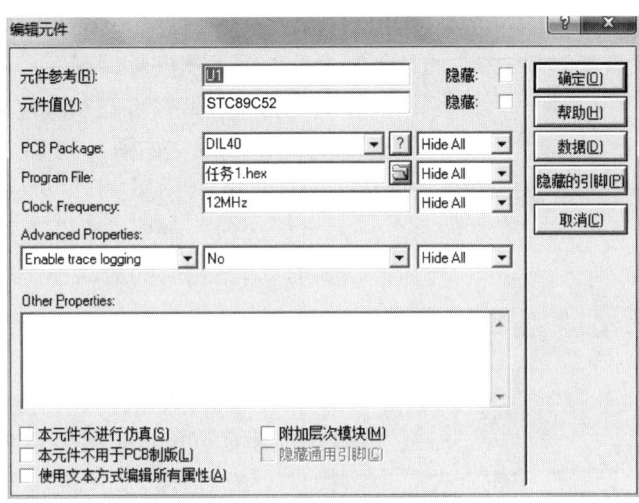

图 1-30 "编辑元件"对话框

（3）开始仿真。单击 ▶ ▶ ⅠⅠ ■ 中的第一个按钮（或执行"调试"→"执行"命令），将看到 LED 被点亮。若需要暂停，则按下第三个按钮。其中的第二个按钮为"帧进"（单步仿真）按钮，第四个按钮为"仿真停止"按钮。若要为单片机重新下载程序，则必须先单击第四个按钮，再重新启动，只有这样，才能看到程序修改后的现象。图 1-31 所示为仿真 LED 被点亮的效果（时刻 1 不亮，时刻 2 亮）。

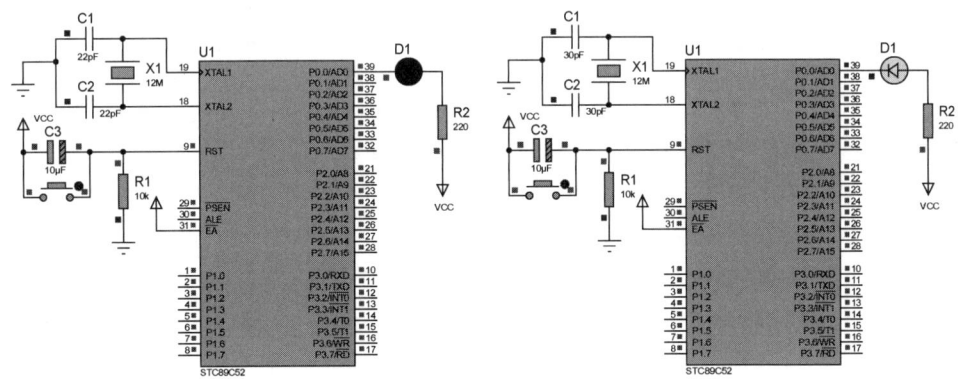

图 1-31 仿真 LED 被点亮的效果（时刻 1 不亮，时刻 2 亮）

4）Keil μVision2 与 Proteus ISIS 连接调试

前面已经说明了采用 Proteus ISIS 整体演示单片机程序的方法，若要看到程序每一步运行的效果，则需要设置两者（Keil μVision2 与 Proteus ISIS）联调，具体方法如下。

（1）分别安装好 Keil μVision2 和 Proteus ISIS 软件。

（2）假设 Keil μVision2 和 Proteus ISIS 软件均已正确安装在 C:\Program Files 目录中，并把 C:\Program Files\Labcenter Electronics\Proteus 7Professional\MODELS\VDM51.dll

（可能没有这个文件，若没有，则需要下载）复制到 C:\Program Files\keil\C51\BIN 目录中。

（3）用记事本打开 C:\Program Files\keil\C51\TOOLS.INI 文件（这里的 TOOLS.INI 文件可能不在 C51 目录下，但一定在 Keil μVision2 的安装目录下），在"[C51]"栏目下加入"TDRV5=BIN\VDM51.DLL("Proteus VSM Monitor-51 Driver")"，其中 TDRV5 中的 5 要根据实际情况写，不要与原来的重复。[步骤（1）、（2）只需在初次使用时设置即可。] "[C51]"栏目下的原文如图 1-32 所示。

（4）进入 Keil μVision2 开发集成环境，执行"工程"→"目标选项"命令或单击工具栏中的"目标选项"按钮，弹出相应的对话框，单击"调试"选项卡。

（5）在出现的对话框的右侧上部的下拉列表中选择"Proteus VSM Monitor - 51 Driver"选项，并选中"U 使用"单选按钮，如图 1-33 所示。

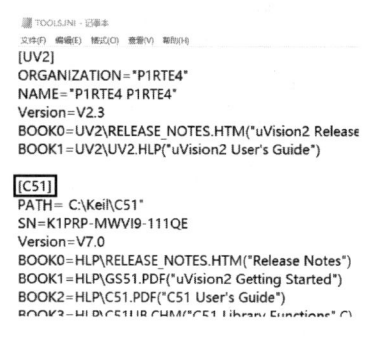

图 1-32 "[C51]"栏目下的原文

（6）单击"设置"按钮，设置通信接口。在"主机"后面添加"127.0.0.1"，如果使用的不是同一台计算机，则需要在这里添加另一台计算机的 IP 地址（另一台计算机也应安装 Proteus ISIS 软件）。在"端口"后面添加"8000"。设置好的情形如图 1-33 所示，此时只需单击"确定"按钮即可。最后将工程编译，进入调试状态，并运行。

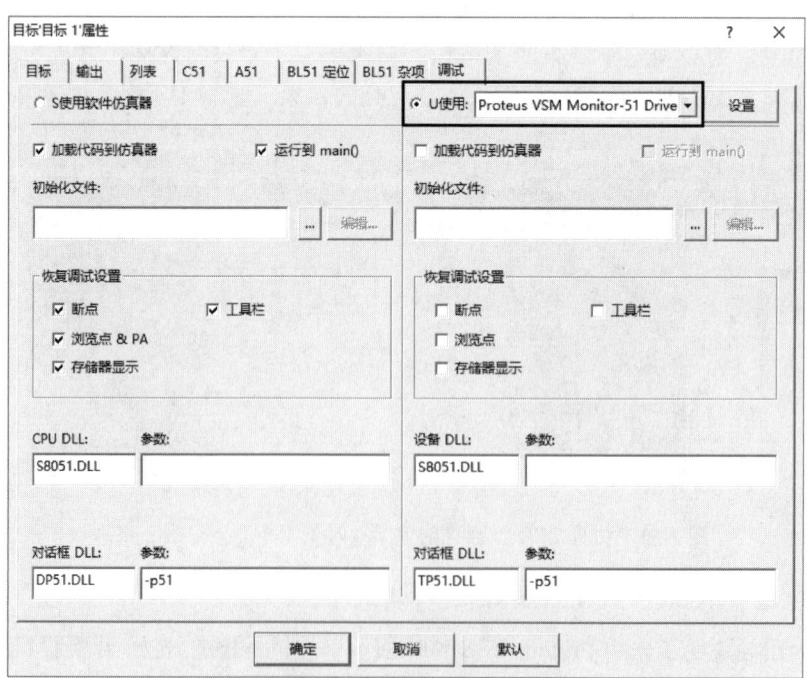

图 1-33 设置两者联调

（7）Proteus ISIS 的设置：进入 Proteus ISIS 的工作界面，执行"调试"→"使用远程调试监控"命令，如图 1-34 所示，此后便可实现 Keil μVision2 与 Proteus ISIS

的连接调试了。

（8）Keil μVision2 与 Proteus ISIS 连接调试。单击"运行"按钮，Keil μVision2 中程序的单步执行结果都能在 Proteus ISIS 中仿真出来。

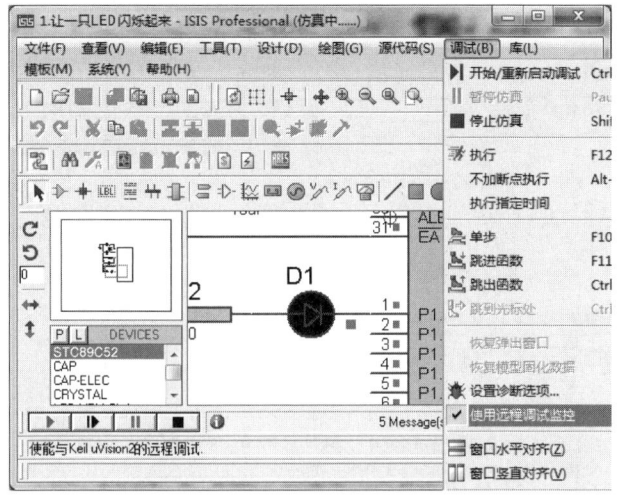

图 1-34　设置 Proteus ISIS 远程调试模式

4．STC-ISP 程序下载环境

STC-ISP 是一款单片机程序下载软件，是针对 STC 系列单片机设计的，可下载 STC 系列单片机所有程序，使用简便，现已被广泛采用。

1）STC-ISP 的安装

STC-ISP 为宏晶科技提供的免费软件，可通过官网下载，下载时有多个版本可选，安装时只需直接解压就可以了，解压目录不限，如本书解压至 D:\C51\STC-ISP\ 目录。

2）使用 STC-ISP

（1）硬件连线及检查：检查单片机位置是否上下颠倒了，应保持单片机缺口方向与实验板一致，切勿插反，否则会烧毁单片机或实验板；接好 USB 转串口（串行接口）下载线，一端接计算机 USB 插口，另一端接实验板，如图 1-35 所示。注意：要先装 USB 转串口驱动，再接 USB 转串口下载线。

图 1-35　程序下载时的硬件连线

（2）启动：双击打开解压目录中的 STC_ISP_V483.exe 文件。

（3）图 1-36 是程序下载的主要界面，程序下载过程非常简单，操作也非常简单。按照图 1-36 中 Step1/步骤 1～Step5/步骤 5 进行操作，实际上只需 4 步，因为第 4 步（Step4/步骤 4）通常按默认设置即可。详细的下载视频见二维码。

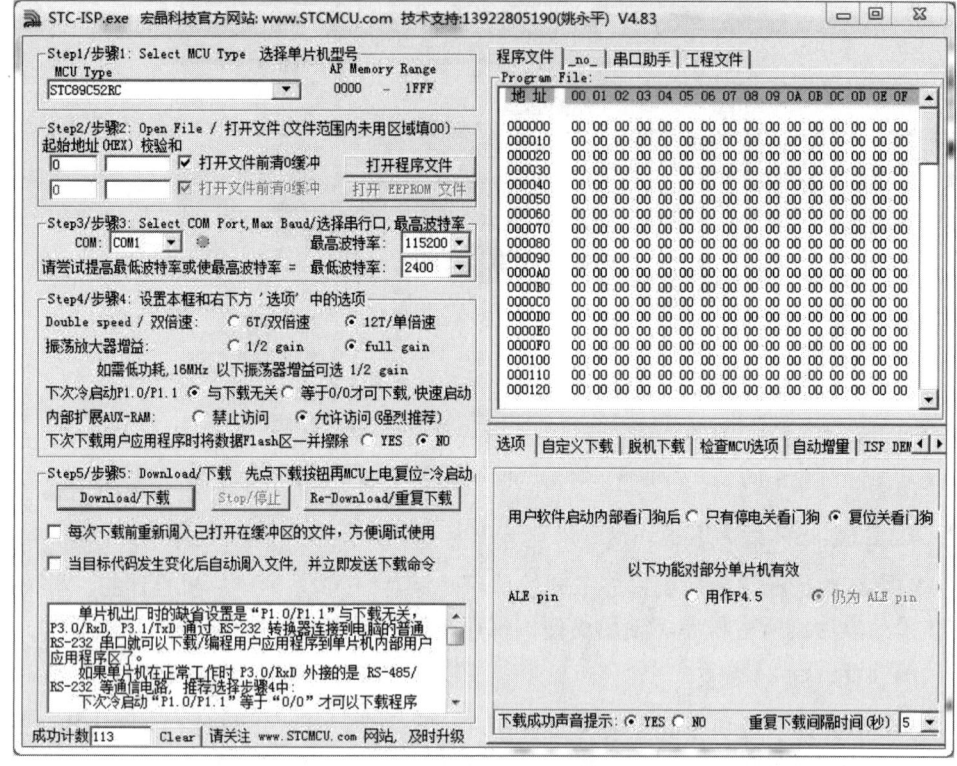

图 1-36　程序下载的主要界面[①]

① 选择单片机的型号，如图 1-37 所示。

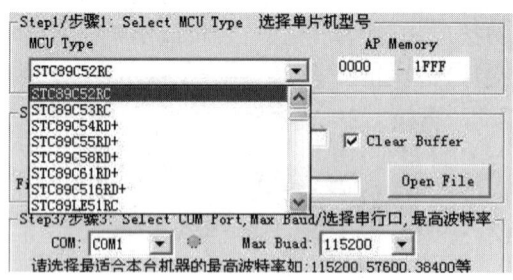

图 1-37　选择单片机的型号

② 选择待下载的 HEX 文件，如图 1-38 所示。

选好文件后可以发现，"校验和"数值框中的数据发生了变化，用户可以通过留意这个数据是否变化来确定打开文件是否成功，或者文件刷新是否有更改。当然，文件被打开后，会显示在右边的"Program File"列表框中，也可以在这里观察其中

---

① 软件图中的"缺省"的正确写法为"默认"。

的数据是否有更改。不过，当数据太多而更改的地方又很少时，观察"校验和"数值框中的数据会更快、更准确。

图 1-38　选择待下载的 HEX 文件

③ 设置串口及其通信波特率，如图 1-39 所示。

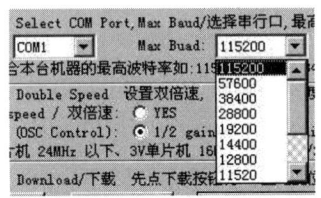

图 1-39　设置串口及其通信波特率

右击"我的电脑"图标，在弹出的快捷菜单中选择"管理"选项，可查看串口号，如图 1-40 所示。

图 1-40　查看串口号（串口为 COM1）

波特率的选择：为了让通信可靠，可以适当选低一些的通信波特率，这在串口线较长时非常重要。在程序下载过程中，如果出现失败的情况，就可以考虑将串口通信波特率降低再试，这是由机器配置和当地环境因素决定的，当供电电源偏低（用USB供电的一般都会偏低）和环境干扰过大时，必须选低一点的通信波特率。程序下载成功与失败可以由信息区的提示看出。选择并设置好串口后（一般无须更改），还可以设置时钟倍频，主要目的是提高工作速度，设置时钟增益的目的是降低电磁辐射，这些对于高级工程人员和最终产品会很有用，对于初学者，可以忽略这些。

※※※注意：

- 第一次使用 STC-ISP 时需要安装 USB 转串口驱动：连接实验板，运行所要安装的驱动（驱动文件见随书电子资源，Windows XP 系统请运行文件"\USB 转串口驱动\xp\PL2303-XP.exe"，Windows 7 系统请运行文件"\USB 转串口驱动\w7\PL2303-W7.exe"）。
- 安装完成后，按照提示信息，必须重启计算机。
- 如果计算机上已经安装了此驱动或同类不同版本的驱动，那么必须先删除原驱动，再重启计算机，只有这样，才能再次安装；否则，将提示"无法安装新硬件"。

④ 关掉实验板的电源超过 5s，单击"Download/下载"按钮（见图 1-41），进入程序下载状态，再次给实验板通电，这样就完成了编程过程。下载过程一般只需几秒，如图 1-42 所示。也可以单击"Re-Download/重复下载"按钮，这常用于大批量的编程，这样不必每次都单击"Download/下载"按钮。

图 1-41　程序下载按钮

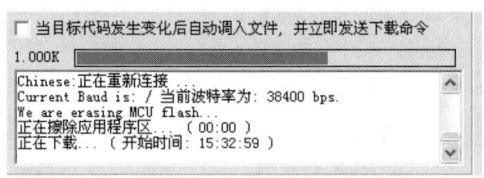

图 1-42　下载状态

3）STC-ISP 的高级功能及使用实验板的注意事项

特别注意："Step4/步骤 4:设置本框和右下方'选项'中的选项"选区中的选项一个都不能动，全部采用默认设置即可，否则会有无法下载的可能。部分用户在写入时无意中选中了高级功能中的"下次程序下载时 P1.0 和 P1.1 要对地短路"的"YES"单选按钮，这样会导致正常操作也无法下载的问题。这里必须将单片机的第 1 脚和第 2 脚对第 20 脚短路，这样就可以正常下载了；并且下载时选中"P1.0 和 P1.1 要对地短路"的"NO"单选按钮后下载，这样就可以恢复到之前的设置。

详细的程序下载演示视频见二维码。

※※※注意：

以下是使用实验板的重点注意事项，请务必仔细阅读。

在整个过程中,不要用手或导体接触单片机集成电路的引脚或电路,因为这样可能会永久性地损坏实验板、集成电路或计算机主机。其中主要的原因是绝大多数的计算机没有采取良好的接地措施,而计算机主机、显示器的电源电路中又有电容直接连接市电,这个电压和电流经常会达到很高(大)的值,触摸计算机机箱有时会感受到明显的电击。当本实验板用串口线或 USB 线与计算机相连时,本实验板也可能会使人触电。

5. 配套实验板

本书所有实例都能使用由编者自主研发的配套实验板 NCVT51-JD01 来验证程序,其实物图如图 1-43 所示。

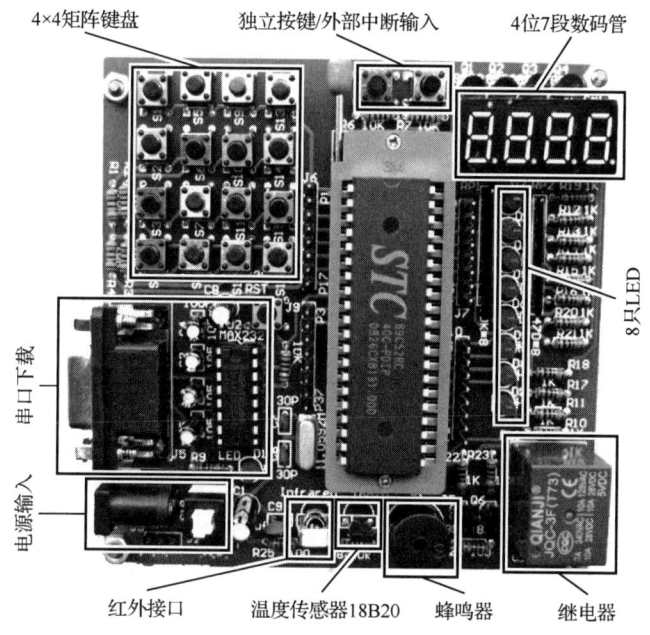

图 1-43 配套实验板实物图

1)实验板电路原理图

实验板电路原理图如图 1-44 所示。

2)实验板 I/O 口分配

- 8 只 LED:接 P0 口的 8 个引脚。
- 4 位 7 段(共阳极)数码管:段码接 P0 口的 8 个引脚,位选码从左至右依次接 P2.0、P2.1、P2.2、P2.3 引脚。
- 4×4 矩阵键盘:接 P1 口的 8 个引脚。
- 通信芯片 MAX232:接 P3.0、P3.1 引脚。
- 两个独立按键:分别接 P3.2、P3.3 引脚。
- 红外接口:接 P3.2 引脚。
- 温度传感器 DS18B20:接 P3.5 引脚。
- 蜂鸣器:接 P3.6 引脚。
- 继电器:接 P3.7 引脚。

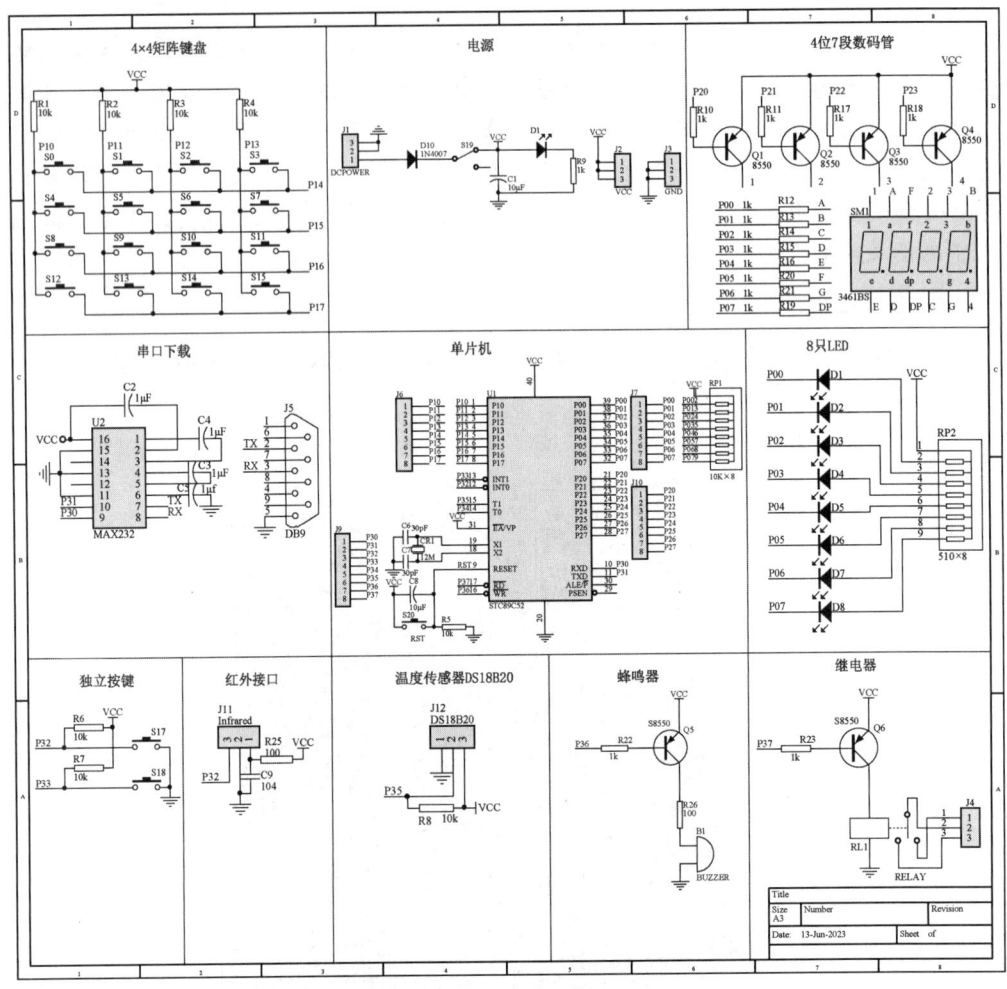

图 1-44　实验板电路原理图

【任务实施】

1）准备元器件

元器件清单如表 1-3 所示。

表 1-3　元器件清单

序号	种类	标号	参数	序号	种类	标号	参数
1	电阻	R0	10kΩ	5	电容	C3	10μF
2	电阻	R1	220Ω	6	单片机	U1	STC89C52
3	电容	C1	30pF	7	发光二极管	D1	LED，红
4	电容	C2	30pF	8	晶振	X1	12MHz

2）搭建硬件电路

本任务对应的仿真电路图如图 1-45 所示，对应的配套实验板 LED 部分的电路原理图如图 1-46 所示，本任务用发光二极管 D1 来演示。该电路图可用于仿真和手工制作，学生可按原理图和随书电子资源中的实物制作图将单片机最小系统板焊接制作出来。配套实验板对应的本任务的电路制作实物图如图 1-47 所示，用万能板制作的本任务的正、反面电路实物图分别如图 1-48 和图 1-49 所示。

※※※注意：

对于无电烙铁焊接经验者，需要先练习电路板的焊接，找一块万能板练习约 1 个小时即可。用万能板焊接完成本任务有较大的难度，需要有很好的焊接基础（但本书后续的任务只是在本次焊接基础上添加一小部分电路，相对较容易）；相反，用本书配套的实验板（双面 PCB 板）制作本任务所要求的电路非常简单，只要稍做电路板焊接练习即可。学生应根据自身条件选择合适的制作方法，建议采用本书配套的实验板来制作本任务所要求的电路。

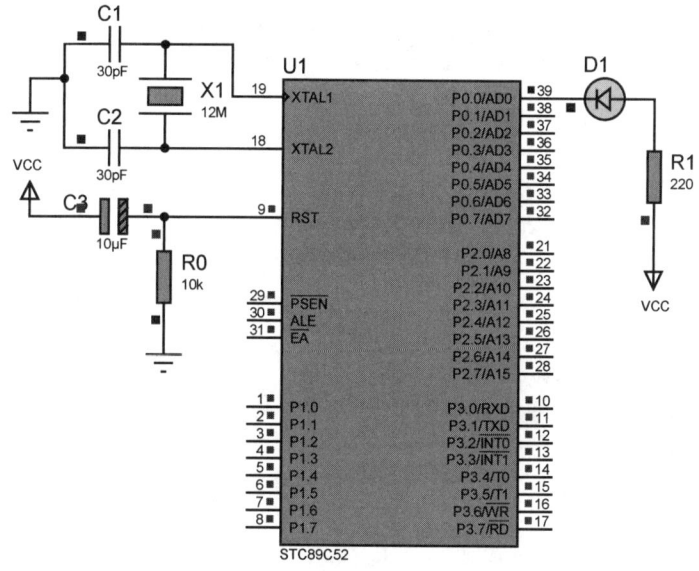

图 1-45 本任务对应的仿真电路图

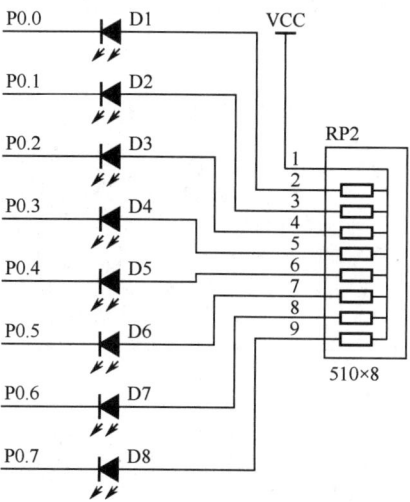

图 1-46 本任务对应的配套实验板 LED 部分的电路原理图

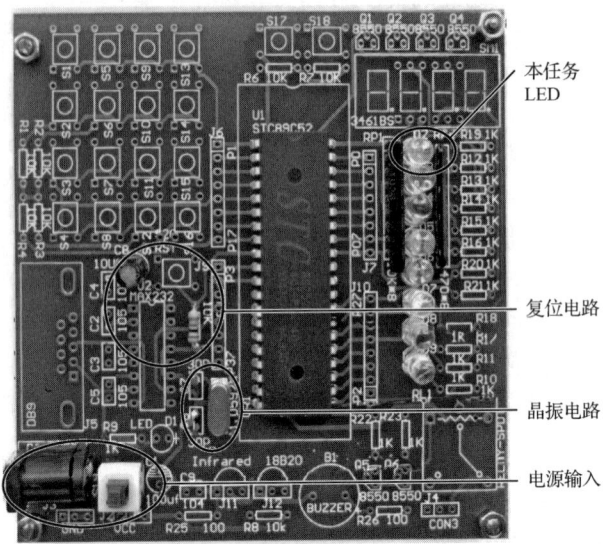

图 1-47 配套实验板对应的本任务的电路制作实物图

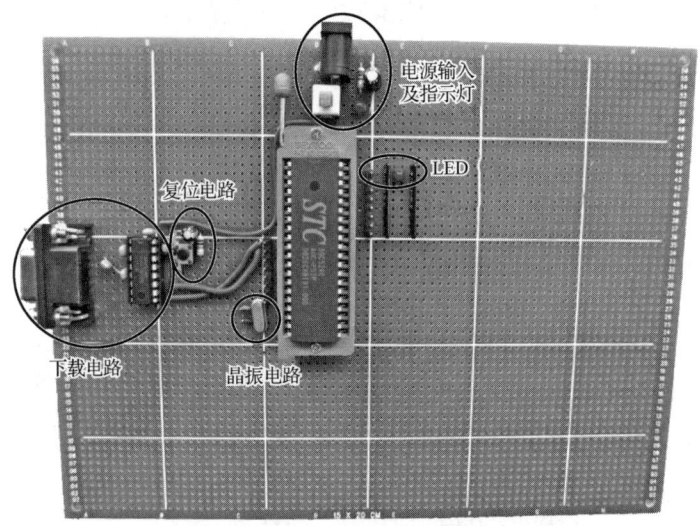

图 1-48 用万能板制作的本任务的正面电路实物图

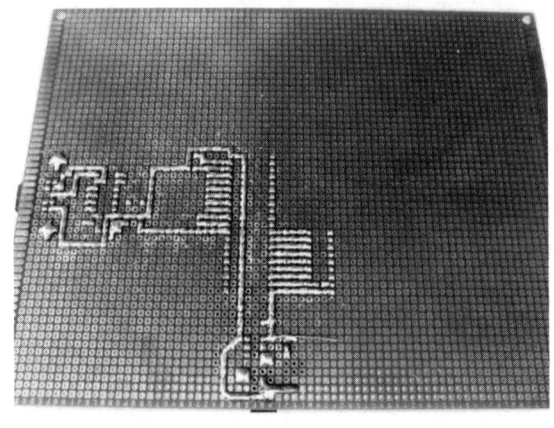

图 1-49 用万能板制作的本任务的反面电路实物图

3）程序设计

由于本任务的主要目的是让学生熟悉系统开发环境,对于 C 语言的基本语法和结构留待下次任务学习,因此这里将直接给出程序,程序清单在前面的【相关知识】部分的"Keil μVision2 集成开发环境-简单程序的调试-（6）"中已经给出,这里不再赘述。

写出程序后,在 Keil μVision2 中编译和生成 HEX 文件"任务 1.hex"。具体使用方法见【相关知识】部分的"Keil uVision2 集成开发环境"。

4）使用 Proteus ISIS 仿真

将"任务 1.hex"加载（同实际单片机程序的下载）到仿真电路图的单片机中,具体使用方法见【相关知识】部分的"Proteus ISIS 仿真环境",在仿真中可以清楚地看到 LED 被点亮。

※※※注意：

修改程序后,需要重新编译连接生成新的"*.hex"文件,在仿真时,每次都需要先单击"停止仿真"按钮,然后重新单击"仿真开始"按钮,只有这样,才能看到程序修改后的现象。

5）使用实验板调试所编写的程序

本任务较容易,只需按图 1-45 进行连线,即可下载和运行程序。具体方法详见【相关知识】部分的"STC-ISP 程序下载环境"中的步骤。

程序下载成功后,按下实验板上的电源开关,将看到其上的 LED 被点亮。也可按仿真中的方法修改参数后重新下载程序,便可看到 LED 的变化。

【任务评价】

本任务的评价表如表 1-4 所示。其中,职业素养、安全规范、搭建电路、程序设计、仿真调试共 100 分,增值加分为 10 分。

表 1-4　评价表

任务名称		让一只 LED 闪烁起来			
姓名			班级		
小组编号			小组成员		
实施地点			指导教师		
评价项目	评价内容	配分	自评	互评	师评
职业素养	有工作计划,有明确的分工	5			
	实施任务过程中有讨论,工作积极	5			
	遵守工作纪律（无迟到、旷课、早退情况）	5			
安全规范	能够做好设备维护、卫生打扫工作,保证周边环境整洁、安全	5			
	安全操作规范	5			
	资料填写规范	5			
	穿戴规范	5			

续表

评价项目	评价内容	配分	自评	互评	师评
搭建电路	设计的电路图可行	10			
	绘制的电路图美观	5			
	电气元器件图形符号符合标准	5			
程序设计	程序设计合理	5			
	程序编译无报错	5			
	程序设计效率较高	5			
仿真调试	生成 HEX 文件并加载到仿真电路中,仿真电路现象与任务要求一致	10			
	成功调试程序并下载到电路板上	10			
	接通电源,观察实验现象,与任务要求一致	10			
增值加分	小组获评优秀	5			
	本人被评为今日之星	5			
总分					

【任务小结】

通过一个单片机系统实例——让一只 LED 闪烁起来的实验制作和调试过程,使学生对单片机及其最小系统有一个感性的认识,对单片机系统开发有大致的了解。

单片机系统开发的总体过程为设计电路图→程序设计→Proteus ISIS 仿真调试→使用实验板验证程序→制作电路板→软硬联调→程序下载固化→产品测试。

本任务的主要目的在于让学生了解开发过程,而不在于 C 语言程序设计,因此对于 C 语言没有做介绍,这将在后面学习。本任务的学习过程比较简单,学生只要按照说明一步一步地做,就会轻松地领略到学习单片机的乐趣。

Proteus ISIS 仿真是学习单片机的一个极佳工具,不但成本低,而且对于程序细节调试表现得很好,学生一定要好好利用这一工具,这样学习单片机将达到事半功倍的效果。

【拓展训练】

让 LED 闪烁起来并修改程序,调节 LED 闪烁的速度。

【课后练习】

一、填空题

1. 单片机还可以被称为_____或_____。
2. 单片机与普通微型计算机的不同之处在于其将_____、_____和_____3 部分通过内部_____连接在一起,集成在一块芯片上。

3. AT89S51 单片机的工作频率上限为_____。

4. 专用单片机已使系统结构最简化、软/硬件资源利用最优化，从而大大降低了_____并提高了_____。

二、单选题

1. 单片机内部数据之所以用二进制形式表示，主要（　　）。
   A. 为了编程方便　　　　　　B. 受元器件的物理性能限制
   C. 为了通用性　　　　　　　D. 为了提高运算速度

2. 在家用电器中使用单片机应属于微型计算机的（　　）。
   A. 辅助设计应用　　　　　　B. 测量、控制应用
   C. 数值计算应用　　　　　　D. 数据处理应用

3. 下面不属于单片机应用范围的是（　　）。
   A. 工业控制　　　　　　　　B. 家用电器的控制
   C. 数据库管理　　　　　　　D. 汽车电子设备

三、判断题

1. STC 系列单片机是 8051 内核单片机。（　　）

2. AT89S52 与 AT89S51 相比，其片内多出了 4KB 的 Flash 程序存储器、128B 的 RAM、1 个中断源、1 个定时器（且具有捕捉功能）。（　　）

3. 单片机是一种 CPU。（　　）

4. AT89S52 单片机是微处理器。（　　）

5. AT89S51 片内的 Flash 程序存储器可在线写入（ISP），而 AT89C51 则不能。（　　）

6. 为 AT89C51 单片机设计的应用系统可将芯片 AT89C51 直接用芯片 AT89S51 替换。（　　）

7. 为 AT89C52 单片机设计的应用系统可将芯片 AT89C52 直接用芯片 AT89S51 替换。（　　）

8. 单片机的功能侧重于测量和控制，而复杂的数字信号处理运算符和高速的测控功能则是 DSP 的长处。（　　）

【精于工、匠于心、品于行】

王芹生：中国半导体企业领军人物

王芹生女士，曾任中国半导体行业协会副理事长、中国半导体行业协会集成电路设计分会理事长、上海华申智能卡应用系统有限公司董事长、中国电子学会监事。

作为"八五""九五""十五"集成电路 CAD 技术研究项目的主要负责人，王芹生女士曾对稳定、培养和壮大我国 ICCAD 软件队伍，保证 ICCAD 攻关成果免于流失做出过重大贡献。王芹生女士对攻关目标和攻关方式提出了一系列建设性意见并被上级领导与全国 ICCAD 专家委员会采用，同时制订和实施了切实可行的工作计划，其成果的商品化和走向国际市场打破了国际封锁，使我国成为并保持在该领域前列

地位，而且取得了可观的经济和社会效益，使华大品牌在国外产生重要的影响。

王芹生女士主持了多项国家重点集成电路品种开发和应用项目（47个专题），如我国第一个高挡位8位单片机、第一块智能卡（CPU）芯片及系列产品等，主持开发了市场需要和具有市场引导性的产品。这些产品已经和正在我国的电子信息化工程中发挥重要作用。

王芹生女士主持和领导了华大"908工程""工程研究中心""909"工程项目的建设。这些工程项目的建设为华大形成规模发挥了重要作用。王芹生女士与有关专家一道针对我国集成电路产业现状和特点提出了集成电路设计、制造、封装三业既相互依托又可相对独立发展的观点，被人们认同和实践证实，这对促进设计先行，发挥我国智力优势，进而推动产业全面发展具有重要意义。

（来自新浪网，2004年7月18日）

项目二

单片机 P 口输出

任务 2　LED 流水灯

【任务要求】

仿真演示　　万能板演示　　双面 PCB 板演示

制作一个单片机系统电路板，尝试实现两只 LED 轮流闪烁的效果，进而做到让 8 只 LED 实现流水灯效果。

【任务目标】

知识目标
- 了解单片机 P 口结构。
- 理解单片机 P 口输出的编程控制方法。
- 理解单片机 C 语言的基本框架。
- 掌握单片机 C 语言编程语法。

能力目标
- 能将程序下载到所制作的电路板中并调试。
- 掌握从任务逻辑到软件逻辑的转换。
- 能用万能板或双面 PCB 板制作一个单片机最小系统电路。

素养目标
- 培养学生认真务实的态度。
- 使学生养成理论与实际相结合的思维习惯。

【相关知识】

本章通过让单片机驱动 8 只 LED 轮流闪烁来让学生了解单片机 P 口结构和 C 语

言编程方法。在此，先介绍单片机的 P 口结构、P 口输出的编程语句，然后介绍单片机 C 语言的入门知识。

1．十六进制与二进制

1）各类进制

我们最常用的进制——十进制起源于人有 10 根手指。如果我们的祖先始终没有摆脱手脚不分的境况，那么我们现在还在使用二十进制。下面对常见的各类进制进行介绍。

二进制：使用 2 个阿拉伯数字，即 0、1。

八进制：使用 8 个阿拉伯数字，即 0~7。

十进制：使用 10 个阿拉伯数字，即 0~9。

十六进制：逢 16 进 1，阿拉伯人只发明了 10 个数字，即只有 0~9，因此这里用 A、B、C、D、E、F 这 6 个字母来分别表示 10~15。字母不区分大小写。

例如，现有一个十六进制数 2AF5，如何将其转换成十进制数呢？

第 0 位：$5×16^0 = 5$。

第 1 位：$F×16^1 = 240$。

第 2 位：$A×16^2 = 2560$。

第 3 位：$2×16^3 = 8192$。

因此，十六进制数 2AF5 转换成十进制形式后的值为 10997（5+240+2560+8192）。需要注意的是，在上面的计算中，A 表示 10，F 表示 15。

假设有人问："十进制数 1234 为什么是一千二百三十四呢？"那么此时可以给他这样一个算式：

$$1234 = 1×10^3 + 2×10^2 + 3×10^1 + 4×10^0$$

2）二进制与十六进制互相转换

二进制和十六进制的互相转换非常重要。不过这二者的转换不用计算，每个单片机 C 程序员都能做到看见二进制数，就能直接将其转换为十六进制数，反之亦然。

首先来看一个二进制数：1111。它是多少呢？

我们可能还要这样计算：$1×2^0 + 1×2^1 + 1×2^2 + 1×2^3 = 1×1 + 1×2 + 1×4 + 1×8 = 15$。

然而，由于 1111 只有 4 位，因此我们必须直接记住它每一位的权值，并且应从高位往低位记，即 8、4、2、1。也就是说，最高位的权值为 $2^3=8$，后面依次是 $2^2=4$，$2^1=2$，$2^0=1$。记住 8421，对于任意一个 4 位的二进制数，我们都可以很快地计算出它对应的十进制数。

4 位二进制数与十六进制数的转换如表 2-1 所示。

表 2-1　4 位二进制数与十六进制数的转换

二 进 制 数	快速计算方法	十 进 制 数	十六进制数
1111	8+4+2+1	15	F
1110	8+4+2+0	14	E
1101	8+4+0+1	13	D
1100	8+4+0+0	12	C

续表

二进制数	快速计算方法	十进制数	十六进制数
1011	8+0+2+1	11	B
1010	8+0+2+0	10	A
1001	8+0+0+1	9	9
1000	8+0+0+0	8	8
0111	0+4+2+1	7	7
0110	0+4+2+0	6	6
0101	0+4+0+1	5	5
0100	0+4+0+0	4	4
0011	0+0+2+1	3	3
0010	0+0+2+0	2	2
0001	0+0+0+1	1	1
0000	0+0+0+0	0	0

二进制数要转换为十六进制数，就以 4 位为一段，分别转换为十六进制数。

例如，把 1111 1101 1010 0101 1001 1011 转换成十六进制数：

    1111， 1101， 1010， 0101， 1001， 1011

    F， D， A， 5， 9， B

反过来，当看到十六进制数 0xFD 时，如何迅速将它转换为二进制数呢？先转换 F，看到 F，需要知道它是 15；那么 15 如何用 8421 凑呢？应该是 8+4+2+1，故 4 位全为 1，即 1111；接着转换 D，看到 D，需要知道它是 13，那么 13 如何用 8421 凑呢？应该是 8+4+1，即 1101。因此，十六进制数 0xFD 转换为二进制数为 1111 1101。

※※※注意：

- 0xFD 为十六进制数，其中"0x"为前缀，表示该数为十六进制数。在 C 语言编程中，若某数没有该前缀，则表示这个数为十进制数。
- "0x"也可以写成"0X"，但数字"0"不能写成字母"o"。
- "FD"也可以写成"fd"，大小写对程序没有影响。

2. LED 驱动

LED（Light-Emitting Diode，发光二极管）的体积小，耗电低，常被用作微型计算机与数字电路的输出装置，以指示信号状态，有红色、绿色、黄色、蓝色与白色等多种颜色。

一般来说，LED 具有二极管的特点，反向偏压或电压太低时 LED 将不发光，正向偏压时 LED 将发光。以红色 LED 为例，正向偏压时 LED 两端约有 1.7V 的压降（比二极管大），其特性曲线如图 2-1 所示。增大 LED 正向电流，LED 将更亮，但其寿命将缩短，电流最好以 10～20mA 为宜。单片机的输入/输出端口都类似漏极开路的输出，其中的 P1、P2 与 P3 口内部具备 30kΩ 上拉电阻，要从 P1、P2 或 P3 口流出 10～20mA 的电流是不可能的，但从外面流入单片机 P 口的电流就大多了，如图 2-2 所示。

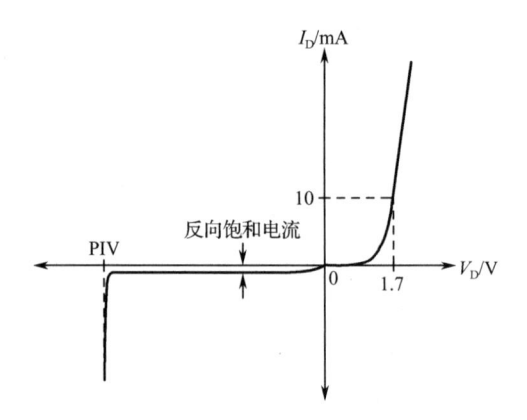

图 2-1 LED 的特性曲线

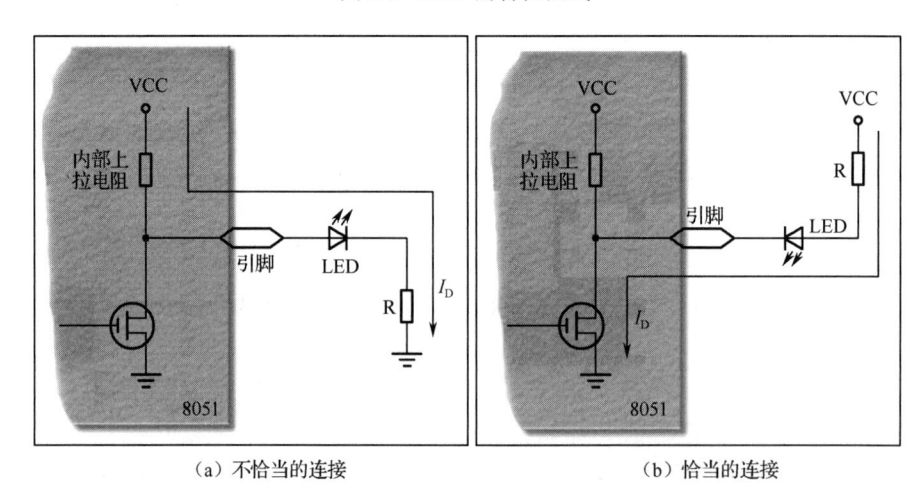

图 2-2 LED 与单片机 P 口的连接

（a）不恰当的连接　　　　（b）恰当的连接

如图 2-2（b）所示，当单片机输出低电平时，输出端的场效应管导通，输出端电压接近 0V。而 LED 正向电压 V_D 约为 1.7V，限流电阻两端的电压约为 3.3V（5V-1.7V=3.3V）。若要限制流过 LED 的电流 I_D 为 10mA，则此限流电阻 R 为

$$R = \frac{(5-1.7)\text{V}}{10\text{mA}} = 330\Omega$$

若想要 LED 亮一点，则可使 I_D 增大至 15mA，此时限流电阻 R 为

$$R = \frac{(5-1.7)\text{V}}{15\text{mA}} = 220\Omega$$

对于 TTL 电平的数字电路或微型计算机电路，LED 所串接的限流电阻大多为 200～470Ω，阻值越小，LED 越亮。若 LED 为非连续负载，如扫描电路或闪烁灯，则电流还可再大一点，采用 50～100Ω 的限流电阻即可。

3. 单片机 P 口

对单片机的控制，其实就是对 I/O 口的控制。无论单片机对外界进行何种控制或接受外部的何种控制，都是通过 I/O 口进行的。51 单片机总共有 P0～P3 四个 8 位双向输入/输出端口，每个端口都有锁存器、输出驱动器和输入缓冲器。4 个 I/O 口都能作输入/输出端口用，其中 P0 和 P2 口通常用于对外部存储器的访问。

在无片外扩展存储器的系统中,这 4 个 I/O 口的每一位都可以作为准双向通用 I/O 口使用。在具有片外扩展存储器的系统中,P2 口作为高 8 位地址线,P0 口分时作为低 8 位地址线和双向数据总线。

51 单片机 4 个 I/O 口的设计非常巧妙,学习 I/O 口逻辑电路不但有利于正确、合理地使用端口,而且会对设计单片机外围逻辑电路有所启发。

1) P0 口

图 2-3 所示为 P0 口某位 P0.X（X=0~7）的内部结构图,它由一个输出锁存器、两个三态输入缓冲器和输出驱动电路及控制电路组成。从图 2-3 中可以看出,P0 口既可以作为 I/O 口使用,又可以作为地址/数据线使用。

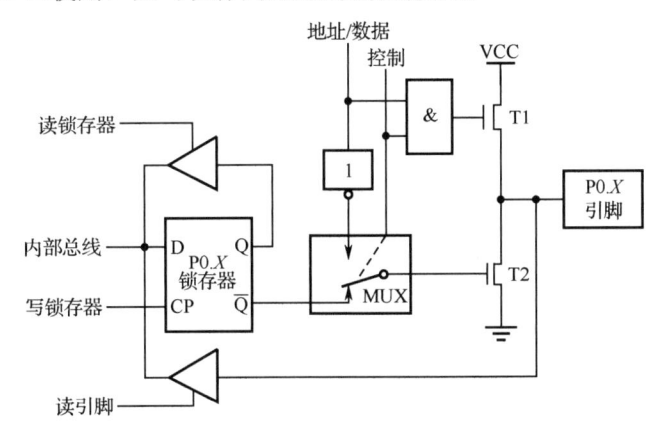

图 2-3 P0 口某位的内部结构图

（1）P0 口作为通用 I/O 口。当 P0 口作为通用 I/O 口时,P0 口必须接上拉电阻。

① 当 P0 口作为输出口时,CPU 发出控制电平"0"封锁"与"门,将输出上拉场效应管 T1 截止,同时使多路复用器（MUX）把锁存器与输出驱动场效应管 T2 的栅极接通,故内部总线与 P0 口同相。由于输出驱动级是漏极开路电路,因此,若驱动 NMOS 或其他拉电流负载时,则需要外接上拉电阻。P0 口的输出级可驱动 8 个 LSTTL 负载。

当用 C 语言编程时,从 P0 口输出数据的一般形式为：

P0=x;　　　　　　　//将变量 x（x 可为变量或常量）的值赋给 P0 口,即从 P0 口输出

例如：

P0=0xf1;　　　　　　//将 0xf1 赋给 P0 口,即从 P0.7~P0.0 口输出 11110001

② 当 P0 口作为输入口时,分为读引脚和读锁存器两种情况。

读引脚：下面是一个三态缓冲器用于读端口引脚数据的例子。当执行一条由端口输入的指令时,读脉冲把该三态缓冲器打开,这样,端口引脚上的数据经过三态缓冲器读入内部总线。

在汇编程序中,读端口引脚数据由传送指令（MOV）实现。

在用 C 语言编程时,P0 口读引脚的具体指令为：

x=P0;　　　　　　　//实时读取 P0 口的值,并赋给变量 x,x 为一变量名称

读锁存器：下面是一个三态缓冲器用于读端口锁存器数据的例子。如果该端口的负载恰好是一个三极管的基极，且原端口的输出值为1，那么导通了的PN结会把端口引脚高电平拉低，若此时直接读端口引脚信号，则会把原输出的"1"电平误读为"0"电平。因此，需要读输出锁存器以代替读引脚。在图2-3中，上面的三态缓冲器就是为读锁存器Q端信号而设的。

在汇编程序中，对于"读-改-写"一类的指令（如"ANL P0,A"）需要读锁存器。

在用C语言编程时，P0口读锁存器的具体指令有多种情况，以下为其中的一种：

P0=~P0;   //实时读P0口锁存器的值，经过取反后写入P0口锁存器

准双向口：从图2-3中可以看出，在读入端口数据时，因为输出驱动场效应管并接在引脚上，所以如果T2导通，就会将输入的高电平拉成低电平，产生误读。因此，在端口进行输入操作前，应先向端口锁存器写"1"，使T2截止，引脚处于悬浮状态，变为高阻抗输入。这就是所谓的准双向口，其特征是在进行输入操作前，应先向端口锁存器写"1"。

（2）P0口作为地址/数据总线。在系统扩展时，P0口作为地址/数据总线使用，分时输出地址/数据信息。

CPU发出控制电平"1"，打开"与"门，又使MUX把CPU的地址/数据总线与T2的栅极反相接通，输出地址或数据。由图2-3可以看出，上、下两个场效应管反相，构成了推拉式的输出电路，其带负载能力大大增强。输入信号是从引脚通过输入三态缓冲器进入内部总线的。此时，CPU自动使MUX向下，并向P0口写"1"，读引脚控制信号有效，下面的三态缓冲器打开，外部数据读入内部总线。

2）P1口

P1口由一个输出锁存器、两个三态输入缓冲器和输出驱动电路组成，如图2-4所示。因为P1口通常是作为通用I/O口使用的，所以它在电路结构上与P0口有一些不同之处。首先，它不再需要MUX；其次，其电路的内部有上拉电阻，与场效应管共同组成输出驱动电路。为此，P1口作为输出口使用时已能向外提供推拉电流负载，而无须外接上拉电阻。当P1口作为输入口使用时，同样需要先向其锁存器中写"1"，使输出驱动电路的场效应管截止。

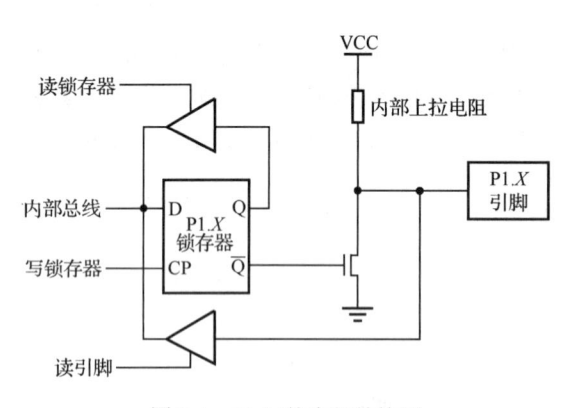

图2-4 P1口的内部结构图

3）P2口

P2口电路比P1口电路多了一个MUX，这又正好与P0口一样。P2口可以作为通用I/O口使用，此时MXU开关倒向锁存器Q端。但在通常应用情况下，P2口是作为高位地址线使用的，此时MXU开关应倒向相反方向。

（1）P2口作为通用I/O口。当P2口作为通用I/O口时，CPU发出控制电平"0"，

使 MXU 开关倒向锁存器输出 Q 端，构成一个准双向口，其功能与 P1 口相同。P2 口的内部结构图如图 2-5 所示。

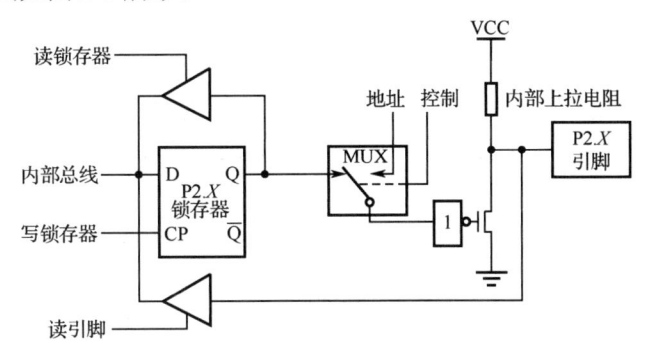

图 2-5　P2 口的内部结构图

（2）P2 口作为地址总线。当系统扩展片外程序存储器或数据存储器且容量超过 256B（汇编中用 MOVX @DPTR 指令）时，CPU 发出控制电平"1"，使 MUX 接到内部地址线上。此时，P2 口输出高 8 位地址。

4）P3 口

P3 口的内部结构图如图 2-6 所示。当 P3 口作为通用 I/O 口时，其功能与 P1 口类似，但它多了一个第二功能。

当 P3 口用作第二功能时，部分引脚用作输入，部分引脚用作输出。各引脚第二功能定义如下。

P3.0：RXD，串口输入。

P3.1：TXD，串口输出。

P3.2：INT0，外部中断 0 输入。

P3.3：INT1，外部中断 1 输入。

P3.4：T0，定时器 0 外部输入。

P3.5：T1，定时器 1 外部输入。

P3.6：WR，外部写控制。

P3.7：RD，外部读控制。

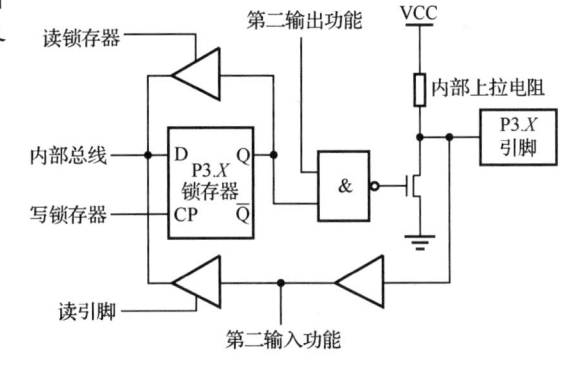

图 2-6　P3 口的内部结构图

综上所述，当 P0 作为通用 I/O 口时，特别是作为输出口时，输出级属于开漏电路，必须外接上拉电阻，只有这样，才会有高电平输出；如果作为输入口，则必须先向相应的锁存器写"1"，只有这样，才不会影响输入电平。当 CPU 内部控制信号为"1"时，P0 口作为地址/数据总线使用，这时 P0 口就无法再作为通用 I/O 口使用了。

P1、P2 和 P3 口为准双向口，内部结构差别不大，但使用的功能有所不同。

P1 口是用户专用 8 位准双向 I/O 口，具有通用输入/输出功能，每一位都能独立地设定为输入或输出，当由输出方式变为输入方式时，该位的锁存器必须写入"1"，只有这样，才能进行输入操作。

P2 口是 8 位准双向 I/O 口，当它外接 I/O 设备时，可作为扩展系统的地址总线，输出高 8 位地址，与 P0 口一起组成 16 位地址总线。

4. Keil C 语言

1) Keil C 语言的基本结构

一般 C 语言的程序可看作由一些函数（function 或视为子程序）所构成，其中的主程序是以 "main()" 开始的函数，而每个函数可视为独立的个体，就像模块一样，因此 C 语言是一种非常模块化的程序语言。Keil C 语言程序的基本结构如图 2-7 所示。

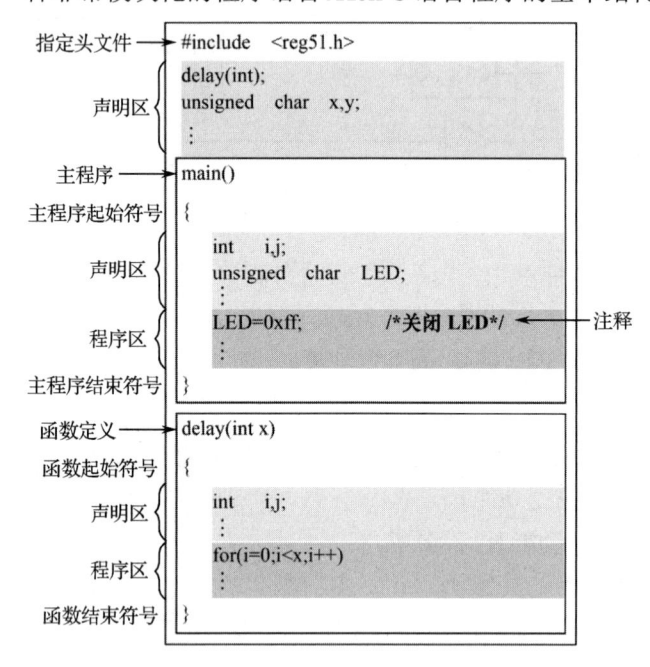

```
指定头文件 —— #include   <reg51.h>
              delay(int);
声明区        unsigned  char  x,y;
              ⋮

主程序 ——    main()
主程序起始符号 {
              int    i,j;
声明区        unsigned   char   LED;
              ⋮
程序区        LED=0xff;        /*关闭 LED*/   ← 注释
              ⋮
主程序结束符号 }

函数定义 ——  delay(int x)
函数起始符号  {
              int    i,j;
声明区        ⋮
程序区        for(i=0;i<x;i++)
              ⋮
函数结束符号  }
```

图 2-7 Keil C 语言程序的基本结构

（1）头文件。头文件也称包含文件（*.h），是一种预先定义好的基本数据。在 8051 程序里，必要的头文件是定义 8051 内部寄存器地址的数据。指定头文件有两种方式：第一种是在#include 之后，以尖括号<>包含头文件的文件名，编译程序将从 Keil μVision 的头文件夹中查找所指定的头文件，如 C:\Keil\C51\INC 路径；第二种是在#include 之后，以双引号包含头文件的文件名，这样，编译器将从源程序所在文件夹中查找所指定的头文件。

（2）主程序。主程序（主函数）以 main()开头，整个内容放置在一对花括号（{}）中，其中分为声明区和程序区，在声明区中声明的常量、变量等仅适用于主程序，而不影响其他函数。若在主程序中使用了某变量，但在之前的声明区中没有声明，则也可在主程序的声明区中声明。程序区中就是以语句构成的程序内容。对于一个 Keil μVision 项目，主程序有且仅有一个，它是整个程序的入口，它的首行就是程序运行的开端。

（3）函数。函数是一种功能独立的程序，其结构与主程序类似。不过，函数可将所要处理的数据传入其中，称为形式参数（形参）；也可将函数处理完成的结果返回调用它的程序，称为返回值。无论是形参还是返回值，在定义函数的第一行都应该交代清楚。若不要传入函数，则可在圆括号内指定为 void。同样地，若不要返回值，则可在函数名称左边指定为 void 或不指定。另外，函数的起始符号、结束符号、声明区和程序区都与主程序一样。在一个 C 语言的程序里可以使用多个函数，函数中也可以调用函数。函数的格式如下：

> 返回值的数据类型　　函数名称(形参的数据类型)

（4）注释。所谓注释，就是说明，属于编译器不处理的部分。C 语言的注释以 "/*" 开始，以 "*/" 结束。放置注释的位置可接续于语句完成之后，也可独立于一行。其中的文字可使用中文，不过在 Keil μVision 中对于中文的处理并不是很好，常会造成文字定位不准确等困扰。另外，C 语言的注释还可以 "//" 开头，其右侧整行都是注释。

2）Keil C 语言的数据类型

在 C 语言里，常量与变量用于为某个数据指定存储器空间，声明常量或变量的格式如下：

> 数据类型　[存储器类型]　常量/变量名称　[=默认值];　//[]表示该项非必需

常量或变量的声明是为了让编译器为该常量或变量保留存储器空间，应该保留多大的空间是由数据类型来决定的。在声明常量或变量的格式中，一开始就要指明数据类型，可见数据类型的重要性。表 2-2 列出了 Keil μVision2 C51 编译器所支持的数据类型。在标准 C 语言中，基本的数据类型为 char、int、short、long、float 和 double；而在 Keil μVision2 C51 编译器中，int 和 short 相同，float 和 double 相同，这里就不列出说明了。

表 2-2　Keil μVision2 C51 编译器所支持的数据类型

数 据 类 型	长　　度	值　　域
unsigned char	1B	0～255
char	1B	−128～+127
unsigned int	2B	0～65535
int	2B	−32768～+32767
unsigned long	4B	0～4294967295
long	4B	−2147483648～+2147483647
float	4B	±(1.175494E−38～3.402823E+38)
*	1～3B	对象的地址
bit	1bit	0 或 1
sfr	1B	0～255
sfr16	2B	0～65535
sbit	1bit	0 或 1

下面来看看它们的具体定义。

（1）char 字符类型。char 字符类型的长度是 1B，通常用于定义处理字符数据的变量或常量，分无符号字符类型 unsigned char 和有符号字符类型 char。unsigned char 用字节中所有的位来表示数值，所能表达的数值范围是 0～255。char 用字节中的最高位表示数据的符号,"0"表示正数,"1"表示负数,负数用补码表示,所能表示的数值范围是-128~+127。unsigned char 常用于处理 ASCII 码字符,或者小于或等于 255 的整型数据。

(2) int 整型。int 整型的长度为 2B,用于存放一个双字节数据,分有符号整型 int 和无符号整型 unsigned int。int 表示的数值范围是-32768~+32767,字节中的最高位表示数据的符号,"0"表示正数,"1"表示负数。unsigned int 表示的数值范围是 0~65535。

(3) long 长整型。long 长整型的长度为 4B,用于存放一个 4B 的数据,分有符号长整型 long 和无符号长整型 unsigned long。long 表示的数值范围是-2147483648~+2147483647,字节中的最高位表示数据的符号,"0"表示正数,"1"表示负数。unsigned long 表示的数值范围是 0~4294967295。

(4) float 浮点型。float 浮点型在十进制中具有 7 位有效数字,是符合 IEEE 754 标准的单精度浮点型,占用 4B。因为浮点数的结构复杂,所以一般建议不要使用此类数据。

(5) * 指针型。指针型本身就是一个变量,其中存放的是指向另一个数据的地址。这个指针变量占据一定的内存单元,对于不一样的处理器,长度也不尽相同,在 C51 中,它的长度一般为 1~3B。

(6) bit 位标量。bit 位标量是 C51 编译器的一种扩充数据类型,利用它可定义一个位标量,但不能定义位指针,也不能定义位数组。它的值是一个二进制数,不是 0 就是 1。

(7) sfr 特殊功能寄存器。sfr 也是一种扩充数据类型,占用一个内存单元,值域为 0~255。利用它能访问 C51 单片机内部的所有特殊功能寄存器。例如,用 "sfr P1 = 0x90" 这一句定义 P1 为 P1 口在片内的寄存器,在后面的语句中用 "P1 = 0xff"(对 P1 口的所有引脚置高电平)之类的语句来操作特殊功能寄存器。

(8) sfr16 16 位特殊功能寄存器。sfr16 占用两个内存单元,值域为 0~65535。sfr16 和 sfr 一样用于操作特殊功能寄存器,所不同的是它用于操作占 2B 的特殊功能寄存器,如定时器 T0 和 T1。

(9) sbit 可寻址位。sbit 同样是 Keil C 语言中的一种扩充数据类型,利用它能访问芯片内部 RAM 中的可寻址位或特殊功能寄存器中的可寻址位。例如,在模块 1 的程序中有:

sbit LED=P0^0;

即定义 LED 为指向 P0.0 引脚的可寻址位的变量。

从变量的声明格式中可以看出,在声明一个变量的数据类型后,还可选择性地说明该变量的存储器类型。存储器类型的说明指定该变量在单片机硬件系统中所使用的存储区域,并在编译时准确地定位。表 2-3 中是 Keil μVision 能识别的存储器类型。

表 2-3 Keil μVision 能识别的存储器类型

存储器类型	说　明
data	直接访问内部数据存储器(128B),访问速度最快

续表

存储器类型	说 明
bdata	可位寻址内部数据存储器（16B），允许位与字节混合访问
idata	间接访问内部数据存储器（256B），允许访问全部内部地址
pdata	分页访问外部数据存储器（256B），汇编语言用 MOVX @Ri 指令访问
xdata	外部数据存储器（64KB），汇编语言用 MOVX @DPTR 指令访问
code	程序存储器（64KB），汇编语言用 MOVC @A+DPTR 指令访问

例如：

```
char  code  SEG[3]={ 0x0a,0x13,0xbf };   //数组存储在程序存储器中
char  data  x;                            //存储在内部数据存储器中，直接寻址
char  idata y;                            //存储在内部数据存储器中，间接寻址
bit   bdata z;                            //存储在内部数据存储器中，可位寻址
char  xdata i;                            //存储在外部存储器（64KB）中
char  pdata j;                            //存储在外部存储器（256KB）中
```

3）Keil C 语言常用的运算符

在单片机 C 语言编程中，通常用到 30 个运算符，如表 2-4 所示，其中，算术运算符有 13 个，关系运算符有 6 个，逻辑运算符有 3 个，位操作运算符有 7 个，指针运算符有 1 个。

表 2-4　Keil C 语言常用的运算符

运 算 符		范　例	说　明
算术运算	+	a+b	a 变量的值和 b 变量的值相加
	−	a−b	a 变量的值和 b 变量的值相减
	*	a*b	a 变量的值乘以 b 变量的值
	/	a/b	a 变量的值除以 b 变量的值
	%	a%b	取 a 变量的值除以 b 变量的值的余数
	=	a=5	为 a 变量赋值，即 a 变量的值为 5
	+=	a+=b	等同于 a=a+b，将 a 和 b 相加的结果存回 a
	−=	a−=b	等同于 a=a−b，将 a 和 b 相减的结果存回 a
	*=	a*=b	等同于 a=a*b，将 a 和 b 相乘的结果存回 a
	/=	a/=b	等同于 a=a/b，将 a 和 b 相除的结果存回 a
	%=	a%=b	等同于 a=a%b，将 a 和 b 相除的余数存回 a
	++	a++	a 的值加 1，等同于 a=a+1
	−−	a−−	a 的值减 1，等同于 a=a−1
关系运算	>	a>b	测试 a 是否大于 b，若成立则运算结果为 1，否则为 0
	<	a<b	测试 a 是否小于 b，若成立则运算结果为 1，否则为 0
	==	a==b	测试 a 是否等于 b，若成立则运算结果为 1，否则为 0
	>=	a>=b	测试 a 是否大于或等于 b，若成立则运算结果为 1

续表

运算符		范 例	说 明
关系运算	<=	a<=b	测试a是否小于或等于b,若成立则运算结果为1
	!=	a!=b	测试a是否不等于b,若成立则运算结果为1,否则为0
逻辑运算	&&	a&&b	a和b做逻辑与（AND）运算,只有当两个变量都为真时,结果才为真
	||	a||b	a和b做逻辑或（OR）运算,只要有一个变量为真,结果就为真
	!	!a	将a变量的值取反,即若原来为真则变为假,若原来为假则变为真
位操作运算	>>	a>>b	将a按位右移b位,高位补0
	<<	a<<b	将a按位左移b位,低位补0
	|	a|b	a和b按位做或运算
	&	a&b	a和b按位做与运算
	^	a^b	a和b按位做异或运算
	~	~a	将a的每一位都取反
	&	a=&b	取地址运算,将变量b的地址存入a寄存器
指针运算符	*	int *p1	声明p1为一个指针变量,存储一个（其他）变量的地址,p1本身为int类型变量

在C语言中,运算符具有优先级和结合性,如表2-5所示。算术运算符的优先级规定为"先乘除模（模运算又叫求余运算）,后加减,括号最优先";结合性规定为"自左至右",即当运算对象两侧的算术运算符的优先级相同时,先与左侧的算术运算符结合。

表2-5 运算符的优先级和结合性

优先级	类别	名称	运算符	结合性
1	强制	括号	()	右结合
2	逻辑	逻辑非	!	左结合
	字位	按位取反	~	
	增量	加一	++	
	减量	减一	--	
	算术	单目减	-	
3	算术	乘	*	
		除	/	
		取模	%	
4	算术和指针	加	+	
		减	-	
5	字位	左移	<<	右结合
		右移	>>	
6	关系	大于或等于	>=	
		大于	>	
		小于或等于	<=	
		小于	<	

续表

优先级	类别	名称	运算符	结合性
7	关系	恒等于	==	
		不等于	!=	
8	字位	按位与	&	
9		按位异或	^	
10		按位或	|	
11	逻辑	逻辑与	&&	左结合
12		逻辑或	||	
14	赋值	赋值	=	
15	逗号	逗号运算	,	右结合

关系运算符的优先级规定为>、<、>=、<=四种运算符的优先级相同，==和!=的优先级相同，但前4种的优先级高于后两种。关系运算符的优先级低于算术运算符，但高于赋值运算符（=）。

逻辑运算符的优先级由高到低为!、&&、||。

当表达式中出现不同类型的运算符时，!运算符的优先级最高，算术运算符（=例外）次之，关系运算符再次之，之后是&&和||，最低的是=。

4）Keil C 语言常用的流程控制语句

（1）循环控制语句。循环控制就是将程序流程控制在指定的循环里，直到符合指定的条件才脱离循环继续往后执行。

① for 循环。for 循环的一般形式为：

```
for(表达式 1;表达式 2;表达式 3)
{
语句 1;
语句 2;
……
}
```

表达式 1 用于初始化，一般是一条赋值语句，用来给循环控制变量赋初值；表达式 2 是条件表达式，一般是一个关系表达式，用来决定什么时候退出循环；表达式 3 是增量，用来定义循环控制变量每循环一次后按什么方式变化。这 3 部分之间用 ";" 分开。for 循环的结构如图 2-8 所示。

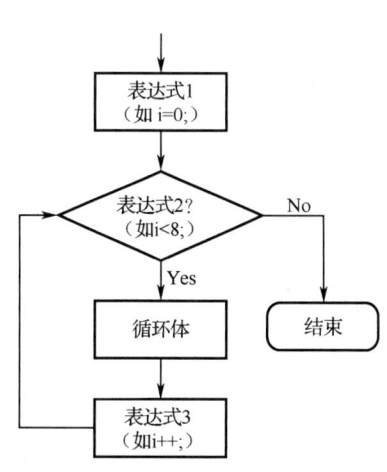

图 2-8 for 循环的结构

例如：

```
for(i=1; i<=10; i++)    //重复执行循环体 10 次
{
    LED=~LED;      //切换 LED 状态
    delay(100);    //调用延时函数
}
```

上例中先给 i 赋初值 1，判断 i 是否小于或等于 10，若是则执行语句，之后值增加 1；重新判断，直到条件为假，即当 i>10 时，结束循环。

※※※注意：
- 循环中的表达式 1、表达式 2 和表达式 3 都是可选择项，即可以省略，但分号不能省略。省略表达式 1 表示不给循环控制变量赋初值。若省略表达式 2，则不做其他处理时便成为死循环。若省略表达式 3，则不对循环控制变量进行操作，这时可在循环体中加入修改循环控制变量的语句。
- for 循环可以有多层嵌套。
- 当循环体（花括号内的语句）是单条语句时，可省略花括号。
- 循环体可为单纯的一个分号 ";"，即空循环。

嵌套 for 循环与 delay（延时）函数：

```
void delay(int x)            //延时函数开始
{    int i,j;                //声明整型变量 i 和 j
     for (i=0;i<x;i++)       //循环 x 次，延时约 x×1ms
         for (j=0;j<120;j++); //循环 120 次，当晶振频率是 12MHz 时，延时约 1ms
}                            //延时函数结束
```

上例中的两个 for 循环构成嵌套循环：下面的 for 循环是一个空循环，其循环体为 ";"，当晶振频率是 12MHz 时，单片机运行完该 for 循环后延时约 1ms，下面的 for 循环又作为上面的 for 循环的循环体，因此，延时的总时间为 x×1ms。

② while 循环。while 循环的一般形式为：

```
while(表达式)
{
语句 1;
语句 2;
……
}
```

其中的表达式一般是一个关系表达式，也可为常量 1。当表达式的条件为真时，便执行循环体，直到条件为假时才结束循环，并继续执行循环体外的后续语句。它的结构如图 2-9（a）所示。

例如：

```
while(1)                     //表达式始终为真，无穷循环
{
    LED=1;                   //将 P1.0 设置为高电平
    for(i=0;i<30000;i++);    //延时一段时间
    LED=0;                   //将 P1.0 设置为低电平
    for(i=0;i<30000;i++);    //延时一段时间
}
```

上例中的表达式始终为真，这将是一个无穷循环，即始终不会跳出循环，要跳出循环，可用后续的 break 语句。

※※※注意：
while 循环的循环体与 for 循环的循环体的使用规则相似，即满足条件时可省略"{ }"，可为空循环。但是 while 循环的表达式不能省略（不能为空）。

③ do-while 循环。它的一般形式为：

```
do
{
语句1;
语句2;
……
}while(条件);
```

do-while 循环与 while 循环的不同在于其先执行循环体中的语句，再判断条件是否为真，如果为真，则继续循环；如果为假，则终止循环。因此，do-while 循环至少要执行一次循环体中的语句。do-while 循环的结构如图 2-9（b）所示。

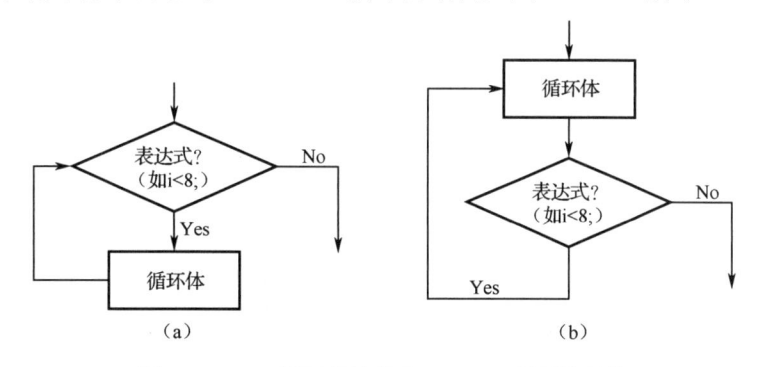

图 2-9　while 循环的结构和 do-while 循环的结构

（2）选择控制语句。

① if 语句。if 语句的一般形式为：

```
if(表达式)
{
语句1;
语句2;
……
}
```

如果表达式的值为非 0 值，则执行花括号内的语句，即语句体，否则跳过语句体继续执行后面的语句。

当语句体只有一条语句时，可省略花括号，此时条件语句的形式为：

```
if(表达式)　语句;
```

② if-else 语句。除可以指定在条件为真时执行某些语句外，还可以在条件为假时执行另外一些语句，在 C 语言中，利用 if-else 语句来达到这个目的。if-else 语句的结构如图 2-10 所示。

它的一般形式为：

```
if(表达式)
{
语句 1;
语句 2;
……
}
else
{
语句 n;
语句 n+1;
……
}
```

同样地，当语句体只有一条语句时，可省略花括号，此时语句形式为：

```
if(表达式) 语句 1;
else      语句 2;
```

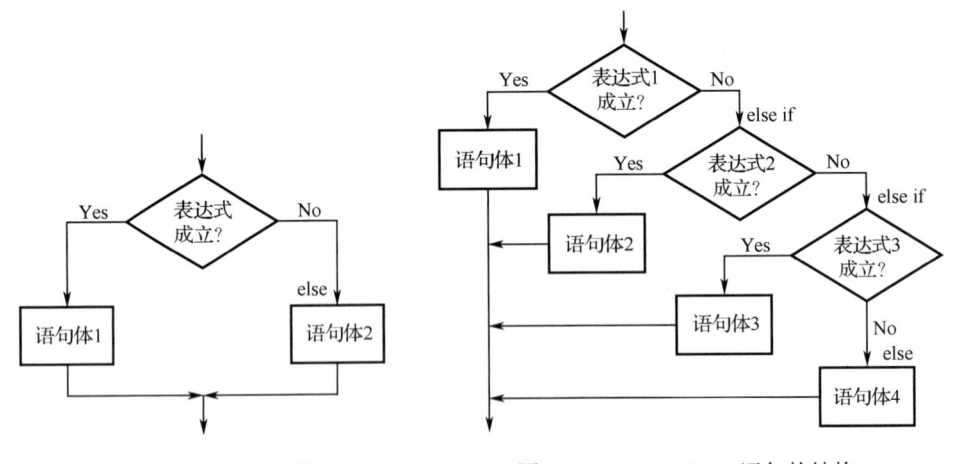

③ if- else if- else 语句。if- else if- else 语句的结构如图 2-11 所示。用这种结构可以处理多路分支的情况，但从图 2-11 中可以看出，4 个语句体只能执行其中的 1 个，是 4 选 1 结构，并且语句体 1 的优先级最高，语句体 4 的优先级最低。也就是说，只有表达式 1 不成立才会判断表达式 2，只有表达式 2 不成立才会判断表达式 3。

图 2-10　if-else 语句的结构　　　　图 2-11　if-else if-else 语句的结构

④ switch-case 语句。在编写程序时，经常会碰到按不同情况分转的多路问题，这时可用嵌套 if-else-if 语句来实现，但 if-else-if 语句使用不方便，并且容易出错。对于这种情况，可以使用开关语句，即 switch-case 语句，其结构如图 2-12 所示。

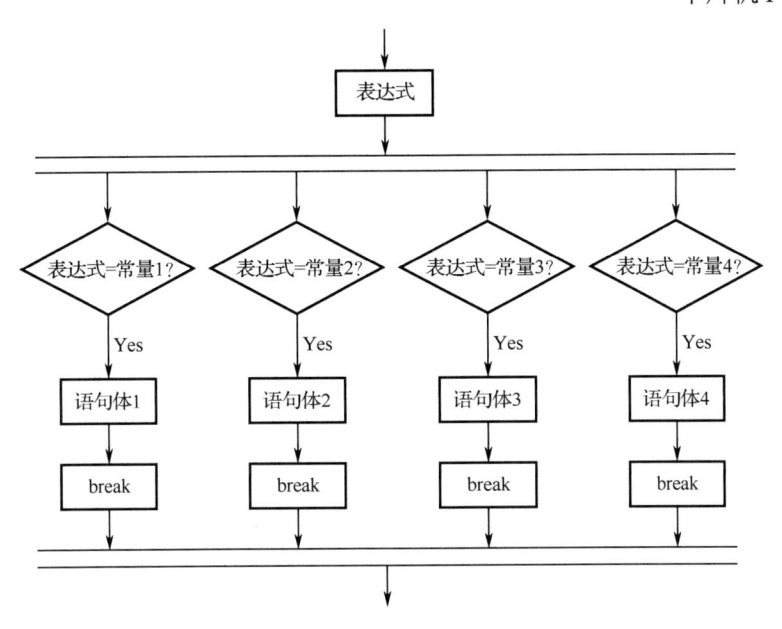

图 2-12 switch-case 语句的结构

它的一般形式为:

```
switch(变量)
{
case 常量 1:
    {语句体 1; }
    break;
case 常量 2:
    {语句体 2; }
    break;
……
case 常量 n:
    {语句体 n-1; }
    break;
default:
    {语句体 n; }
    break;
}
```

在执行 switch-case 语句时,将变量逐个与 case 后的常量进行比较,若变量与其中一个常量相等,则执行该常量下的语句;若变量不与任何一个常量相等,则执行 default 后面的语句。这是一个 n 选 1 结构。

※※※注意:
- switch 中的变量可以是数值,也可以是字符,但必须是整数。
- 可以省略一些 case 和 default。
- 每个 case 或 default 后的语句可以是语句体,也可以是单条语句。

（3）跳转语句。

① break 语句。在 switch-case 语句中，我们已经看到了 break，放在每个 case 的语句体之后，用来跳出 switch-case 语句，保证只会执行 n 个 case 中的 1 个。如果没有 break 语句，则程序将成为一个死循环而无法退出。

break 语句通常用在循环语句和 switch-case 语句中。当 break 语句用于 do-while、for、while 循环语句中时，可使程序无条件终止循环而执行循环后面的语句。通常 break 语句总是与 if 语句连在一起的，即只有在满足条件时才跳出循环。

※※※注意：
- break 语句对 if-else 的条件语句不起作用。
- 在多层循环中，一个 break 语句只向外跳一层。

② continue 语句。continue 语句的作用是跳过循环体中剩余的语句而强行执行下一次循环。只用在 for、while、do-while 等循环体中，常与 if 条件语句一起使用，用来加速循环。

※※※注意：

continue 语句只是当次循环剩下的部分没有执行而跳到下一次循环，但并没有跳出整个循环。

③ goto 语句。goto 语句是一种无条件转移语句，其一般形式为：

```
goto 标号;
```

标号是一个标识符，这个标识符加上一个":"一起出现在程序的某处，执行 goto 语句后，程序将跳转到该标号处并执行其后的语句。通常 goto 语句与 if 条件语句连用，当满足某一条件时，程序跳到标号处执行。

例如：

```
main()
{
    unsigned char a;
    start: a++;
    if (a==10) goto end;
    goto start;
    end:;
}
```

上面一段程序可以说是一个死循环，没有实际意义，只用来说明一下 goto 语句的用法。这段程序的意思是在程序开始处用标识符"start:"标识，表示这是程序的开始，"end:"表示程序的结束。程序执行"a++;"语句，a 的值加 1，当 a 等于 10 时，程序会跳到"end:"处，结束程序，否则跳到"start:"处继续执行"a++;"语句，直到 a 等于 10。

※※※注意：
- 标号必须与 goto 语句同处于一个程序中，但可以不在一个循环层中。
- goto 语句通常不用，主要原因是它将使程序层次不清，且不易读。
- 在多层嵌套退出时，用 goto 语句比较合理。

项目二
单片机 P 口输出

【任务实施】

1）准备元器件

元器件清单如表 2-6 所示。

表 2-6　元器件清单

序号	种类	标号	参数	序号	种类	标号	参数
1	电阻	R1	220Ω	12	电容	C3	10μF
2	电阻	R2	220Ω	13	单片机	U1	STC89C52
3	电阻	R3	220Ω	14	发光二极管	D1	LED 红
4	电阻	R4	220Ω	15	发光二极管	D2	LED 红
5	电阻	R5	220Ω	16	发光二极管	D3	LED 红
6	电阻	R6	220Ω	17	发光二极管	D4	LED 红
7	电阻	R7	220Ω	18	发光二极管	D5	LED 红
8	电阻	R8	220Ω	19	发光二极管	D6	LED 红
9	电阻	R0	10kΩ	20	发光二极管	D7	LED 红
10	电容	C1	30pF	21	发光二极管	D8	LED 红
11	电容	C2	30pF	22	晶振	X1	12MHz

2）搭建硬件电路

本任务对应的仿真电路图如图 2-13 所示，对应的配套实验板电路原理图如图 1-44 所示，与任务 1 一样，用的都是 P0 口，但是本任务用 D1~D8 来演示。8 只 LED 分别接到单片机的 P0.0~P0.7 引脚上，低电平能使对应的 LED 点亮，如当 P0.0 引脚为"0"时，D1 被点亮。

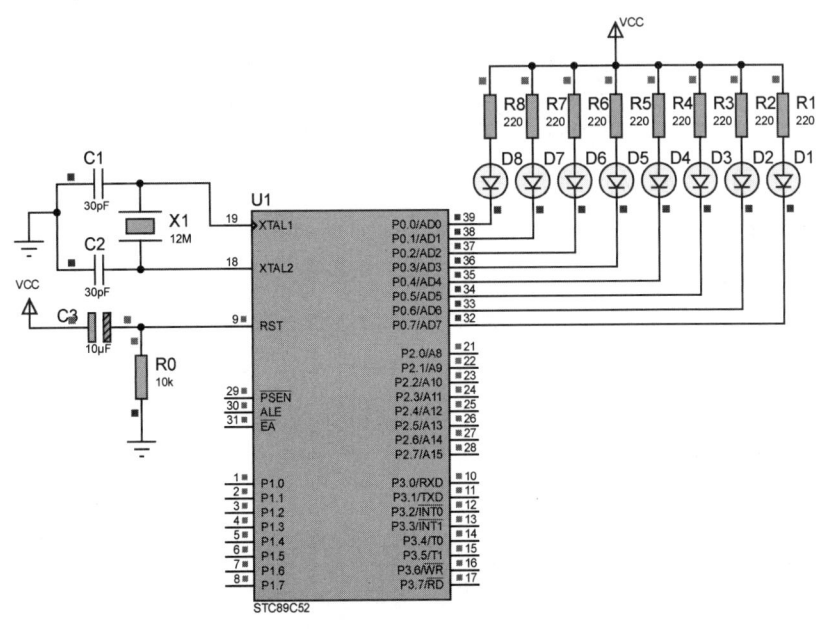

图 2-13　本任务对应的仿真电路图

配套实验板对应的本任务的电路制作实物图如图 2-14 所示，用万能板制作的本任务的正、反面电路实物图分别如图 2-15 和图 2-16 所示。更清晰的电子版实物制作图可参看随书电子资源图片文件。

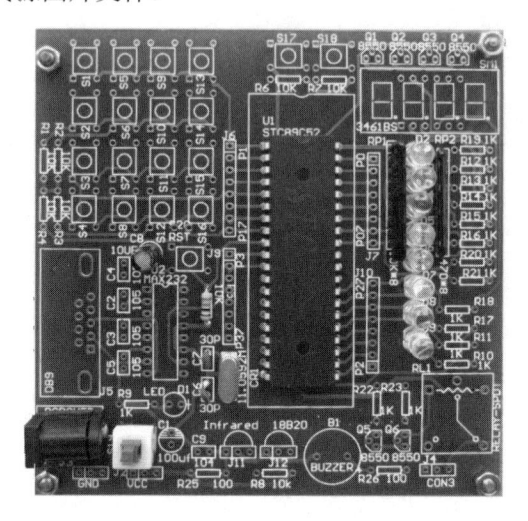

图 2-14 配套实验板对应的本任务的电路制作实物图

图 2-15 用万能板制作的本任务的正面电路实物图

※※※注意：

有了任务 1 的焊接电路板经验，本任务只需焊接添加一小部分电路即可，相对来说是非常容易的。当然，也可用本书配套的实验板制作本任务电路，同样非常简单。学生应根据自身条件选择合适的制作方法，建议学生采用本书配套的实验板制作本任务电路。

3）程序设计

前面提到，D1~D8 分别接在单片机的 P0.0~P0.7 引脚上，输出"0"时，相应的 LED 被点亮，输出"1"时熄灭。要使它们按 D1→D2→D3→D4→D5→D6→D7→D8 的顺序点亮，只需将 P0 口的某位依次变为低电平即可。本任务程序流程图如图 1-53 所示。

项目二 单片机 P 口输出

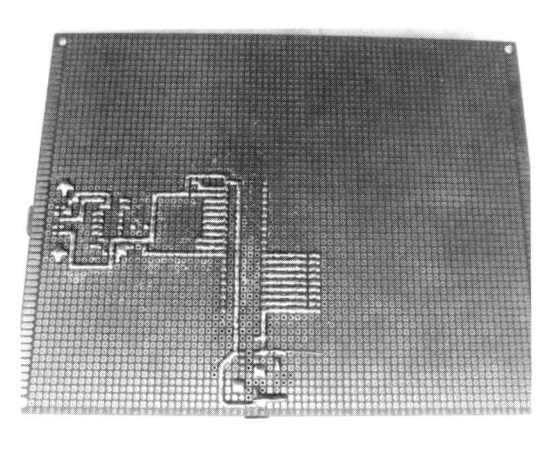

图 2-16 用万能板制作的本任务的反面电路实物图

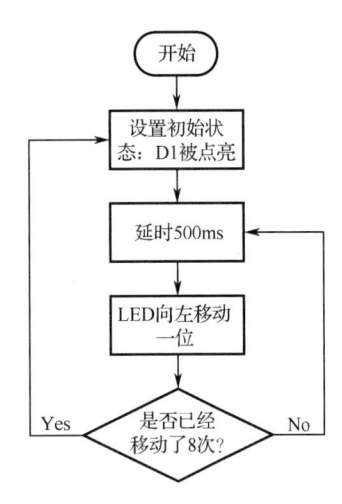

图 2-17 本任务程序流程图

程序清单如下：

```c
/** 任务 2.LED 流水灯 **/
//==声明区==================================
#include <reg51.h>                //将头文件 reg51.h 包含进来
#define    LED P0                 //定义 LED 接至 P0 口
void delay1ms(int);               //声明延时函数

//==主程序==================================
main()                            //主程序开始
{   unsigned char i;              //声明无符号字符型变量 i
    while(1)                      //无穷循环，即程序一直运行
    {
        LED=0xfe;                 //初值=11111110，只有 D1 被点亮
        for(i=0;i<8;i++)          //左移 7 次
        {   delay1ms(500);        //延时 500ms
            LED=(LED<<1)|0x01;    //左移 1 位，并设定最低位为 1
        }                         //左移结束，只有 D8 被点亮
    }                             //while 循环结束
}                                 //主程序结束

//==子程序==================================
/* 延时函数，延时约 x×1ms */
void delay1ms(int x)              //延时函数开始
{   int i,j;                      //声明整型变量 i 和 j
    for (i=0;i<x;i++)             //计数 x 次，延时 x×1ms
        for (j=0;j<120;j++);      //计数 120 次，延时 1ms（与振荡频率为 12MHz 的晶振对应）
}                                 //延时函数结束
```

写出程序后，在 Keil μVision2 中编译和生成 HEX 文件"任务 2.hex"。

※※※注意：

在单片机 C 语言中，通常都采用十六进制形式，十六进制数的前缀为"0x"，但在分析具体 P 口输出的问题时又需要将十六进制数转换成二进制数，因为二进制形式和 P 口直接对应。

4）使用 Proteus ISIS 仿真

将"任务 2.hex"加载到仿真电路图的单片机中，在仿真过程中会清楚地看到 8 只 LED 不断地从左至右循环闪烁，如图 2-18 所示。

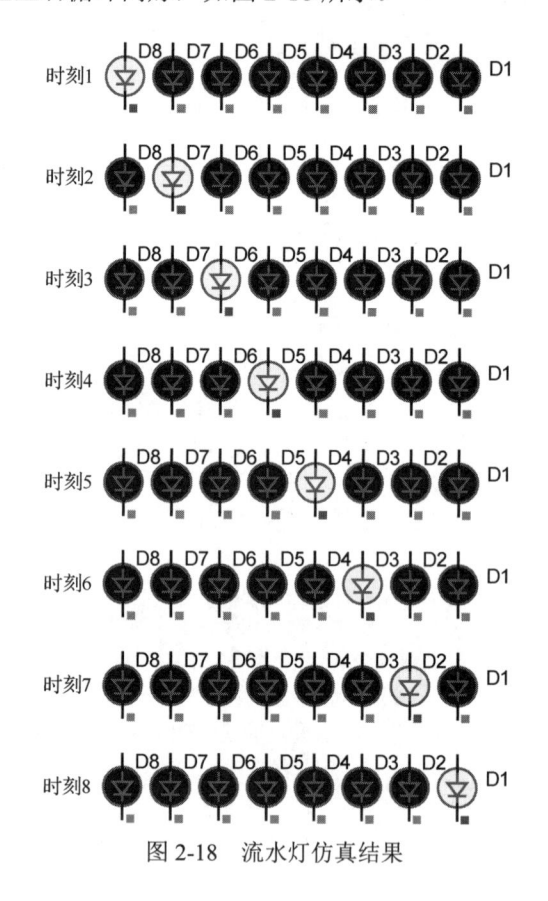

图 2-18 流水灯仿真结果

5）使用实验板调试所编写的程序

程序下载成功后，按下实验板上的电源开关，将看到 8 只 LED 如仿真中的动作呈流水扫动。也可按仿真中的方法修改参数后重新下载程序，便可看到 LED 的流动速度和流动方式的变化情况。

【任务评价】

本任务的评价表如表 2-7 所示，其中，职业素养、安全规范、搭建电路、程序设计、仿真调试共 100 分，增值加分为 10 分。

表2-7 评价表

任务名称		LED流水灯			
姓名			班级		
小组编号			小组成员		
实施地点			指导教师		
评价项目	评价内容	配分	自评	互评	师评
职业素养	有工作计划,有明确的分工	5			
	实施任务过程中有讨论,工作积极	5			
	遵守工作纪律(无迟到、旷课、早退情况)	5			
安全规范	能够做好设备维护、卫生打扫工作,保证周边环境整洁、安全	5			
	安全操作规范	5			
	资料填写规范	5			
	穿戴规范	5			
搭建电路	设计的电路图可行	10			
	绘制的电路图美观	5			
	电气元器件图形符号符合标准	5			
程序设计	程序设计合理	5			
	程序编译无报错	5			
	程序设计效率较高	5			
仿真调试	生成HEX文件并加载到仿真电路中,仿真电路现象与任务要求一致	10			
	成功调试程序并下载到电路板上	10			
	接通电源,实验现象与任务要求一致	10			
增值加分	小组获评优秀	5			
	本人被评为今日之星	5			
总分					

【任务小结】

本任务通过一个单片机P口控制流水灯实例让学生进一步加深了对单片机及其最小系统的认识,进一步了解了单片机系统的开发过程。本任务可帮助学生熟悉单片机P口的结构,以及P口输出的编程控制方法;熟悉单片机C语言的基本框架;初步掌握单片机C语言编程的基本语法,以及自加运算"++"、赋值运算"="、左移运算"<<"、布尔或运算"|"等一些常用的运算。

【拓展训练】

进行双边拉幕灯控制的训练。

1）训练目的

（1）进一步掌握单片机 I/O 口的知识。

（2）掌握开关与 LED 接口电路的分析与设计方法。

（3）学会较复杂的单片机 I/O 口应用程序方法的分析与编写。

（4）进一步掌握单片机软件延时程序的分析与编写。

（5）进一步学会程序的调试过程与仿真方法。

2）训练任务

如图 2-19 所示，该电路是一个 STC89C51 单片机控制 8 只 LED 进行双边拉幕灯控制运行的电路原理图。其中，D1～D4 为模拟的左边幕，D5～D8 为模拟的右边幕。该单片机应用系统的具体功能为：当系统上电运行时，模拟左、右边幕的 LED 同步由两边向中间逐一点亮，并在 LED 全部点亮后同步由中间向两边逐一熄灭。如此循环运行，形成双边拉幕灯的效果。开关 S2 用于系统的运行和停止控制，当其闭合时，系统工作；当其断开时，系统暂停处于当前状态。开关 S2 具体的运行情况见随书电子资源中的仿真运行视频文件。

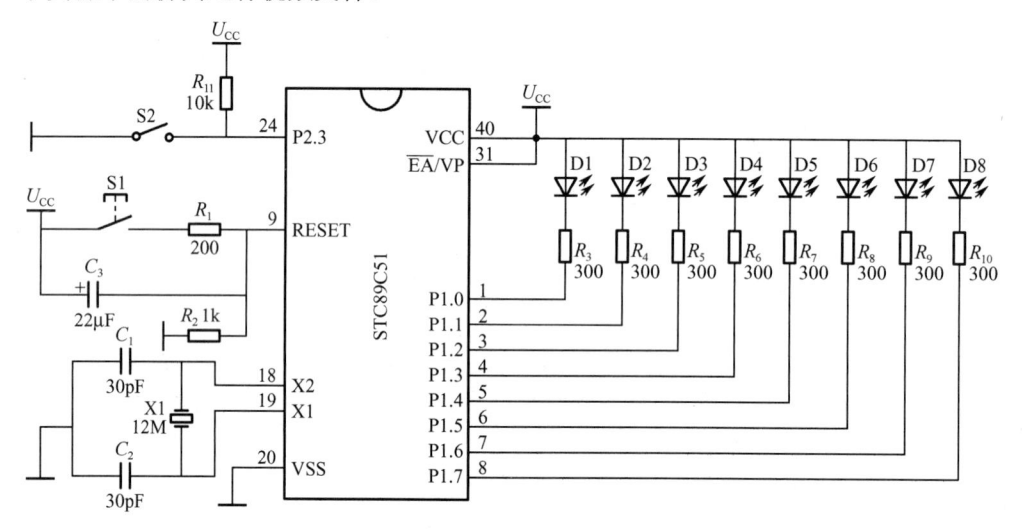

图 2-19 双边拉幕灯控制电路原理图

3）训练要求

（1）进行单片机应用电路分析，并完成 Proteus ISIS 仿真电路图的绘制。

（2）根据任务要求进行单片机控制程序流程和程序设计思路分析，画出程序流程图。

（3）依据程序流程图在 Keil μVision2 中进行源程序的编写与编译工作。

（4）在 Proteus ISIS 中进行程序的调试与仿真工作，最终完成满足任务要求的程序。

（5）完成单片机应用系统实物装置的焊接制作，并下载程序实现正常运行。

【课后练习】

一、编程思考题

1．试修改本任务程序，实现双灯流动效果。

2. 试修改本任务程序，实现从右至左流动效果。
3. 试修改本任务程序，使之变成由中间向两侧流动的形式。
4. 试修改本任务程序，使 8 只 LED 按照下面的形式点亮或熄灭。
P1.7～P1.0 引脚所对应 LED 的状态为○●○●●○●●（●表示熄灭，○表示点亮）。
5. 设计一个简单的单片机应用系统，用 P1 口的任意 3 个引脚控制 LED，模拟交通信号灯的控制。

二、填空题

1. 在 AT89C51 单片机中，如果采用 6MHz 晶振，那么一个机器周期为_____。
2. AT89C51 单片机的机器周期等于_____个时钟振荡周期。
3. Keil C 语言头文件包括的内容有 8051 单片机_____，以及_____的说明。
4. 当 AT89C51 单片机复位时，P0～P3 口的各引脚为_____电平。
5. 与汇编语言相比，Keil C 语言具有_____、_____等优点。
6. Keil C 语言提供了两种不同的数据存储类型——_____和_____，用于访问片外数据存储区。

三、判断题

1. Keil C 语言是由专门的中断函数来处理单片机的中断的。　　　　（　　）
2. 在 Keil C 语言中，函数是完成一定功能的执行代码段，它与另外两个名词"子程序"和"过程"描述同样的事情。　　　　（　　）
3. 在 Keil C 语言编程中，编写中断服务函数时需要考虑如何进行现场保护、阻断其他中断、返回时自动恢复现场等程序段的编写。　　　　（　　）

【精于工、匠于心、品于行】

王树军：工匠精神支撑"中国制造"

他用独创的垂直投影逆向复原法解决了进口加工中心定位精度为(1/1000)°的 NC 转台锁紧故障，打破了国外的技术封锁和垄断。他致力中国高端装备研制，不被外界高薪诱惑，坚守铸造重型机车"中国心"。

他就是王树军。2018 年 1 月 18 日，中华全国总工会、中央广播电视总台联合发布了 2018 年 10 名"大国工匠年度人物"，潍柴动力股份有限公司（以下简称"潍柴"）职工王树军作为山东省和中国机械装备制造业的唯一代表光荣当选。王树军在普通的岗位上把属于自己的"那一件事"做出彩，用实际行动定义了人生价值，诠释了工匠精神。

王树军，一个没有受过高等教育的普通工人，他能走进高端技术领域，并在这个领域内勇攀一座又一座高峰，靠的是 3 种精神。

王树军宝贵精神的根是听党号召、忠诚企业、爱岗敬业的政治品格。在党建的引领下，以王树军为代表的潍柴工匠始终坚守在最平凡的岗位上。他做出的成绩越来越大，名气也越来越大，各种诱惑越来越多，但王树军始终秉承"不忘初心、牢记职责、干好工作、心中快乐"的坚定信念，婉言谢绝了单位领导多次提出的可以从事管理工作的建议，更始终不被很多企业高薪聘请的机会打动。

王树军宝贵精神的魂是精益求精、追求卓越、持之以恒的工匠精神。王树军是潍柴工匠精神的坚定践行者。工作26年来，王树军一心与设备打交道，凭借着精湛的技艺成为潍柴甚至国内发动机行业设备检修技术的集大成者，擅长自动化设备的定制化设计，以及自主研发制造与精通各类数控加工中心和精密机床的维修，成为潍柴高精尖设备维修保养的探路人和领军人。

王树军宝贵精神的魄是激情奋斗、百折不挠、敢与国外同行过招的创新精神。随着高精尖设备服役时间的不断增加，潍柴的海勒加工中心光栅尺故障频发。光栅尺是数控机床最精密的部件，相当于人的神经，一旦损坏只能更换。但采购备件不仅会产生巨额费用，还会严重影响企业生产。"我怀疑这批设备有设计缺陷，导致了光栅尺的损坏。"王树军大胆的质疑惊呆了众人。在众人的怀疑中，他利用一周时间，对照设备构造找到了该批设备的设计缺陷。继而通过拆解废弃光栅尺、3D建模构建光栅尺气路空气动力模型、利用欧拉运动微分方程计算出16处气路支路负压动力值搭建了全新气密气路，该方案成功取代原设计，攻克了海勒加工中心光栅尺气密保护设计缺陷难题，将故障率由40%降至1%，填补了国内空白，也成为中国工人勇于挑战进口设备行业难题的经典案例。

匠心聚，百工兴。对于王树军，"大国工匠年度人物"颁奖词这样写道："他是维修工，也是设计师，更像是永不屈服的斗士！临危请命，只为国之重器不能受制于人。王树军，中国工匠的风骨。在尽头处超越，在平凡中非凡。"作为潍柴工匠人才的一面旗帜，他凭借精益求精、持之以恒、爱岗敬业、不断创新的工匠精神，为广大职工树立了一个正直进取、勤学实干、技能突出的榜样形象。他是千千万万坚守在一线岗位上默默奉献工匠的缩影，他们正在为中国制造业自主创新、迈向高端而不懈奋斗。

（来自澎湃在线，2019年10月28日）

任务3　通过继电器控制照明灯

仿真演示　　万能板演示　　双面PCB板演示

【任务要求】

制作一个单片机系统电路板，通过继电器控制一盏家用照明灯闪烁，照明灯的工作电压为交流220V。

【任务目标】

知识目标
- 了解继电器的作用。
- 理解固态继电器的优点。
- 掌握用单片机驱动继电器的方法。

项目二
单片机 P 口输出

能力目标
- 能够明确继电器的作用。
- 能说出固态继电器的优点。
- 能用单片机驱动继电器控制照明灯。

素养目标
- 培养学生认真务实的态度。
- 使学生养成一丝不苟的好习惯。

【相关知识】

1. 普通继电器

在现代自动控制设备中,都存在电子电路与电气电路的连接问题,一方面要使电子电路的控制信号能够控制电气电路的执行元器件(电动机、电磁铁、电灯等);另一方面又要为电子电路的电气电路提供良好的电隔离,以保护电子电路和人身安全。继电器能满足这些要求,起到桥梁的作用。

若要用单片机控制具有不同电压或较大电流的负载,则可通过继电器来实现。电子电路使用的继电器的体积都不大。图 2-20 所示为常用继电器实物图。这种继电器使用的电压有 DC 12V、DC 9V、DC 6V、DC 5V 等,通常会直接标示在上面。这种继电器很普遍,价格也不高,可直接应用在电路板上,但其引脚位置有时会不适用于面包板。图 2-21 所示为继电器的安装尺寸及电气原理图。

图 2-20 常用继电器实物图

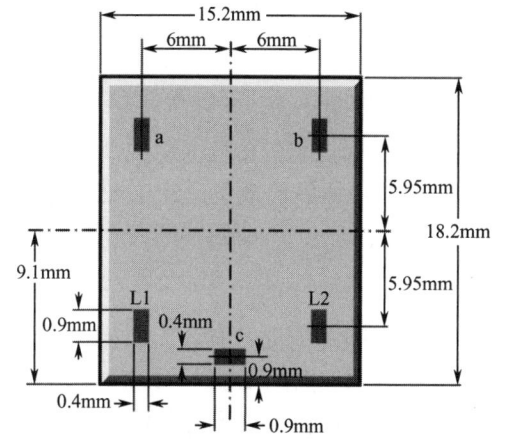

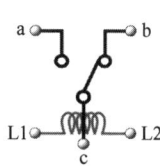

图 2-21 继电器的安装尺寸及电气原理图

继电器可以描述为一个电子开关，在实际应用中是非常有用的，主要有以下几点作用。

（1）扩大控制范围：例如，当多触点继电器控制信号达到某一定值时，可以按触点组的不同形式同时换接、开断、接通多路电路。

（2）放大：如灵敏型继电器、中间继电器等，可以用一个微小的控制量控制大功率的电路。

（3）综合信号：例如，当多个控制信号按规定的形式输入多绕组继电器时，经过比较综合取得预定的控制效果。

（4）自动、遥控、监测：例如，自动装置上的继电器与其他电器一起可以组成程序控制线路，从而实现自动化运行。

总体来说，继电器能实现隔离、低压控制高压、小电流控制大电流、弱电控制强电等功能。

通常，单片机所要驱动的继电器大多为 DC 6V 或 DC 5V 小型电子用继电器。尽管如此，只靠 P 口输出电流恐怕不够，况且要驱动继电器线圈这种电感性负载还需要有些保护。

常用的低电平动作的继电器驱动电路如图 2-22 所示，其工作原理为：当控制信号输入低电平"0"时，三极管 Q1 处于饱和导通状态，继电器线圈通电，继电器常开触点闭合、常闭触点断开，进而控制后面的电路。当控制信号输入高电平"1"时，三极管处于完全截止状态，继电器不工作。

除此之外，还有一种高电平动作的继电器驱动电路，如图 2-23 所示。对于单片机电路，采用低电平动作的继电器驱动电路属于较优的设计，但在编写程序时，必须记得是低电平"0"使继电器工作的。

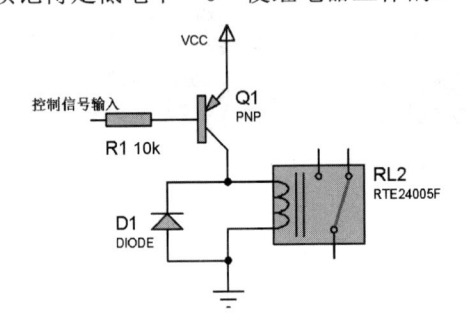

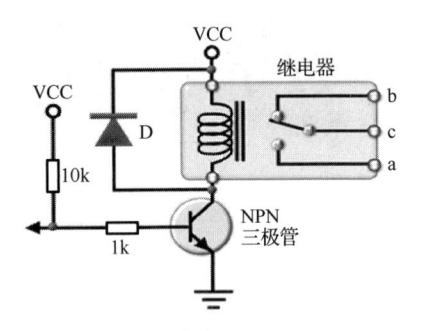

图 2-22 常用的低电平动作的继电器驱动电路　　图 2-23 高电平动作的继电器驱动电路

二极管 D 起到继电器线圈的续流作用，当继电器通电或断开时，会产生较高的反电动势，采用反向二极管的吸收会取得很好的效果。经工业现场实验证明：如果去掉此二极管，那么形成的干扰很大，有时会引起单片机系统复位。

2．固态继电器

固态继电器（SSR）与机电继电器相比，它是一种没有机械运动，不含运动零件的继电器，但它具有与机电继电器本质上相同的功能。固态继电器是一种全部由固态电子元器件组成的无触点开关元器件，它利用电子元器件的点、磁和光特性来完成输入与输出的可靠隔离，利用大功率三极管、功率场效应管、单向可控硅和双向可控硅等元器件的开关特性来实现无触点、无火花地接通和断开被控电路。图 2-24 所示为固态继电器的实物及内部电路图。

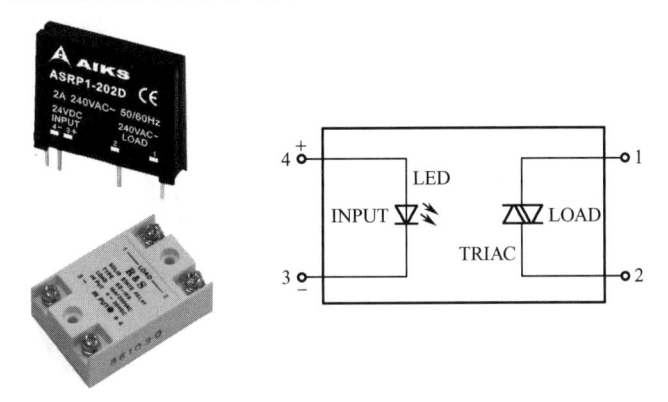

图 2-24 固态继电器的实物及内部电路图

固态继电器由 3 部分组成：输入电路、隔离（耦合）和输出电路。按输入电压的不同，输入电路可分为直流输入电路、交流输入电路和交直流输入电路 3 种。有些输入电路还具有与 TTL/CMOS 兼容、正负逻辑控制和反相等功能。固态继电器的输入与输出电路的隔离和耦合方式有光电耦合、变压器耦合两种。固态继电器的输出电路可分为直流输出电路、交流输出电路和交直流输出电路等形式。交流输出时通常使用两个可控硅或一个双向可控硅，直流输出时可使用双极性元器件或功率场效应管。

固态继电器的优点如下。

（1）长寿命，高可靠性：固态继电器没有机械零部件，由固体元器件完成触点功能。由于它没有运动的零部件，因此能在高冲击、振动的环境下工作；组成固态继电器的元器件的固有特性决定了其寿命长、可靠性高。

（2）灵敏度高，控制功率小，电磁兼容性好：固态继电器的输入电压范围较宽，驱动功率低，可与大多数逻辑集成电路兼容而不需要加缓冲器或驱动器。

（3）快速转换：固态继电器因为采用固体元器件，所以切换速度可从几毫秒至几微秒。

（4）电磁干扰：固态继电器没有输入线圈，故没有触点燃弧和回跳问题，因而减少了电磁干扰。大多数交流输出固态继电器是一个零电压开关，在零电压处导通，在零电流处关断，减少了电流波形的突然中断，从而减少了开关瞬态效应。

固态继电器的缺点如下。

（1）导通后的管压降大，可控硅或双向可控硅的正向压降可达 1~2V，大功率三极管的饱和压降也为 1~2V，一般功率场效应管的导通电阻也较机械触点的接触电阻大。

（2）半导体元器件关断后仍可有数微安至数毫安的漏电流，因此不能实现理想的电隔离。

（3）由于管压降大，因此导通后的功耗和发热量也大，大功率固态继电器的体积远远大于同容量的电磁继电器，成本也较高。

（4）电子元器件的温度特性和电子线路的抗干扰能力较差，耐辐射能力也较差，若不采取有效措施，则工作可靠性低。

（5）对过载有较高的敏感性，必须用快速熔断器或 RC 阻尼电路对其进行过载保护。固态继电器的负载与环境温度明显有关，温度升高，其带负载能力将迅速减弱。

固态继电器的驱动控制电路与普通继电器一样，如图 2-25 所示。

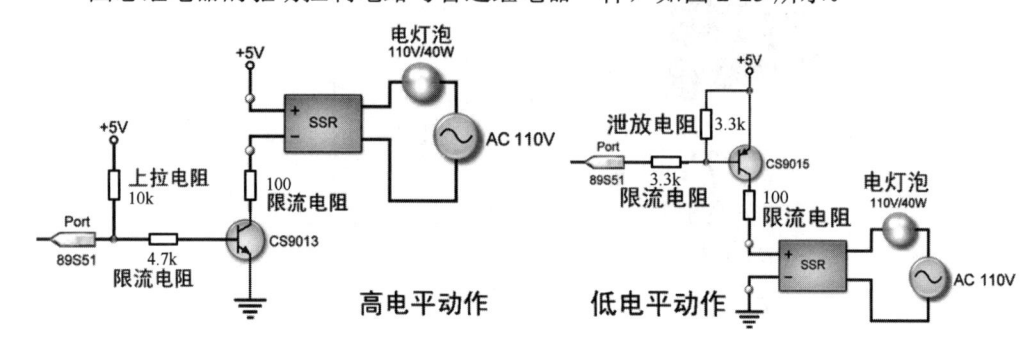

图 2-25　固态继电器的驱动控制电路

【任务实施】

1）准备元器件

元器件清单如表 2-8 所示。

表 2-8　元器件清单

序号	种类	标号	参数	序号	种类	标号	参数
1	电阻	R0	10kΩ	6	单片机	U1	STC89C52
2	电阻	R1、R2	10kΩ	7	三极管	Q1	PNP
3	电容	C1	30pF	8	二极管	D1	DIODE
4	电容	C2	30pF	9	继电器	RL1	RTE24005F
5	电容	C3	10μF	10	晶振	X1	12MHz

2）搭建硬件电路

本任务对应的仿真电路图如图 2-26 所示，对应的配套实验板继电器部分电路原理图如图 2-27 所示，当单片机的 P3.7 引脚输出"0"时，三极管 Q1 导通，继电器线圈通以电流，灯亮；相反，当 P3.7 引脚输出"1"时，灯灭。

图 2-26 用于仿真和手工制作，学生可按原理图和随书电子资源中的实物制作图将本任务的电路板焊接制作出来。配套实验板对应的电路制作实物图如图 2-28 所示，用万能板制作的正、反面电路实物图分别如图 2-29 和图 2-30 所示。更清晰的电子版实物制作图可参看随书电子资源图片文件。

3）程序设计

在硬件电路图中，继电器的控制信号从单片机的 P3.7 引脚输出，当输出"0"时，继电器动作，灯亮；当输出"1"时，灯灭。要使灯每 2s 闪烁一次，只要 P3.7 引脚循环地输出"0"（2s）和"1"（0.5s）即可。本任务程序流程图如图 2-31 所示。

项目二
单片机 P 口输出

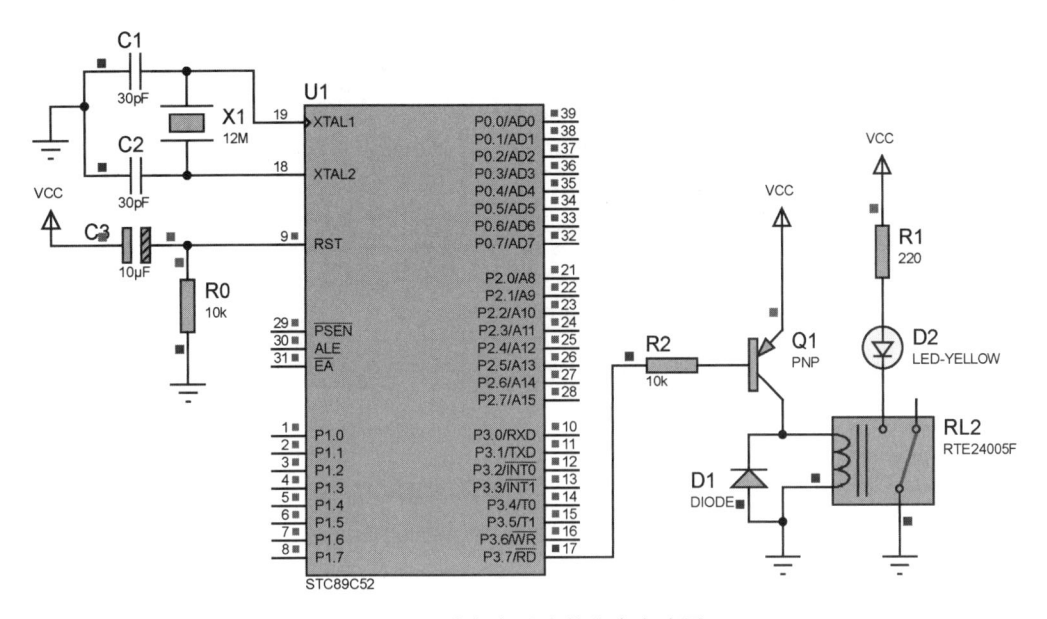

图 2-26 本任务对应的仿真电路图

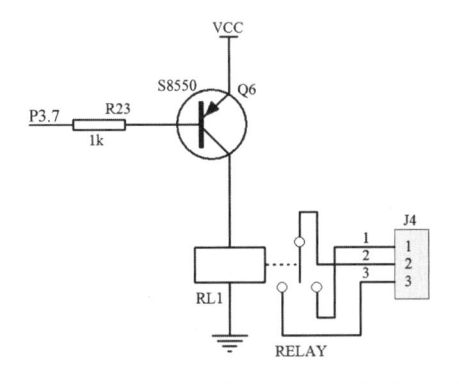

图 2-27 本任务对应的配套实验板继电器部分电路原理图

图 2-28 配套实验板对应的电路制作实物图

61

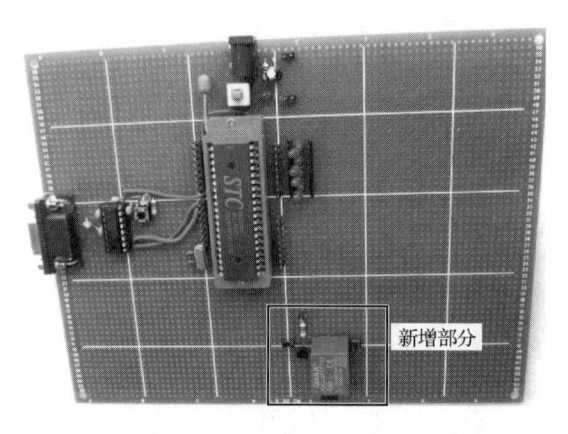

图 2-29 用万能板制作的正面电路实物图

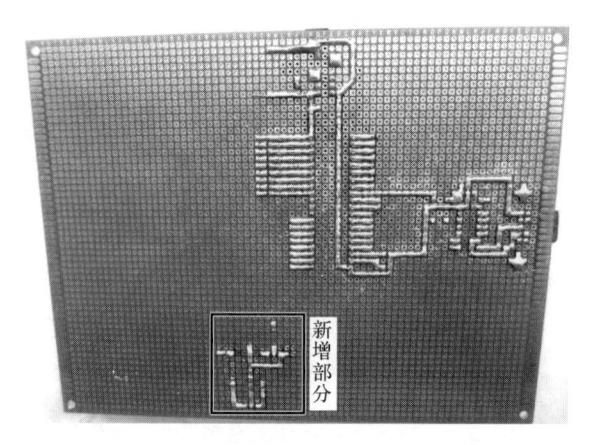

图 2-30 用万能板制作的反面电路实物图

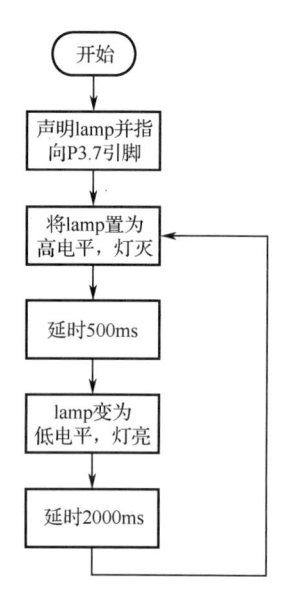

图 2-31 本任务程序流程图

程序清单如下：

```
/**  任务 3.继电器控制外部灯 2s 闪烁一次  **/
//==声明区================================================
#include    <reg51.h>          //将头文件 reg51.h 包含进来
sbit lamp=P3^7;                //声明变量 lamp 并指向单片机的 P3.7 引脚
void delay1ms(int);            //声明延时函数

//==主程序================================================
main()                         //主程序开始
{   while(1)                   //无穷循环
    {
        lamp=1;                //将 P3.7 引脚设置为高电平
        delay1ms(500);         //延时 500ms
        lamp=0;                //将 P3.7 引脚设置为低电平
        delay1ms(2000);        //延时 2s
```

```
        }
    }                                    //主程序结束

//==子程序=================================================
/* 延时函数,延时约 x×1ms */
void delay1ms(int x)                     //延时函数开始
{   int i,j;                             //声明整型变量 i 和 j
    for (i=0;i<x;i++)                    //计数 x 次,延时 x×1ms
        for (j=0;j<120;j++);             //计数 120 次,晶振为 12MHz 时延时约 1ms
}                                        //延时函数结束
```

写出程序后,在 Keil μVision2 中编译和生成 HEX 文件"任务 3.hex"。

4)使用 Proteus ISIS 仿真

将"任务 3.hex"加载到仿真电路图的单片机中,在仿真过程中可以清楚地看到灯每 2s 闪烁一次,如图 2-32 所示。

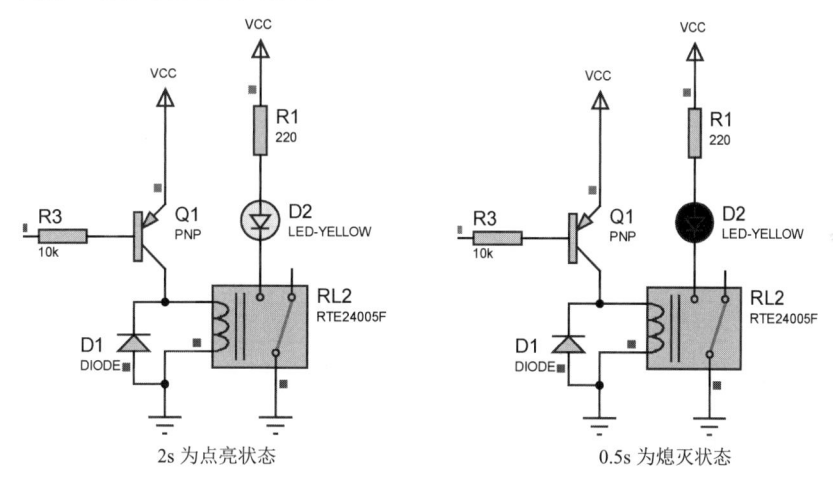

图 2-32 仿真结果

5)使用实验板调试所编写的程序

本任务用来演示的 D2 和限流电阻 R1 需要外接,不焊接在电路板上。在接 LED 时应注意它的方向,方向接反将无法发光。当然,该继电器也可以控制 220V 的白炽灯,但因实验板上未配备 220V 电源和白炽灯,同时 220V 电压的危险性较大,故本次实验用 LED 来代替。

程序下载成功后,按下实验板上的电源开关,将看到 LED 每 2s 闪烁一次,其效果比仿真时更清楚。如果身边无 LED,那么也可以不接,通过听继电器通断时发出的"吱""嗒"声音一样可以调试程序。

【任务评价】

本任务的评价表如表 2-9 所示,其中,职业素养、安全规范、搭建电路、程序设计、仿真调试共 100 分,增值加分为 10 分。

表 2-9 评价表

任务名称		通过继电器控制照明灯				
姓名			班级			
小组编号			小组成员			
实施地点			指导教师			
评价项目	评价内容		配分	自评	互评	师评
职业素养	有工作计划,有明确的分工		5			
	实施任务过程中有讨论,工作积极		5			
	遵守工作纪律(无迟到、旷课、早退情况)		5			
安全规范	能够做好设备维护、卫生打扫工作,保证周边环境整洁、安全		5			
	安全操作规范		5			
	资料填写规范		5			
	穿戴规范		5			
搭建电路	设计的电路图可行		10			
	绘制的电路图美观		5			
	电气元器件图形符号符合标准		5			
程序设计	程序设计合理		5			
	程序编译无报错		5			
	程序设计效率较高		5			
仿真调试	生成 HEX 文件并加载到仿真电路中,仿真电路现象与任务要求一致		10			
	成功调试程序并下载到电路板上		10			
	接通电源,实验现象与任务要求一致		10			
增值加分	小组获评优秀		5			
	本人被评为今日之星		5			
	总分					

【任务小结】

本任务通过一个单片机 P 口控制 LED 实例让学生了解了单片机控制大功率外部元器件的开发过程。本任务的程序与单灯闪烁相似,但本任务的程序中用子程序"delay1ms();"来代替原来的 for 循环,使控制更灵活。

通过本任务,学生能够明确继电器的作用,能说出固态继电器的优点,能用单片机驱动继电器控制照明灯。

【拓展训练】

(1)若把灯泡换成小型直流电动机,则电路连线该如何修改?电源需要改动吗?程序需要改动吗?

(2)若要使直流电机先正转 5s、再反转 5s,则该如何改动电路和程序呢?

项目二
单片机 P 口输出

【课后练习】

一、判断题

1. P0 口作为总线端口使用时是一个双向口。（　　）
2. P0 口作为通用 I/O 口使用时，外部引脚必须接上拉电阻，因此它是一个准双向口。（　　）
3. P1～P3 口作为输入口使用时，必须先向端口寄存器写入 1。（　　）
4. P0～P3 口的驱动能力是相同的。（　　）

二、填空题

1. AT89S51 单片机的任何一个端口要想获得较强的驱动能力，要采用_____电平输出。
2. 检测开关处于闭合状态还是打开状态，只需首先把开关一端接到 I/O 口的引脚上、另一端接地，然后通过检测_____来实现。
3. 弱电控制与强电控制之间常用的隔离方式有_____、_____等。

【精于工、匠于心、品于行】

柯晓宾：逐梦"毫米"间

"全国交通技术能手""2020 年全国劳动模范""火车头奖章"……翻开柯晓宾这些年获得的荣誉证书，里面的每一字每一句，似乎都在诉说着她在继电器调整岗位上发生的不平凡故事。

2003 年，刚走出校园的柯晓宾进入沈阳铁路信号有限责任公司，成为一名继电器调整工人。很多人或许会问，什么是继电器？如果把信号控制系统比作中国高铁的"大脑"和"中枢神经"，那么应用于全国铁路数以千万计的信号继电器就是支撑这个中枢系统有效工作的"神经元"，是高铁安全、高效运行的"守护神"。

一手拿着继电器，一手握着扁嘴钳，凝神观察，轻轻敲打，这是柯晓宾工作的常态。柯晓宾说："产品零部件接点间距的误差要控制在 0.05～0.1mm 之间，而零部件配合接触的力要控制在 200mN 左右。"这是什么概念？我们用手突然扯断一根头发的力大约是 1800mN，而继电器零件配合接触的力是这个力的 1/9。

常人看来的不可思议，靠的其实是"千锤百炼"。一开始，继电器的对称性结构要求左右手均衡发力，柯晓宾为了让左手"找到状态"而主动加练。她调试的产品被检测退回，她就加班加点向师傅请教。为了揣摩手法，她甚至把模具背回家练习，经常练得虎口发麻，手上也长了厚厚的茧。就这样，半年之后，她成为同期员工中第一个出徒上线、独立生产的佼佼者。

不仅如此，柯晓宾还爱"挑战"。凭着刻苦钻研的精神，她成功研制出了新型接点整形工具，大幅提高了调整精度和生产效率。她还与哈尔滨工业大学的专家配合试制优化后的 S 系列继电器（欧洲标准）特性调整与测试工作。由她主创的调整方法和操作步骤被纳入 4 种继电器作业指导卡，填补了该领域的空白。这些成果为我国生产符合欧洲制式的继电器并参与"一带一路"铁路建设打下了坚实的基础。

凭着精湛的手艺和认真的态度，2012 年，柯晓宾担任电器中心调整三班班长。由此，带队伍成为她人生中的一项新任务。从师父崔宝华身上得到的良好教育，柯晓宾继续传承发扬，带着一股"冲劲"，2017 年 12 月，柯晓宾带领 16 名一线职工组成了柯晓宾劳模创新工作室。目前，该工作室攻克生产疑难问题项目 29 个，取得创新成果 43 项，获得国家专利 8 项。

"过去的日子里，我们服务了京张、京沪等高铁项目和雅万高铁、中老铁路建设，在平凡的岗位上为国家发展贡献了一点点力量。"柯晓宾说，"这次当选为党的二十大代表，希望自己能把基层党员的心声带到大会上，把企业做好的信心和决心也带到大会上。同时，希望有越来越多的人选择产业报国的道路。"

（来自澎湃在线，2019 年 10 月 28 日）

任务 4　让蜂鸣器产生报警声音

【任务要求】

仿真演示　　万能板演示　　双面 PCB 板演示

制作一个单片机系统电路板，控制蜂鸣器不断地产生报警声音。

【任务目标】

知识目标
- 了解声音是如何产生的。
- 理解蜂鸣器驱动电路。
- 掌握用单片机驱动蜂鸣器的方法。

能力目标
- 能够说出声音是如何产生的。
- 能区分蜂鸣器驱动电路。
- 能用单片机驱动蜂鸣器。

素养目标
- 培养学生理论与实际相结合的思维习惯。
- 培养学生的逻辑思维能力。

【相关知识】

1. 声音的产生

声音的产生是一种音频振动的结果，振动的频率高为高音，振动的频率低为低音。音频的范围为 20Hz～200kHz，人类的耳朵比较容易辨认的声音频率就是这个范围。一般音响电路以正弦波信号驱动喇叭即可产生悦耳的音乐；在数字电路里，是以脉冲信号驱动蜂鸣器来产生声音的，如图 2-33 所示。同样的频率，以脉冲信号或以正弦波信号产生的声音，对于人类的耳朵，是很难进行区分的。

正弦波信号

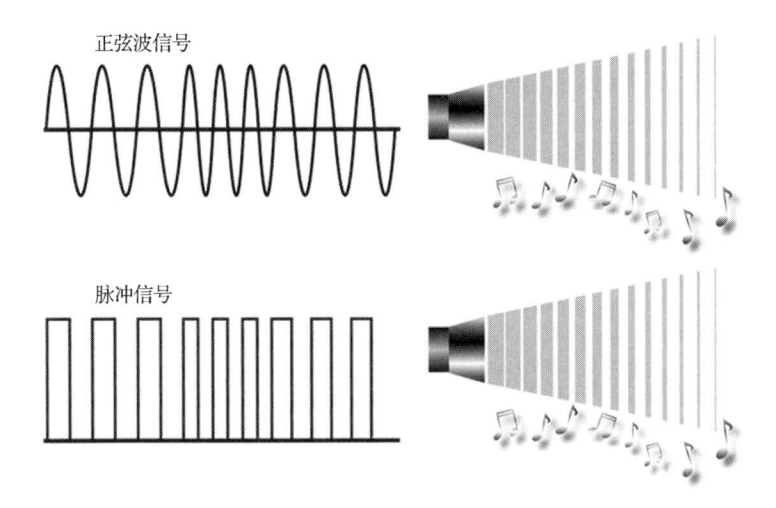

脉冲信号

图 2-33 声音的产生

若要让单片机驱动蜂鸣器产生声音，则可先利用程序产生一定频率的脉冲并送到输出端口（1 位即可，如 P1.0、P3.7 等），再从该端口连接蜂鸣器的驱动电路，即可驱动蜂鸣器。

2．蜂鸣器

微处理电路中的发声装置称为蜂鸣器，类似小型喇叭。蜂鸣器广泛应用于计算机、打印机、复印机、报警器、电子玩具、汽车电子设备、定时器等电子产品中作为发声元器件。

市售蜂鸣器分为电压型与脉冲型两类，电压型蜂鸣器送电就会发声，频率固定；由于脉冲可以产生不同频率的声音，因此必须使用脉冲型蜂鸣器。图 2-34 所示为12mm 脉冲型蜂鸣器的外观与尺寸。

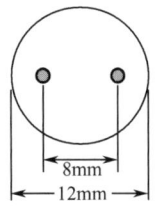

图 2-34 12mm 脉冲型蜂鸣器的外观与尺寸

由于蜂鸣器的工作电流一般比较大，以至于单片机的 P 口是无法直接驱动的，因此要利用放大电路来驱动，一般使用三极管来放大电流。蜂鸣器驱动电路如图 2-35 所示。这个驱动电路属于低电平动作，即当控制端输出"0"时，蜂鸣器有电流；当控制端输出"1"时，蜂鸣器无电流。

单片机驱动蜂鸣器的信号为各种频率的脉冲信号。对于蜂鸣器，其发声原理在于吸放动作引起的簧片振动，至于是先吸后放还是先放后吸并不重要。

无论使用哪个端口都可以驱动蜂鸣器，但需要注意的是，若使用 P0 口，则还需要接一个上拉电阻，如图 2-35（b）所示。驱动电流是足以使三极管输出饱和的，当端口输出"1"时，三极管 Q1 截止，蜂鸣器断开；当端口输出"0"时，三极管 Q1

饱和导通，蜂鸣器将被吸住。另外，在三极管的基极和发射极之间连接一个泄放电阻（R3），目的是让三极管从饱和状态切换到截止状态时提供一个泄放基极和发射极之间少数载流子的路径，以加速切换，防止拖音。

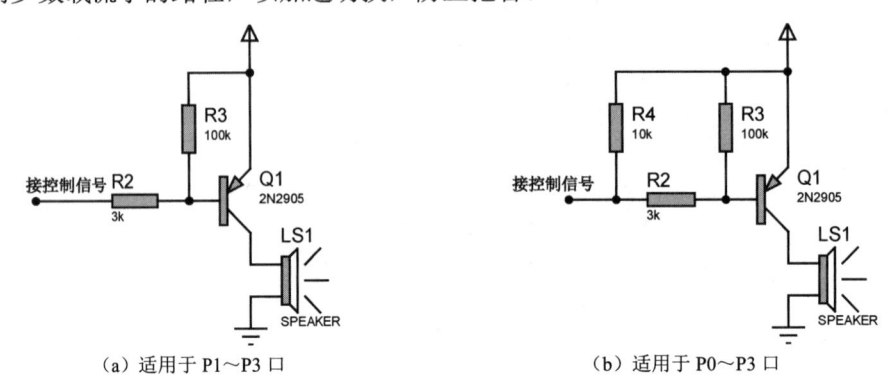

(a) 适用于 P1~P3 口　　　　　(b) 适用于 P0~P3 口

图 2-35　蜂鸣器驱动电路

【任务实施】

1）准备元器件

元器件清单如表 2-10 所示。

表 2-10　元器件清单

序 号	种 类	标 号	参 数	序 号	种 类	标 号	参 数
1	电阻	R0	10kΩ	6	单片机	U1	STC89C52
2	电阻	R1	3kΩ	7	三极管	Q1	S8550
3	电容	C1	30pF	8	蜂鸣器	LS1	SPEAKER
4	电容	C2	30pF	9	晶振	X1	12MHz
5	电容	C3	10μF	—	—	—	—

2）搭建硬件电路

本任务对应的仿真电路图如图 2-36 所示，对应的配套实验板蜂鸣器部分电路原理图如图 2-37 所示，蜂鸣器的控制信号从单片机的 P3.6 引脚输出，当输出"0"时，三极管导通，蜂鸣器通以电流；当输出"1"时，三极管截止，蜂鸣器无电流。

配套实验板对应的本任务的电路制作实物图如图 2-38 所示，用万能板制作的本任务的正、反面电路实物图分别如图 2-39 和图 2-40 所示。更清晰的电子版实物制作图可参看随书电子资源图片文件。

3）程序设计

报警声音可以看成是由 1kHz 和 500Hz 的音频组成的，并且两种音频交替进行。因此，编程时可以用 P3.6 引脚的输出信号驱动蜂鸣器，让 1kHz 脉冲持续 100ms、500Hz 脉冲持续 200ms，并一直循环。

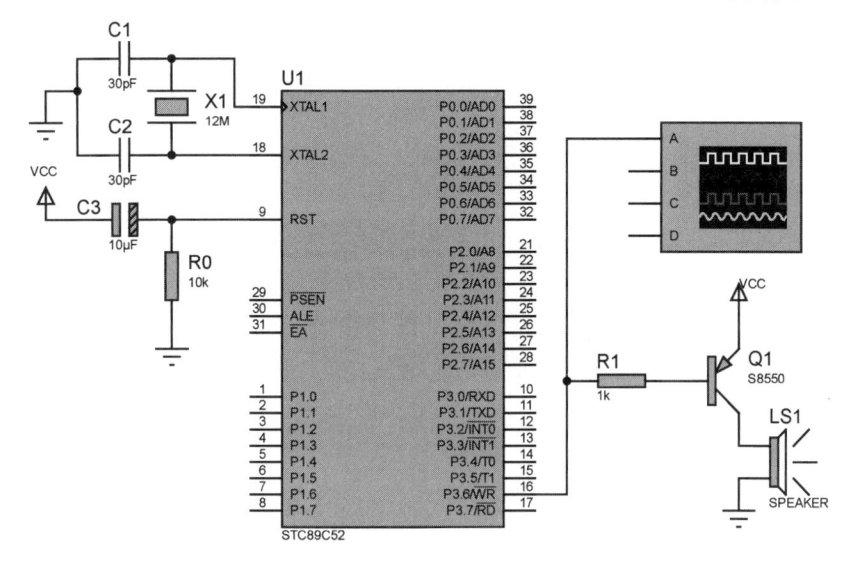

项目二 单片机 P 口输出

图 2-36　本任务对应的仿真电路图

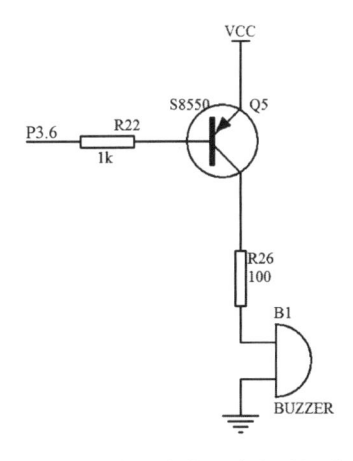

图 2-37　本任务对应的配套实验板蜂鸣器　　图 2-38　配套实验板对应的本任务的
　　　　　部分电路原理图　　　　　　　　　　　　　　电路制作实物图

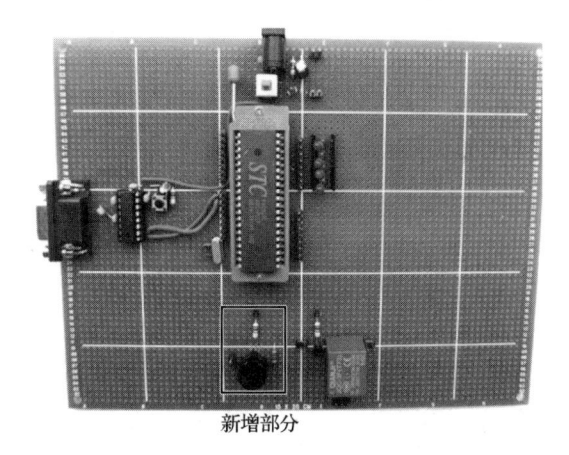

图 2-39　用万能板制作的本任务的正面电路实物图

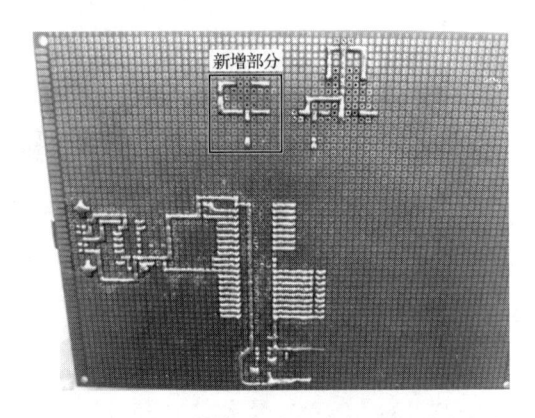

图 2-40 用万能板制作的本任务的反面电路实物图

蜂鸣器就像是一块电磁铁，电流流过即可激磁，此时蜂鸣器里发声的簧片将被吸住，当无电流时，簧片被放开。若要产生频率为 f 的声音，则需要在 $T=1/f$ 时间内进行吸、放各一次，即通电和断电的时间各为 $T/2$，称为半周期。本任务要产生 1kHz 的声音，故半周期为 0.5ms，在 P3.6 引脚输出的信号中，0.5ms 为高电平、0.5ms 为低电平。要让 1kHz 的声音持续 100ms，就需要连续送出 100 个脉冲。同样，500Hz 的声音的半周期为 1ms，故应让 P3.6 引脚输出的信号中，1ms 为高电平、1ms 为低电平，并且需要连续送出 100 个脉冲。

在任务 3 中已经介绍过，若要 P3.6 引脚输出高电平，则只需利用赋值指令 "=" 给 P3.6 引脚赋 "1" 即可；同理，若要 P3.6 引脚输出低电平，则只需给 P3.6 引脚赋 "0" 即可。

要产生报警声音，本质是要使 P3.6 引脚输出 "1kHz 脉冲持续 100ms+500Hz 脉冲持续 200ms"，并一直循环。要让声音持续，就用 "while(1)" 语句，让程序无穷循环即可。驱动蜂鸣器产生报警声音的程序流程图如图 2-41 所示。

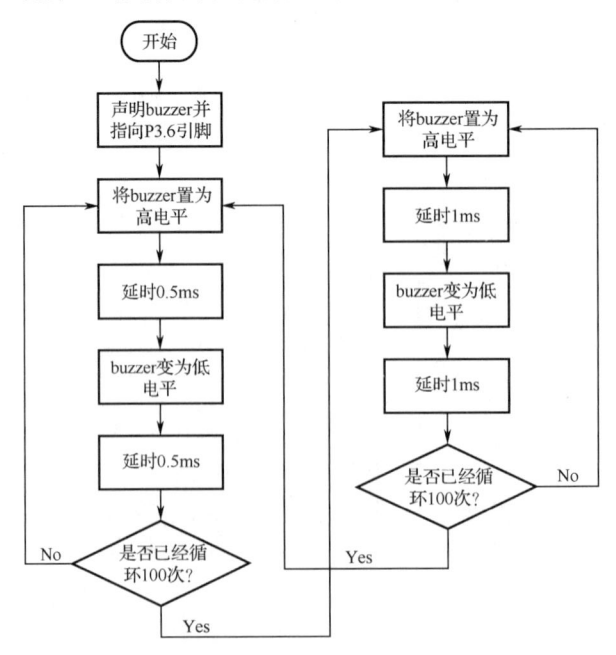

图 2-41 驱动蜂鸣器产生报警声音的程序流程图

程序清单如下:

```c
/** 任务4.驱动蜂鸣器产生报警声音 **/
//==声明区==========================================
#include    <reg51.h>           //定义头文件
sbit buzzer = P3^6 ;            //声明蜂鸣器的位置为P3.6引脚
void delay(int);                //声明延时函数
void pulse_BZ(int,int,int);     //声明蜂鸣器发声函数
//==主程序==========================================
main()                          //主程序开始
{   while(1)                    //无穷循环,即程序一直运行
    {   pulse_BZ(100,1,1);      //蜂鸣器发声:1kHz 声音持续 100ms
        pulse_BZ(100,2,2);      //蜂鸣器发声:500Hz 声音持续 200ms
    }                           //while循环结束
}                               //主程序结束
//==子程序==========================================
/* 延时函数开始,延时 x×0.5ms */
void delay(int x)               //延时函数开始
{   int i,j;                    //声明整型变量i和j
    for (i=0;i<x;i++)           //计数x次,延时约x×0.5ms
        for (j=0;j<60;j++);     //计数60次,延时约0.5ms
}                               //延时函数结束
/* 蜂鸣器发声函数,其中,count=计数次数,TH=高电平时间,TL=低电平时间 */
void pulse_BZ(int count,int TH,int TL)
                                //蜂鸣器发声函数开始
{   int i;                      //声明整型变量i
    for(i=0;i<count;i++)        //计数count次
    {   buzzer=1;               //输出高电平
        delay(TH);              //延时 TH=0.5ms
        buzzer=0;               //输出低电平
        delay(TL);              //延时 TL=0.5ms
    }                           //for循环结束
}                               //蜂鸣器发声函数结束
```

写出程序后,在 Keil μVision2 中编译和生成 HEX 文件"任务4. hex"。

4)使用 Proteus ISIS 仿真

将"任务4. hex"加载到仿真电路图的单片机中,在仿真过程中可以清楚地听到蜂鸣器产生报警声音。若用虚拟示波器测量 P3.6 引脚的电压,则将得到如图2-42所示的波形。

5)使用实验板调试所编写的程序

使用实验板调试程序,程序下载成功后,按下实验板上的电源开关,蜂鸣器就会产生报警声音。用实验板取得的声音效果会比仿真效果稍微差一点,仿真的声音会更加清晰。

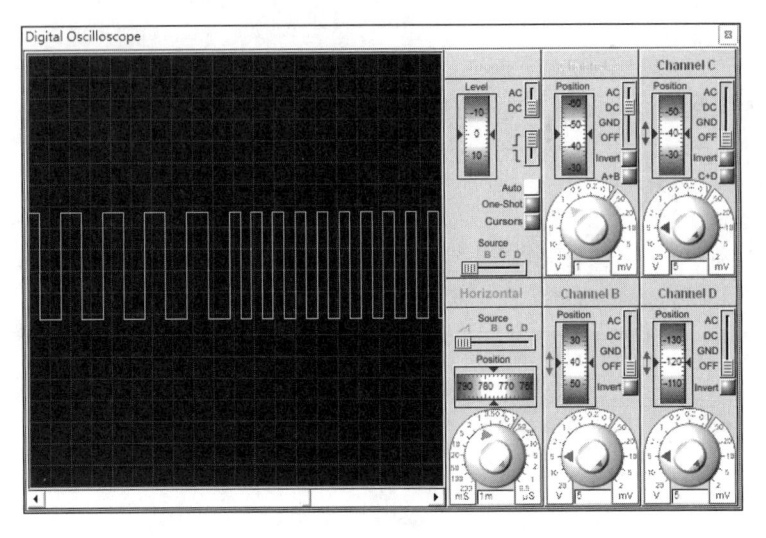

图 2-42 报警声音波形图

【任务评价】

本任务的评价表如表 2-11 所示,其中,职业素养、安全规范、搭建电路、程序设计、仿真调试共 100 分,增值加分为 10 分。

表 2-11 评价表

任务名称		让蜂鸣器产生报警声音				
姓名			班级			
小组编号			小组成员			
实施地点			指导教师			
评价项目	评价内容		配分	自评	互评	师评
职业素养	有工作计划,有明确的分工		5			
	实施任务过程中有讨论,工作积极		5			
	遵守工作纪律(无迟到、旷课、早退情况)		5			
安全规范	能够做好设备维护、卫生打扫工作,保证周边环境整洁、安全		5			
	安全操作规范		5			
	资料填写规范		5			
	穿戴规范		5			
搭建电路	设计的电路图可行		10			
	绘制的电路图美观		5			
	电气元器件图形符号符合标准		5			
程序设计	程序设计合理		5			
	程序编译无报错		5			
	程序设计效率较高		5			

续表

评价项目	评价内容	配分	自评	互评	师评
仿真调试	生成 HEX 文件并加载到仿真电路中,仿真电路现象与任务要求一致	10			
	成功调试程序并下载到电路板上	10			
	接通电源,实验现象与任务要求一致	10			
增值加分	小组获评优秀	5			
	本人被评为今日之星	5			
总分					

【任务小结】

本任务通过单片机的 P3.6 引脚控制蜂鸣器,让学生了解了蜂鸣器的发声原理、驱动电路的工作原理,以及单片机控制蜂鸣器发声的具体方法。

【拓展训练】

(1)若想听到单纯的"嘀嘀"声音,则该如何改动程序呢?

(2)若想将声音改为"2000Hz 的声音持续 0.5s+4000Hz 的声音持续 0.2s+停止 0.4s",则该如何改动程序呢?

(3)设置 4 个按键,实现按下不同的按键,蜂鸣器产生不同频率的声音,写出程序。

【课后练习】

1. 在本任务产生声音的电路中,以何种波形驱动蜂鸣器?(　　)
A.正弦波　　　B.脉冲　　　C.三角波　　　D.直流电

2. 单片机可以直接驱动无源蜂鸣器发声。(　　)
A.正确　　　B.错误

3. 有源蜂鸣器一通电就会响。(　　)
A.正确　　　B.错误

4. 发出"嘀嘀"声音的压电蜂鸣器是利用压电材料的(　　)实现的。
A.压阻效应　　B.逆压电效应　　C.正压电效应

5. 蜂鸣器发声有哪两种方式?(　　)
A.PWM 输出口直接驱动
B.利用 I/O 口定时反转电平来产生波形对蜂鸣器进行驱动
C.电压
D.电流

6. 蜂鸣器按照其结构分为哪两种?(　　)
A.电压式　　　B.电磁式　　　C.电子式

7. 蜂鸣器的有源和无源是指（　　）。
A．电源　　　B．振荡源

【精于工、匠于心、品于行】

王晖：深耕产业 30 年，成就"学霸级工匠"

　　王晖，盛美半导体设备（上海）股份有限公司（以下简称"盛美"）董事长：1978 年考入清华大学精密仪器系，1984 年赴日本大阪大学主攻半导体设备及工艺的工学硕士及博士；毕业后先入美国辛辛那提大学电机系纳米实验室从事博士后研究，后在美国硅谷从事半导体设备及工艺研发工作；1998 年在美国硅谷创办 ACM Research，研发了多阳极局部电镀铜、无应力铜抛光技术及工艺；2006 年带队归国二次创业。带领团队先后研发出 SPAS、TEBO、Tahoe 等全球领先的半导体清洗技术及设备，已凭借技术优势进入海力士、长江存储、华虹集团、中芯国际等国内外半导体制造商的生产线；2017 年，盛美在美国纳斯达克成功上市。

　　半导体是真正的全球化产业，产业链环节众多，没有任何一个国家可以凭自己的力量建立一条先进的半导体生产线，包括美国、日本、欧洲等半导体设备先进地区。王晖认为，中国未来需要做的就是为全球半导体产业贡献力量，用创新的技术产品打入全球产业链，打造真正的人类命运共同体。过去很多半导体设备技术都是国外研发的，如今中国已经有实力做原始创新，也可以完成原始创新设备的验证。例如，盛美的世界领先的 TEBO 清洗设备，以及 Tahoe 高温硫酸清洗设备就是在华力微电子完成首台验证的。也就是说，中国半导体产业链已经可以实现初步产业协同。因此，除了完成备用性的国产替代，中国还可以放眼全球，为全球半导体产业提供解决方案，体现技术实力，这也是打造人类命运共同体的关键所在。

　　天道酬勤，厚积薄发，从踏进清华大学至今，匆匆 40 余载，王晖每一步都走得异常扎实，扎根半导体设备大半生方成就今日的盛美。而在半导体这个"慢"行业中，显然，中国还需要更多如王晖一般兢兢业业开拓创新的深耕者。

（来自集微网，2020 年 6 月 3 日）

任务5　让 7 段数码管循环显示数字

【任务要求】

仿真演示　　万能板演示　　双面 PCB 板演示

制作一个单片机系统电路板，控制 7 段数码管循环显示数字 0~9。

【任务目标】

知识目标
- 了解 7 段数码管的内部结构。
- 理解一维数组和二维数组。
- 掌握用单片机驱动 7 段数码管的方法。

能力目标
- 能够列举 7 段数码管的内部结构。
- 能定义和初始化数组。
- 能用单片机驱动 7 段数码管。

素养目标
- 培养学生细致钻研的学风和求真务实的品德。
- 使学生养成理论与实际相结合的思维习惯。

【相关知识】

1. 7 段数码管

常见的 7 段数码管如图 2-43 所示，其中，1 位 7 段数码管和 2 位 7 段数码管均有 10 个引脚，而 4 位 7 段数码管有 12 个引脚。1 位 7 段数码管的尺寸与引脚配置如图 2-44 所示。

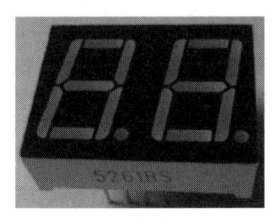

（a）1 位 7 段数码管　　（b）2 位 7 段数码管　　（c）4 位 7 段数码管

图 2-43　常见的 7 段数码管

7 段数码管里面实际上有 8 只 LED，如图 2-45（a）所示，分别记作 a、b、c、d、e、f、g、dp，其中 dp 为小数点。每只 LED 都有一个引脚引到外部引脚上，而 8 只 LED 的另外一个引脚连接在一起同样引到外部引脚上，记作公共引脚（com）。其中引脚的排列因不同的厂商而有所不同，但大部分厂商的引脚排列都是图 2-44 中的形式。

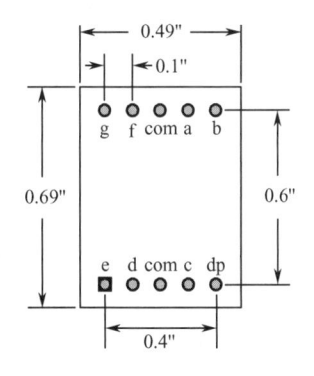

要显示不同的数字，需要点亮对应的段。例如，要显示"0"，就需要 a、b、c、d、e、f 这 6 只 LED 亮，而 g、dp 这 2 个 LED 不亮，如图 2-45（b）所示。

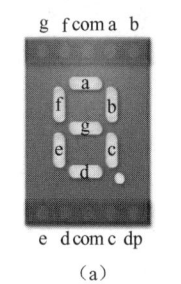

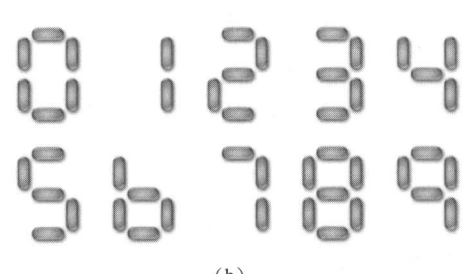

图 2-44　1 位 7 段数码管的尺寸与引脚配置

图 2-45　7 段数码管的引脚及显示不同的数字

市面上常用的 7 段数码管有两种，分别为共阳极与共阴极。

共阳极：7 段数码管里面的 LED 的阳极接在一起作为公共引脚，在正常使用时，此引脚接电源正极。要使 LED 点亮，流过它的电流应从上至下。因此，若 LED 的阴极输入高电平，则对应的段不能被点亮。共阳极 7 段数码管的内部结构如图 2-46 所示。

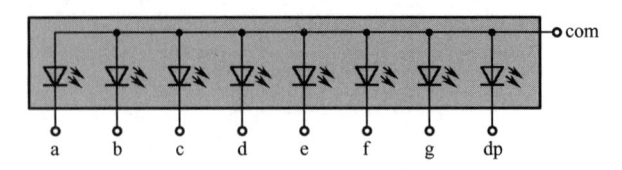

图 2-46 共阳极 7 段数码管的内部结构

共阴极：7 段数码管里面的 LED 的阴极接在一起作为公共引脚，在正常使用时，此引脚接电源负极。要使 LED 点亮，流过它的电流应从上至下。因此，若二极管的阳极输入低电平，则 LED 两端的电压差为 0V，对应的段将不能被点亮。共阴极 7 段数码管的内部结构如图 2-47 所示。

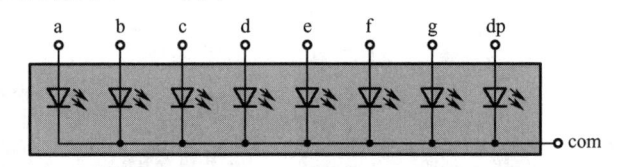

图 2-47 共阴极 7 段数码管的内部结构

就像一般的 LED 一样，当要使用共阳极 7 段数码管时，首先将 com 引脚接至 VCC，然后将每个阴极引脚接一个限流电阻，如图 2-48（a）所示。在数字或微型计算机电路里，限流电阻的阻值可为 200～330Ω，阻值越大，LED 越暗；阻值越小，LED 越亮。

但是，图 2-48（b）所示的设计是存在缺陷的。因为它只使用了一个限流电阻来显示不同的数字，将会有不同的亮度，且显示"8"时最暗，显示"1"时最亮。

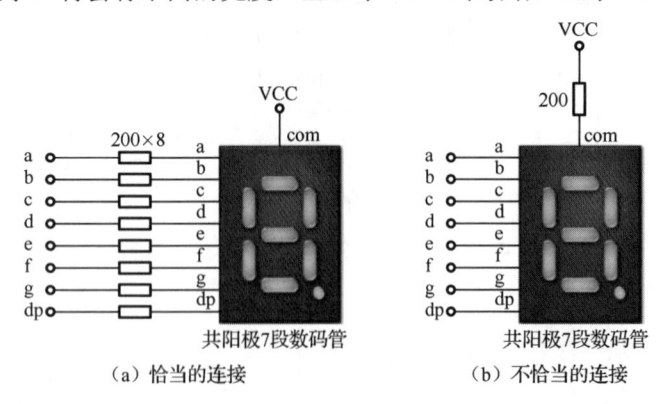

（a）恰当的连接　　　　（b）不恰当的连接

图 2-48 共阳极 7 段数码管的应用

在使用共阳极 7 段数码管时，将 dp～a 这 8 只 LED 依次连接至单片机的一个输出口的最高位（P0.7）到最低位（P0.0），如果希望小数点不亮，则数字 0～9 的驱动信号编码如表 2-12 所示。

※※※注意：
P0.7 对应 8 位二进制数的最左边一位，P0.0 对应最右边一位。

表 2-12 数字 0~9 的驱动信号编码（共阳极 7 段数码管）

数字	二进制数	十六进制数	显示
0	11000000	0xc0	0
1	11111001	0xf9	1
2	10100100	0xa4	2
3	10110000	0xb0	3
4	10011001	0x99	4
5	10010010	0x92	5
6	10000011	0x83	6
7	11111000	0xf8	7
8	10000000	0x80	8
9	10011000	0x98	9

对于共阴极 7 段数码管，首先将 com 引脚接至 GND，然后将每个阳极引脚接一个限流电阻，如图 2-49（a）所示。图 2-49（b）所示为不恰当的连接，同共阳极 7 段数码管一样，该连接在显示不同的数字时，亮度不一样。

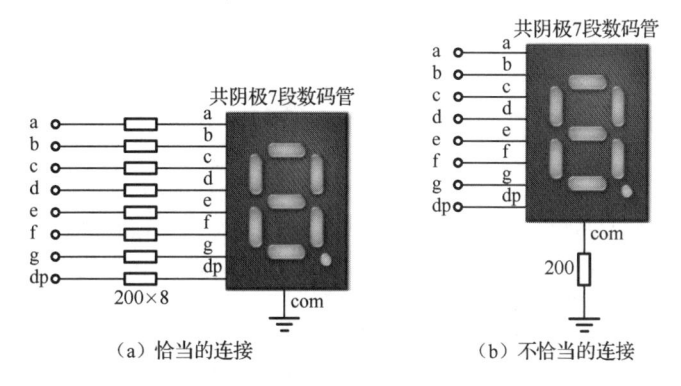

（a）恰当的连接　　（b）不恰当的连接

图 2-49 共阴极 7 段数码管的应用

与共阳极 7 段数码管类似，将 dp~a 这 8 只 LED 依次连接至单片机的一个输出口的最高位（P0.7）到最低位（P0.0），如果希望小数点不亮，则数字 0~9 的驱动信号编码如表 2-13 所示。

表 2-13 数字 0~9 的驱动信号编码（共阴极 7 段数码管）

数字	二进制数	十六进制数	显示
0	00111111	0x3f	0
1	00000110	0x06	1
2	01011011	0x5b	2
3	01001111	0x4f	3
4	01100110	0x66	4

续表

数　字	二进制数	十六进制数	显　示
5	01101101	0x6d	5
6	00111100	0x3c	6
7	00000111	0x07	7
8	01111111	0x7f	8
9	0110111	0x37	9

显然，共阳极 7 段数码管的驱动信号与共阴极 7 段数码管的驱动信号刚好反相，因此只需使用其中一组驱动信号编码即可，当使用的编码与 7 段数码管的极性不符时，只需在程序的输出指令中加一个反相运算符"~"即可。

2．一维数组和二维数组

C 语言规定，把具有相同数据类型的若干变量按有序的形式组织起来称为数组，数组中的每个成员称为数组元素。数值数组可分为一维组数和二维组数，下面分别加以介绍。

1）一维数组

（1）语法格式。一维数组的语法格式如下：

数据类型说明符　　存储器类型说明符　　数组名[常量表达式]

例如：

char code TAB[5]={ 0xc0, 0xf9, 0xa4, 0xb0, 0x99}; //数字 0～4 的段码

其中，char 为数据类型说明符，code 表示该数组存储在程序存储器（ROM）中，TAB 为数组名，5 为常量表达式。整体意思是：定义一个名为 TAB，数据类型为 char 的数组，存储在 ROM 中，且该数组含有 5 个数组元素，分别为 TAB[0]～TAB[4]，而每个数组元素的数据类型都为 char。

在引用数组元素时，格式如下：

数组名[数组元素在数组中的位置编号]

※※※注意：

- 数组元素是从 0 开始编号的，而不是从 1 开始的，即第 5 个数组元素为 TAB[4]而不是 TAB[5]。
- 数组名的命名规则与变量相同，但是在同一个程序里面，数组名不能与变量名相同。

（2）初始化。所谓初始化，就是指在定义数组的同时给数组元素赋初值。下面是几种初始化一维数组的方式。

方式①：

　　int　 TAB[5]={1, 2, 3, 4, 5};

此方式在定义数组的同时给数组元素赋初值,花括号里面的数值就是数组元素 TAB[0]~TAB[4]的值,即 TAB[0]=1、TAB[1]=2、TAB[2]=3、TAB[3]=4、TAB[4]=5。

方式②:

int TAB[5]={1, 2};

对于此方式,在花括号里,只给需要的数组元素赋初值,而未赋初值的数组元素在编译时由系统自动赋予"0"为初值,即 TAB[0]=1、TAB[1]=2、TAB[2]=0、TAB[3]=0、TAB[4]=0。

方式③:

int   TAB[]={1, 2, 3, 4, 5};

如果给每个数组元素都赋了初值,那么在数组名中可以不给出数组元素的个数。此时,上面的写法就等价于"int TAB[5]={1, 2, 3, 4, 5};"。

2) 二维数组

(1) 语法格式。二维数组的语法格式如下:

数据类型说明符   存储器类型说明符   数组名[常量表达式 1] [常量表达式 2]

在上面的语法格式中,常量表达式 1 表示第一维下标的长度,常量表达式 2 表示第二维下标的长度。

例如:

int   array[3][4];

上述代码定义了一个 3 行 4 列的数组名为 array、数据类型为 int 的数组。该数组的下标变量共有 3×4=12 个,即

array[0][0],array[0][1],array[0][2],array[0][3]
array[1][0],array[1][1],array[1][2],array[1][3]
array[2][0],array[2][1],array[2][2],array[2][3]

二维数组在概念上是二维的,即其下标在两个方向上变化,下标变量在数组中的位置也处于一个平面中,而不像一维数组只是一个向量。但是,实际的硬件存储器是连续编址的,即存储单元是按一维线性排列的。其实,在一维存储器中存放二维数组是按行排列的,即放完一行后顺次放入第二行。例如,对于上面定义的二维数组,先存放 array[0]行,再存放 array[1]行,最后存放 array[2]行;每行有 4 个数组元素,也是依次存放的。因为数组 array 的数据类型定义为 int(int 为双字节的数据类型),所以每个数组元素在内存中占 2 字节的空间。

(2) 初始化。二维数组的初始化与一维数组的初始化大同小异,只要掌握了一维数组的初始化方式,二维数组的初始化方式也很容易理解。

方式①:

int array[3][4]={{1, 2, 3, 4}, {5, 6, 7, 8}, {9, 10, 11, 12}};

该方式在定义数组的同时给数组元素赋初值,全部数组元素的初值放在一个花

括号中,其中每一行的元素又用一个花括号括起来,中间用","分开。

方式②:

```
int    array[3][4]={{1, 2}, {5, 6}};
```

对于此方式,在花括号中只给需要的数组元素赋初值,而未赋初值的数值元素在编译时由系统自动赋予"0"为初值,即array[0][0]=1、array[0][1]=2、array[1][0]=5、array[1][1] =6,其余未赋初值的数组元素全部为0。相当于以下形式的赋值:

```
int array[3][4]={{1, 2, 0, 0}, {5, 6, 0, 0}, {0, 0, 0, 0}};
```

方式③:

```
int array[][4]={{1, 2, 3}, {5, 6, 7, 8}, {9, 10}};
```

前面提到,在一维数组中,如果给每个数组元素都赋了初值,那么在数组名中可以不给出数组元素的个数。但是,在二维数组中就只能省略行的个数,而不能省略列的个数。此时,上面的定义方式经系统编译之后得到的结果如下:

```
int array[3][4]={{1, 2, 3, 0}, {5, 6, 7, 8}, {9, 10, 0, 0}};
```

【任务实施】

1)准备元器件

元器件清单如表2-14所示。

表2-14 元器件清单

序号	种类	标号	参数	序号	种类	标号	参数
1	电阻	R0	10kΩ	5	单片机	U1	STC89C52
2	电容	C1	30pF	6	排阻	RN1	220Ω×8
3	电容	C2	30pF	7	晶振	X1	12MHz
4	电容	C3	10μF	8	数码管	U2	4位,红色

2)搭建硬件电路

本任务对应的仿真电路图如图2-50所示,对应的配套实验板4位7段数码管部分电路原理图如图2-51所示。在图2-50中,RN1为限流电阻,由8个220Ω的电阻封装而成,与使用8个独立的电阻的作用是完全一样的;7段数码管为共阳极类型,其com引脚接VCC,低电平对应的段亮,高电平对应的段暗。例如,要显示"0",应给P0口赋值二进制数"1100 0000",换算成十六进制数为"0xc0",对应的命令为"P0=0xc0"。0~9对应的段码依次为0xc0、0xf9、0xa4、0xb0、0x99、0x92、0x83、0xf8、0x80、0x98。

※※※注意:

若电路中使用的是共阴极7段数码管,则上述程序清单需要将数字0~9的段码取反。

配套实验板对应的本任务的电路制作实物图如图 2-52 所示,用万能板制作的本任务的正、反面电路实物图分别如图 2-53 和图 2-54 所示。更清晰的电子版实物制作图可参看随书电子资源图片文件。

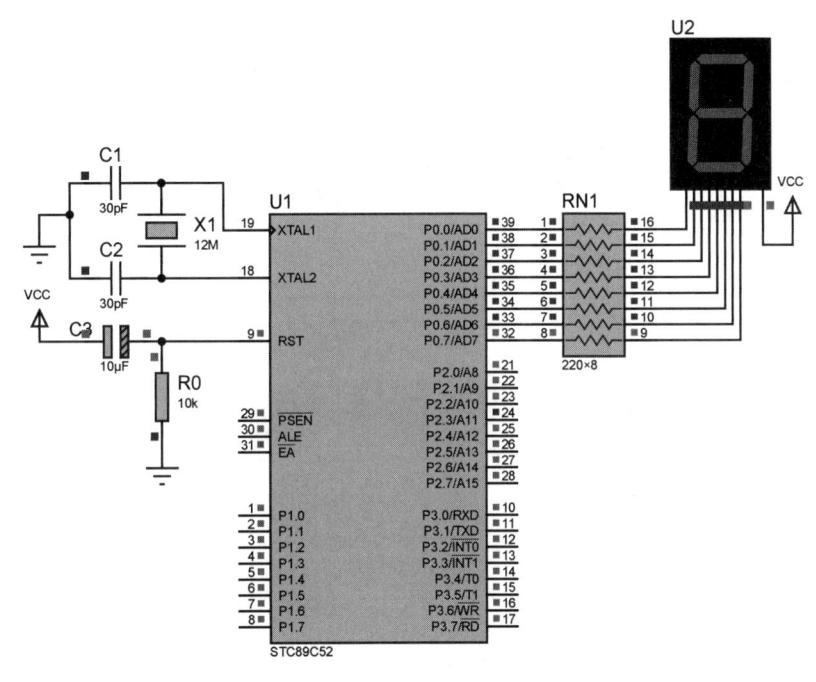

图 2-50 本任务对应的仿真电路图

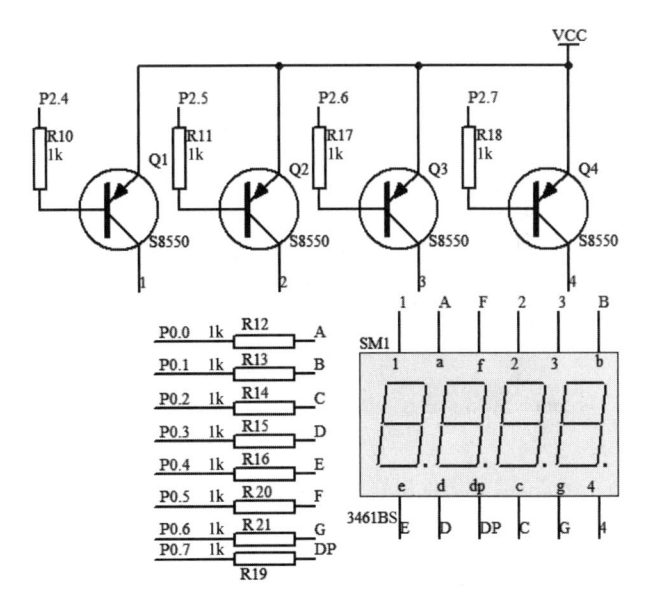

图 2-51 本任务对应的配套实验板 4 位 7 段数码管部分电路原理图

图 2-52 配套实验板对应的本任务的电路制作实物图

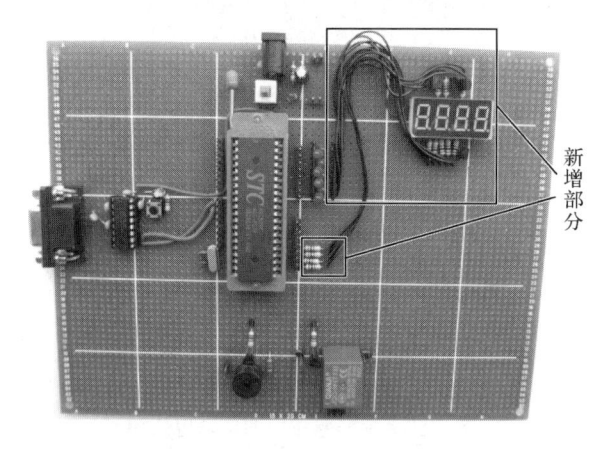

图 2-53 用万能板制作的本任务的正面电路实物图

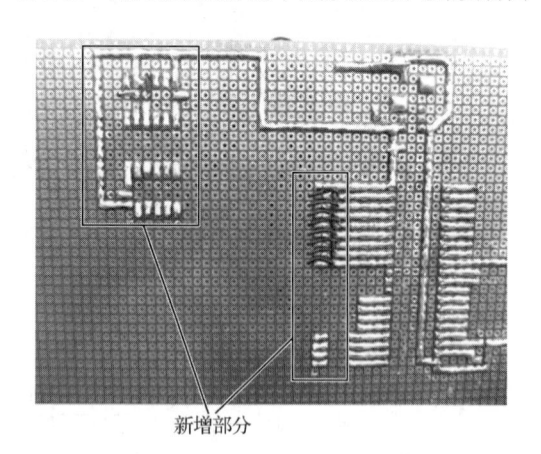

新增部分

图 2-54 用万能板制作的本任务的反面电路实物图

3）程序设计

要显示具体的数字，编程时只需将该数字对应的段码赋值给 P0 口即可；要让数码管循环显示 0～9，可采用 for 循环语句，循环 10 次，分别对应显示 0～9；要让每个数字显示 500ms，可采用延时 1ms 函数，延时参数为 500。

电路板上共有 4 位 7 段数码管，可采用其中任何一位来实现本任务。如果用最右边一位，则编程时应将 P2.3 引脚清零；如果用最左边一位，则编程时应将 P2.0 引脚清零。本任务程序流程图如图 2-55 所示。

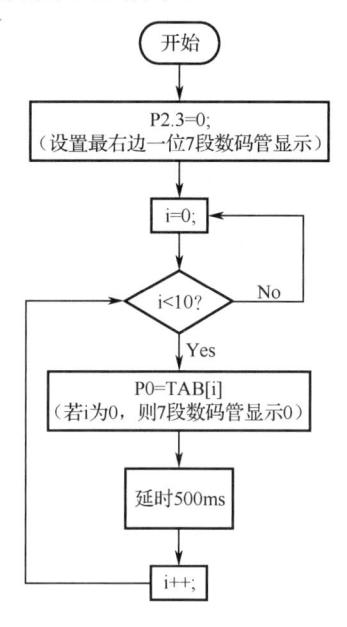

图 2-55 本任务程序流程图

程序清单如下：

```
/** 任务5 让7段数码管循环显示数字 **/
#include   <reg51.h>              //定义头文件
//共阳极7段数码管，数字0~9的段码
char code TAB[10]={0xc0,0xf9,0xa4,0xb0,0x99,0x92,0x83,0xf8,0x80,0x98};
void delay1ms(int);               //声明延时函数
//==主程序==========================================
main()                            //主程序开始
{    unsigned char i;             //声明无符号字符型变量i
     P2=0xf7;                     //P2.3引脚为0，最右边一位7段数码管显示
     while(1)                     //无穷循环，即程序一直运行
     {
          for(i=0;i<10;i++)       //显示0~9，共循环10次
          {
               P0=TAB[i];         //显示数字
               delay1ms(500);     //延时 500ms
          }                       //for 循环结束
     }                            //while 循环结束
}                                 //主程序结束
//==子程序==========================================
/* 延时函数，延时约 x×1ms */
void delay1ms(int x)              //延时函数开始
{    int i,j;                     //声明整型变量i和j
     for (i=0;i<x;i++)            //计数 x 次，延时 x×1ms
```

```
        for (j=0;j<120;j++);    //计数 120 次，延时 1ms
}                               //延时函数结束
```

写出程序后，在 Keil μVision2 中编译和生成 HEX 文件"任务 5.hex"。

4）使用 Proteus ISIS 仿真

将"任务 5.hex"加载到仿真电路图的单片机中，在仿真过程中可以看到 7 段数码管循环显示数字 0～9，并且每个数字均显示 500ms。图 2-56 所示为 7 段数码管显示数字 3 的效果，从 P0 口的颜色可以看出，P0.7～P0.0 此时对应的电平为 1011 0000（二进制形式），十六进制数为 0xb0。

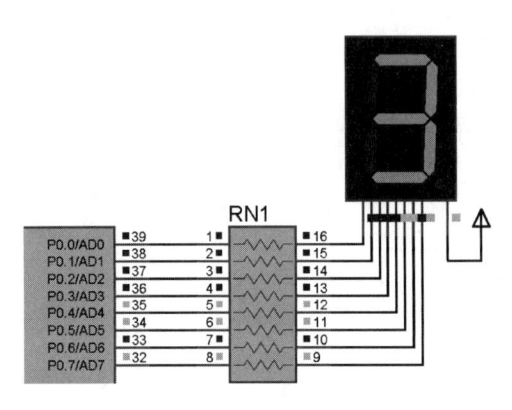

图 2-56　7 段数码管显示数字 3 的效果

5）使用实验板调试所编写的程序

实验板上有 4 位 7 段数码管，可采用其中任何一位。用实验板看到的现象与仿真是一样的。

【任务评价】

本任务的评价表如表 2-15 所示，其中，职业素养、安全规范、搭建电路、程序设计、仿真调试共 100 分，增值加分为 10 分。

表 2-15　评价表

任务名称		让 7 段数码管循环显示数字			
姓名		班级			
小组编号		小组成员			
实施地点		指导教师			
评价项目	评价内容	配分	自评	互评	师评
职业素养	有工作计划，有明确的分工	5			
	实施任务过程中有讨论，工作积极	5			
	遵守工作纪律（无迟到、旷课、早退情况）	5			
安全规范	能够做好设备维护、卫生打扫工作，保证周边环境整洁、安全	5			
	安全操作规范	5			
	资料填写规范	5			
	穿戴规范	5			
搭建电路	设计的电路图可行	10			
	绘制的电路图美观	5			
	电气元器件图形符号符合标准	5			

续表

评价项目	评价内容	配分	自评	互评	师评
程序设计	程序设计合理	5			
	程序编译无报错	5			
	程序设计效率较高	5			
仿真调试	生成 HEX 文件并加载到仿真电路中,仿真电路现象与任务要求一致	10			
	成功调试程序并下载到电路板上	10			
	接通电源,实验现象与任务要求一致	10			
增值加分	小组获评优秀	5			
	本人被评为今日之星	5			
总分					

【任务小结】

通过单片机控制 7 段数码管显示 0~9 可以让学生了解 7 段数码管的内部结构、显示数字的驱动原理,以及单片机控制 7 段数码管显示的具体方法。

【拓展训练】

(1) 在本任务中,如果直接将共阳极 7 段数码管换成共阴极 7 段数码管,能否正常显示呢?为什么?

(2) 若想显示字母 A,则该如何驱动 7 段数码管呢?

(3) 若要循环显示 0~9+A~F~A+9~0,则该如何修改程序呢?

(4) 在本任务中,若将共阳极 7 段数码管换成共阴极 7 段数码管,则该如何修改电路呢?

(5) 在本任务中,要求通过单片机控制 7 段数码管循环显示 0~9,若在电路板上运行程序后,在显示这些数字时,b 段总是不亮,这是为什么呢?如何解决?

(6) 在本任务中,要求通过单片机控制 7 段数码管循环显示 0~9(无穷循环),若要求只循环显示 0~9 共 5 次就停止,则该如何修改程序呢?

【课后练习】

一、填空题

1. "8"字型的 LED 数码管如果不包括小数点段,那么共计_____段,每段对应一只 LED,有_____和_____两种。

2. 对于共阴极带有小数点段的数码管,显示字符"6"(a 段对应段码的最低位)的段码为_____,对于共阳极带有小数点段的数码管,显示字符"3"的段码为_____。

3. 已知共阳极 7 段数码管要显示某字符的段码为 A1H(a 段为最低位),此时数码管显示的字符为_____。

4．LED 数码管静态显示方式的特点：显示_____闪烁，亮度_____，_____比较容易；但是占用的_____线较多。

5．7 段 LED 数码管的 a～g 段、dp 段分别按顺序与 P1.0～P1.7 引脚相连，当执行 P0=0xCO;语句后，显示数字 0，为了显示数字 8，应执行的语句为_____。

6．对于共阴极 7 段数码管，若 a～g 段、dp 段分别按顺序与 P0.0～P0.7 引脚相连，则数字 5 的段码为_____。

7．对于共阳极 7 段数码管，若 a～g 段、dp 段分别按顺序与 P0.0～P0.7 引脚相连，则数字 5 的段码为_____。

二、判断题

1．LED 数码管的段码是固定不变的。　　　　　　　　　　　　　　　　（　）
2．共阳极数码管和共阴极数码管的外部引脚排列有所不同，可以通过引脚来判断其极性。　　　　　　　　　　　　　　　　　　　　　　　　　　　（　）
3．要想点亮共阳极数码管，其公共引脚要接电源正极。　　　　　　　　（　）
4．共阳极数码管的 a、b、c、d、e、f 等各段连接着内部 LED 的正极。（　）

【精于工、匠于心、品于行】

钱海峰：电子封装工匠

钱海峰从 2001 年进入电子封装行业，到现在已经 20 年有余。他一路从维修工到维修领班、维修主管、设备主管，再到现在的江苏尊阳电子科技有限公司组装厂副厂长。每个岗位，他都勤勤恳恳、兢兢业业，在平凡的岗位上做出了不平凡的成绩，靠的是心中的工匠精神。

作为一名新人的钱海峰，谦虚好学，不懂就问。他在持续地钻研下，对这个行业的了解不断加深，技能水平不断提高，从而从众多的维修工中脱颖而出。多年前，公司第一次导入新产品——DFN 产品，此产品背面有膜、框架为镍钯金框架，与公司的其他产品都不一样。所有人都没有调试经验，所生产产品的第二焊点脚虚无拉力。为此，公司人员伤透了脑筋。他主动请缨上阵，在产线不断地试验调试参数，研究镍钯金和金线的结合特性，经过 3 个昼夜的摸索，终于找到了一套合适的参数，使产品达到了各项质量要求，从而保证了产品的顺利生产。他的出色表现得到了公司人员的一致好评。他多次被选派到上海、苏州等地学习、深造，迅速成长为公司的技术型人才，成为一名让领导放心、让同事赞扬、让客户满意的技术能手。

近年来，随着公司的不断发展，对机器设备、工艺流程提出了越来越高的要求，公司现有的硬件已无法满足市场需求。钱海峰另辟蹊径，通过在旧设备上进行技术改进，寻找突破点，自行研发了一大批满足生产要求的机器设备。例如，产线装片客户提出需要测量爬胶高度，行业内专业的测量设备的价格在 10 万元以上，采购费用高，而且交期长。为解决这一问题，他从产线上报废的机台上找材料，使用报废机台的镜头和带有测量功能的镜头，自己设计了一台测量仪器，完全满足了爬胶高度的测量要求，也得到了客户的认可。又如，在公司准备上裸铜框架时，公司没有可以生产裸铜的机器，他经过对整个轨道和保护气体的气路进行研究后，对产线的焊线机进行了技术改进，使机台满足了生产裸铜框架产品的条件，为公司节省了10万元以上。

在日常工作中，钱海峰始终把生产安全和产品质量放在首位。他主持了多个项目，进一步降低了安全隐患、提高了产品质量。例如，产线球焊机机台由于步进夹子闭合时速度太快、力度太大，产品经常出现引脚变形和焊线被振断的问题。这从参数和步进夹子调试方面已经没有办法解决了，他就从机器的电路出发，研究步进夹子的工作原理，在步进夹子的电磁线圈内增加了10Ω的陶瓷电阻，分流了步进夹子内的电流，使步进夹子闭合时的速度和力度达到了要求，改善了产线不断出现的变形和断线的情况，从而提高了公司的产品质量，消除了质量隐患，为公司带来的效益不可估量。

多年来，钱海峰始终秉持刻苦、认真、敬业的工作态度。在生产中，他不断发挥自己的技能特长，攻坚克难，为公司解决了很多难题。他虽然在平凡的岗位上，却做出了不平凡的成绩，为公司的发展贡献着自己专业的力量。

（来自华士之窗公众号，2022年7月22日）

任务6　用4位7段数码管显示数字组合2023

【任务要求】

仿真演示　　万能板演示　　双面PCB板演示

制作一个单片机系统电路板，控制4位7段数码管显示数字组合2023。

【任务目标】

知识目标
- 了解4位7段数码管的内部结构。
- 理解驱动7段数码管动态显示的扫描方式。
- 掌握用单片机驱动多位7段数码管的方法。

能力目标
- 能够列举出4位7段数码管的内部结构。
- 能指出扫描驱动方式存在的问题。
- 能用单片机驱动多位7段数码管。

素养目标
- 使学生养成良好的逻辑性。
- 培养学生高效处理问题的能力。

【相关知识】

1. 多位7段数码管

在任务5中已学习过1位7段数码管的结构及其应用。当需要同时使用多位7段数码管时，如果还与1位7段数码管一样，即采用独立驱动方式，那么效率会很低。并且，采用独立方式驱动每个 7 段数码管也将占用较多的单片机 I/O 引脚，增加元器件和成本。

要使用多位 7 段数码管，通常都需要使用 7 段数码管模块，它把多个 1 位 7 段数码管封装在一起。其中，各位 7 段数码管的 a 引脚都连接至 a 引脚、b 引脚都连接至 b 引脚、c 引脚都连接至 c 引脚……而每个位数的公共引脚都是独立的。市面上常见的 7 段数码管模块有 2 位、3 位、4 位、6 位等形式。在图 2-43（b）、(c) 中，已经展示了 2 位和 4 位 7 段数码管。

市面上没有 8 位 7 段数码管，一般最多的位数只有 6 位。常见的电路板上的 8 位 7 段数码管都是由 2 个 4 位 7 段数码管组成的。图 2-57 所示为市面上一些实验板上的 8 位 7 段数码管，它由 2 个 CPS03641AR 型号的 4 位 7 段数码管组成。

图 2-57　8 位 7 段数码管

2．4 位 7 段数码管

4 位 7 段数码管是由 4 个 1 位 7 段数码管封装而成的，其价格比 4 个单个的 1 位 7 段数码管要低得多，而且用起来也方便。图 2-58 所示为常用的 4 位 7 段数码管模块的正、反面实物图，图 2-59 所示为其尺寸，图 2-60 所示为其内部结构。

图 2-58　常用的 4 位 7 段数码管模块的正、反面实物图

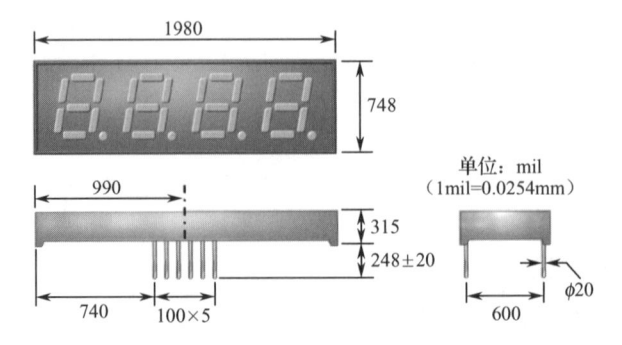

图 2-59　4 位 7 段数码管模块的尺寸

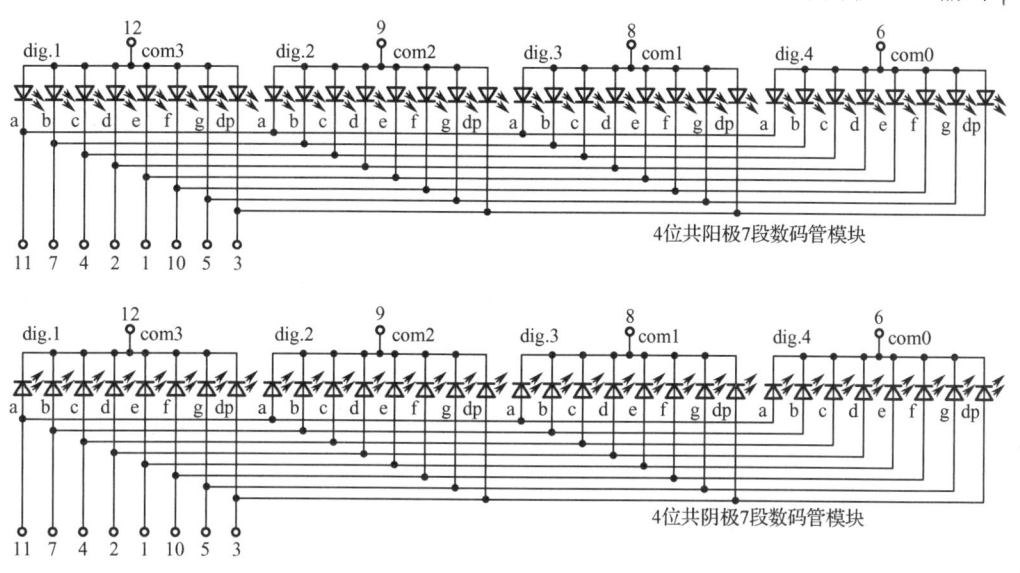

图 2-60 4 位 7 段数码管模块的内部结构

若要同时使用多个 7 段数码管，则必须采用扫描方式来驱动（利用人类的视觉暂留效应快速扫描的驱动方式），这样，只要一组驱动电路即可达到同时使用多个 7 段数码管的目的。在硬件电路方面，首先将每个 7 段数码管的各引脚连接在一起，再使用三极管分别驱动每个 7 段数码管的公共引脚 com，如图 2-61 所示。

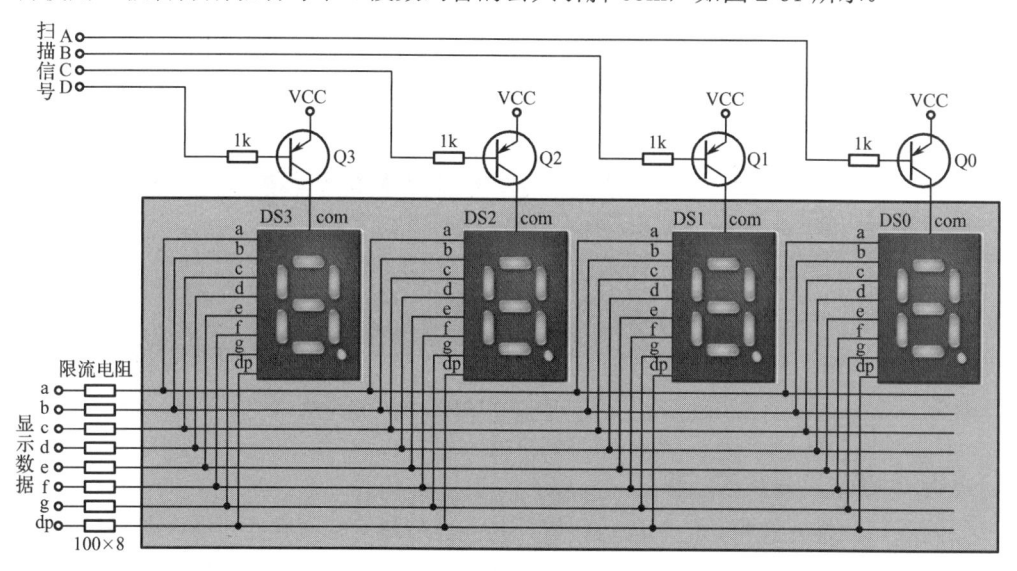

图 2-61 4 位共阳极 7 段数码管

4 位 7 段数码管的显示方式是首先将第一个 7 段数码管所要显示的数据送到 a、b……dp 总线上，然后将 1110 扫描信号送到 4 个三极管的基极，即可显示第一个 7 段数码管所要显示的数据；若要显示第二个 7 段数码管所要显示的数据，则同样首先将所要显示的数据送到 a、b……dp 总线上，然后将 1101 扫描信号送到 4 个三极管的基极，即可显示第二个 7 段数码管所要显示的数据；若要显示第三个 7 段数码管所要显示的数据，则同样首先将所要显示的数据送到 a、b……dp 总线上，然后将 1011

扫描信号（见图 2-61 中的扫描信号 A、B、C、D）送到 4 个三极管的基极，即可显示第三个 7 段数码管所要显示的数据；若要显示第四个 7 段数码管所要显示的数据，则同样将所要显示的数据送到 a、b……dp 总线上，然后将 0111 扫描信号送到 4 个三极管的基极，即可显示第四个 7 段数码管所要显示的数据。扫描一圈后，再次从头开始扫描。

虽然在任一时刻只有一个 7 段数码管显示，但只要从第一个 7 段数码管到最后一个 7 段数码管的扫描时间不超过 16ms，即频率在 60Hz 以上，就能同时看到这几个数字。这是由于人类的视觉暂留效应和 LED 的余晖作用，显示稳定，看不到闪烁现象。

由此可知，当以扫描方式驱动多个并接的 7 段数码管时，驱动信号包括显示数据与扫描信号，显示数据是所要显示的驱动信号段码，与驱动 1 位 7 段数码管一样；扫描信号就像开关，用以决定驱动哪个位数。

扫描信号也分成高电平扫描与低电平扫描两种，具体选择哪种与电路结构有关。图 2-62 所示为 4 位 7 段数码管模块的应用电路，其扫描信号分别接入 Q0～Q3 的 PNP 三极管的基极，其中低电平将使其所连接的三极管导通，只有这样，三极管所驱动的位数才可能显示，这称为低电平扫描。若把 Q0～Q3 改为 NPN 三极管，且其发射极、集电极对调，则只有高电平信号才能使三极管导通（通常不采用这种设计），这称为高电平扫描。一般低电平扫描较常见。

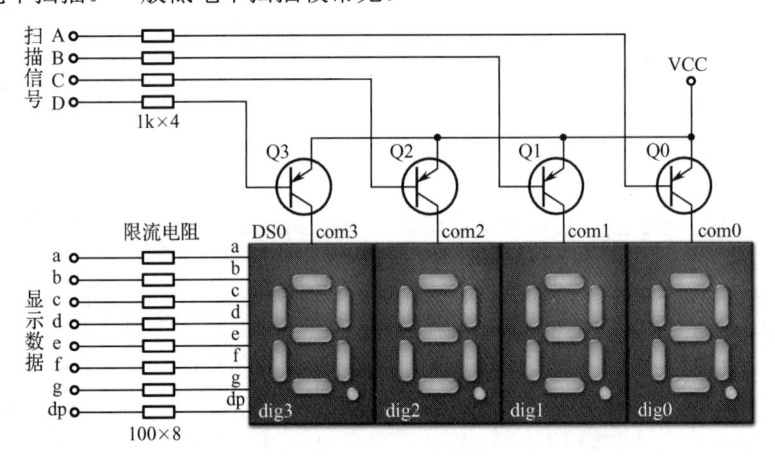

图 2-62　4 位 7 段数码管模块的应用电路

3．扫描驱动存在的问题

对于用扫描方式驱动的 7 段数码管，其亮度与稳定之间存在矛盾，若要亮度高，则扫描频率要低一点，以增加工作周期；若扫描频率太低，则又会出现闪烁现象。因此，建议把扫描频率限制在 60Hz 以上，即在 16ms 内完整扫描一圈，只有这样，才不会出现闪烁现象。对于 4 位扫描，其每位的工作周期为固定式负载的 1/4，其亮度也约为固定式负载的 1/4；若是 8 位扫描，则其工作周期为固定式负载的 1/8，其亮度更低。

那么，如何提升亮度呢？在此有以下两点建议。

(1) 减小限流电阻的阻值。若要驱动 1 只 LED 或 1 位 7 段数码管，则除电源(5V)外，还必须串接限流电阻，其阻值为 200～330Ω，使其正向电流限制为 20～10mA。

对于以扫描方式驱动的 LED 或 7 段数码管，需要减小限流电阻的阻值。

4 位 7 段数码管的扫描可使用 50～100Ω 的限流电阻，其瞬间电流将限制为 66～33mA，若整个扫描周期为 16ms，每位数点亮约 4ms，则平均电流为 16.5～8.3mA。

8 位 7 段数码管的扫描可使用 25～50Ω 的限流电阻，其瞬间电流将限制为 132～66mA，若整个扫描周期为 16ms，每位数点亮约 2ms，则平均电流为 16.5～8.3mA。

（2）选用高亮度 7 段数码管模块。随着 LED 技术的发展，市面上不乏高亮度的产品。当然，高亮度的 LED 或 7 段数码管的驱动电流与正向电压不一定与此所介绍的相同，因此要参考其数据说明，并以此作为设计的依据。

※※※注意：

若采用减小限流电阻阻值的方法，则在进行在线仿真时要小心。当程序停止或暂停时，LED 可能持续点亮。这时可能就会有 33～66mA（4 位）或 66～132mA（8 位）的电流流过 LED，即使不会马上损坏该 LED，也会缩短其寿命。

4．集成译码器 74HC138

本书采用的实验板上配置了 4 位 7 段数码管，其 4 位显示从左至右分别受 P2.0～P2.3 引脚的控制，当控制位为低电平时，该位显示；当控制位为高电平时，该位不显示。

市场上有些实验板，因为其 P2 口不够用，所以其具体显示哪一位由 P2.0～P2.2 引脚经集成译码器 74HC138 来控制。经过译码器后，可由 P2 口的 3 位来控制输出 8 位，相当于扩充了 5 个 P 口。系统复位后，P2.0～P2.2 引脚默认"111"，经译码后为"7"，即 Y7 输出低电平"0"，Y0～Y6 输出高电平"1"。

74HC138 是一款高速 CMOS 元器件，其引脚兼容低功耗肖特基 TTL（LSTTL）系列，其封装与引脚排列如图 2-63 所示。

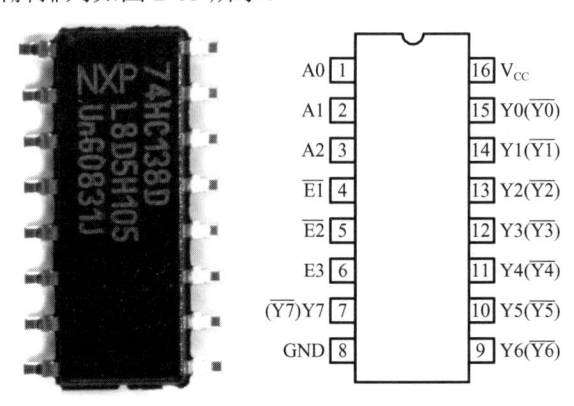

图 2-63　74HC138 的封装与引脚排列

74HC138 可接收 3 位二进制加权地址输入（A0、A1 和 A3），当使能时，提供 8 个互斥的低有效输出（Y0～Y7）。74HC138 特有 3 个使能输入端：两个低有效（$\overline{E1}$ 和 $\overline{E2}$）和一个高有效（E3）。除非 $\overline{E1}$ 和 $\overline{E2}$ 置低且 E3 置高，否则 74HC138 将保持所有输出均为高有效的状态。利用这种复合使能特性，仅需 4 片 74HC138 芯片和 1 个反相器即可轻松实现并行扩展，组合成为一个 1～32 译码器。若任选一个低有效使能输入端作为数据输入端，而把其余的使能输入端作为选通端，则 74HC138 也可充当一个 8 输出多路分配器，未使用的使能输入端必须保持为各自合适的高有效或低有效状态。

74HC138 的功能真值表如表 2-16 所示。对表 2-16 的说明如下。

- H 表示高电平，L 表示低电平，X 表示任意电平。
- E3、$\overline{E2}$、$\overline{E1}$ 为使能输入端，A0、A1、A2 为二进制数据输入端。
- $\overline{Y0}\sim\overline{Y7}$ 为 8 个信号输出端，引脚标号上面的 "–" 表示该引脚输入或输出电平 "0" 有效。

表 2-16 74HC138 的功能真值表

输入端						输出端							
E3	$\overline{E2}$	$\overline{E1}$	A2	A1	A0	$\overline{Y0}$	$\overline{Y1}$	$\overline{Y2}$	$\overline{Y3}$	$\overline{Y4}$	$\overline{Y5}$	$\overline{Y6}$	$\overline{Y7}$
X	H	X	X	X	X	H	H	H	H	H	H	H	H
X	X	H	X	X	X	H	H	H	H	H	H	H	H
L	X	X	X	X	X	H	H	H	H	H	H	H	H
H	L	L	L	L	L	L	H	H	H	H	H	H	H
H	L	L	L	L	H	H	L	H	H	H	H	H	H
H	L	L	L	H	L	H	H	L	H	H	H	H	H
H	L	L	L	H	H	H	H	H	L	H	H	H	H
H	L	L	H	L	L	H	H	H	H	L	H	H	H
H	L	L	H	L	H	H	H	H	H	H	L	H	H
H	L	L	H	H	L	H	H	H	H	H	H	L	H
H	L	L	H	H	H	H	H	H	H	H	H	H	L

5. 锁存器 74HC573

市场上有些实验板的 P0 口为复用器，除可驱动数码管外，还可驱动 LED（见任务 2）。为了增强 P0 口的驱动能力，可以为实验板的 P0 口加上锁存器 74HC573，以此来驱动 7 段数码管。

74HC573 是一个 8 位 3 态非反转透明锁存器。它是高性能硅门 CMOS 元器件，其输入是与标准 CMOS 输出兼容的，加上上拉电阻后还能与 LS/ALSTTL 输出兼容。74HC573 引脚图如图 2-64 所示。

原理说明：74HC573 的内部结构如图 2-65 所示，8 个锁存器都是透明的 D 型锁存器，当使能（$\overline{G}$）为高时，$\overline{Q}$ 输出将随数据（D）输入而变；当使能为低时，$\overline{Q}$ 输出将锁存在已建立的数据电平上。输出控制不影响锁存器的内部工作，即历史数据可以保持，甚至当输出关闭时，新数据也可以置入。这种电路可以驱动大电容或低阻抗负载，可以直接与系统总线连接，并能驱动总线，而不需要外接口，特别适用于缓冲寄存器、I/O 通道、双向总线驱动器和工作寄存器。

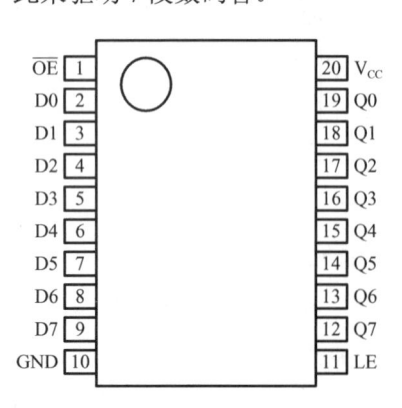

图 2-64 74HC573 引脚图

当锁存使能为高时，这些元器件的锁存对于数据是透明的（输入与输出同步）；当锁存使能变低时，符合建立时间和保持时间要求的数据会被锁存。

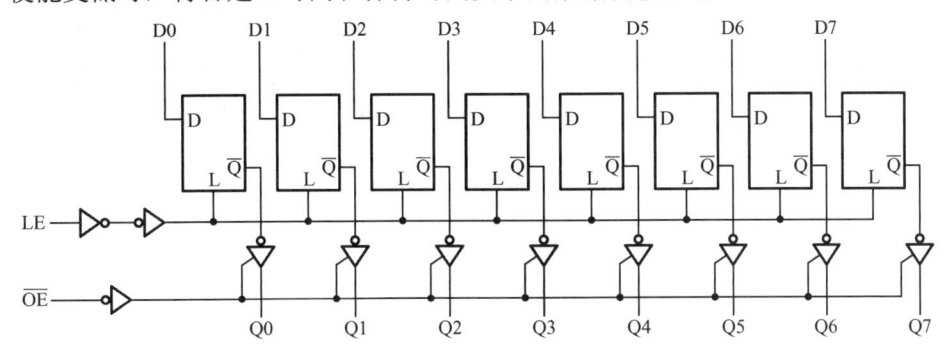

图 2-65　74HC573 的内部结构

74HC573 引脚功能真值表如表 2-17 所示。

表 2-17　74HC573 引脚功能真值表

输入端			输出端
$\overline{OE}$ 锁存使能输入	LE 锁存使能输入	D0~D7 8 位输入数据	Q0~Q7 8 位输出数据
H	X	X	Z
L	L	X	不改变
L	H	L	L
L	H	H	H

【任务实施】

1）准备元器件

元器件清单如表 2-18 所示。

表 2-18　元器件清单

序号	种类	标号	参数	序号	种类	标号	参数
1	电阻	R0	10kΩ	6	晶振	X1	12MHz
2	电容	C1	30pF	7	三极管	Q1~Q4	S8550
3	电容	C2	30pF	8	电阻	R10~R21	1kΩ
4	电容	C3	10μF	9	4 位 7 段数码管	SM1	3461BS
5	单片机	U1	STC89C52	10	—	—	—

2）搭建硬件电路

本任务对应的仿真电路图如图 2-66 所示，该电路图与图 2-50 有些不一致。由于仿真软件本身的原因，当采用如图 2-50 所示的电路图来仿真时总是看不到数字显示，所以采用了简化电路，图 2-66 只可用于仿真。本任务对应的配套实验板 4 位 7 段数码管显示部分电路原理图如图 2-51 所示，其他部分如图 1-44 所示。本任务电路制作实物图也与任务 5 一致，即分别如图 2-52～图 2-54 所示。

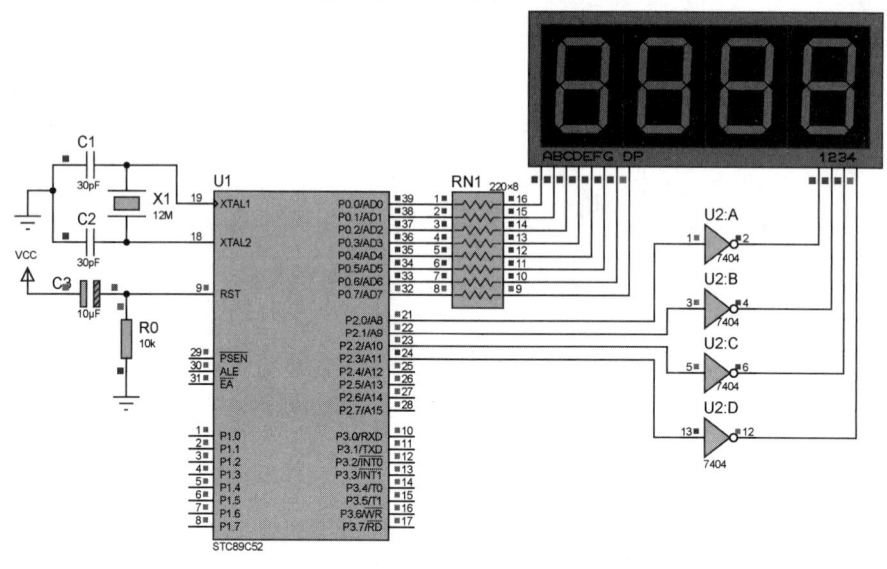

图 2-66　本任务对应的仿真电路图

图 2-66 中的 4 位 7 段数码管为共阳极接法。P2.0～P2.3 引脚分别控制 4 位 7 段数码管具体显示哪一位。例如，当 P2.0 引脚为 "0" 时，左边第一位 7 段数码管会显示；当 P2.3 引脚为 "0" 时，右边第一位 7 段数码管会显示；当 P2.0～P2.3 引脚为 "1111" 时，4 位 7 段数码管全部不显示。在图 2-66 中，RN1 为一个排阻，起到限流/降压的作用。

3）程序设计

本任务程序流程图如图 2-67 所示。

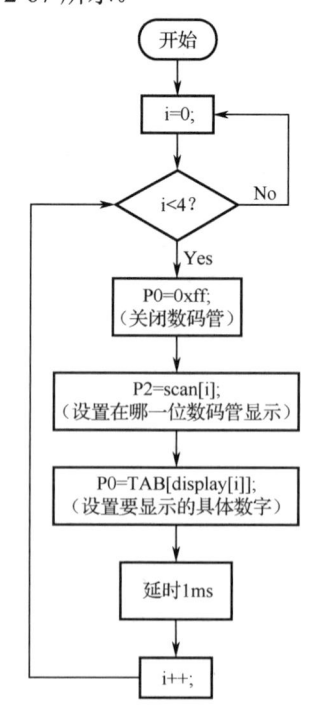

图 2-67　本任务程序流程图

程序清单如下:

```c
/** 任务6 用4位7段数码管显示2023 **/
//==声明区=====================================
#include    <reg51.h>                      //定义头文件
char code TAB[10]={  0xc0,0xf9,0xa4,0xb0,0x99,   //数字0~4的段码
                     0x92,0x82,0xf8,0x80,0x98};  //数字5~9的段码
char code display[4]={2,0,2,3};                  //待显示的8个数字
char code scan[4]={0xfe,0xfd,0xfb,0xf7};         //显示位的扫描信号
void delay1ms(int);                              //声明延时函数
//==主程序=====================================
main()                                           //主程序开始
{
    char i;
    while(1)                                     //无穷循环
    {
        for (i=0;i<4;i++)                        //扫描8个数字
        {
            P0=0xff;                             //关闭数码管防止闪动
            P2=scan[i];                          //输出位扫描信号
            P0=TAB[display[i]];                  //输出段码
            delay1ms(1);                         //延时1ms
        }                                        //结束一圈扫描
    }
}
//==子程序=====================================
/* 延时函数,延时约x×1ms */
void delay1ms(int x)                             //延时函数开始
{   int i,j;                                     //声明整型变量i和j
    for (i=0;i<x;i++)                            //计数x次,延时x×1ms
        for (j=0;j<120;j++);                     //计数120次,延时1ms
}                                                //延时函数结束
```

写出程序后,在Keil μVision2中编译和生成HEX文件"任务6.hex"。

4)使用Proteus ISIS仿真

将"任务6.hex"加载到仿真电路图的单片机中,在仿真过程中可以看到4位7段数码管稳定地显示数字组合2023,如图2-68所示。

5)使用实验板调试所编写的程序

用实验板看到的现象与仿真是一样的,当调整扫描频率低于60Hz时,如一圈扫描时间为4ms×8=32ms,将看到显示的数字有闪烁现象,但在仿真中看不到这种现象。

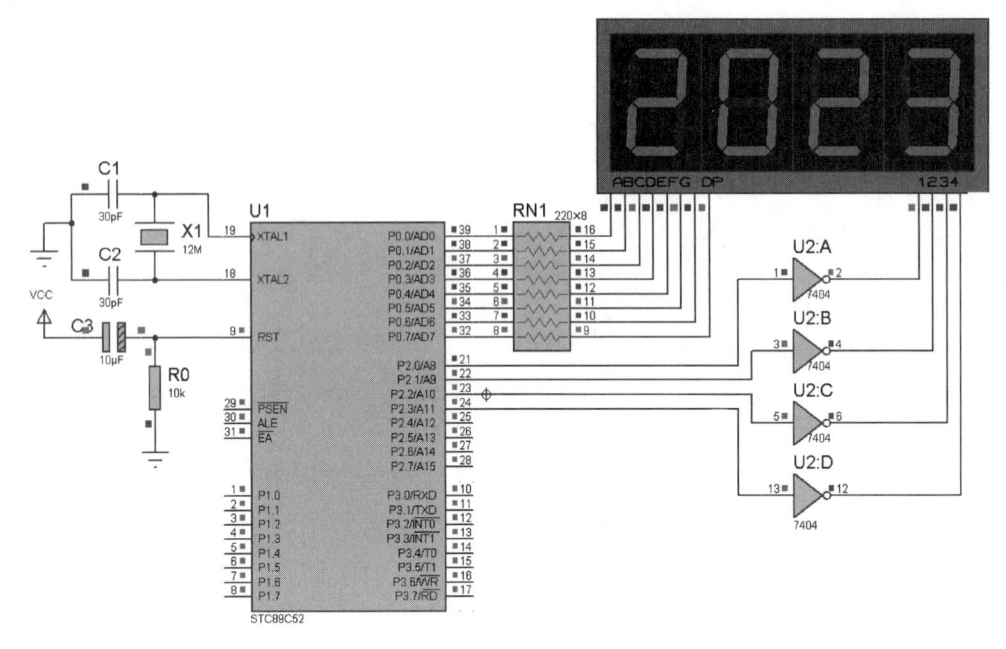

图 2-68　4 位 7 段数码管显示数字组合 2023

【任务评价】

本任务的评价表如表 2-19 所示，其中，职业素养、安全规范、搭建电路、程序设计、仿真调试共 100 分，增值加分为 10 分。

表 2-19　评价表

任务名称		用 4 位 7 段数码管显示数字组合 2023			
姓名			班级		
小组编号			小组成员		
实施地点			指导教师		
评价项目	评价内容	配分	自评	互评	师评
职业素养	有工作计划，有明确的分工	5			
	实施任务过程中有讨论，工作积极	5			
	遵守工作纪律（无迟到、旷课、早退情况）	5			
安全规范	能够做好设备维护、卫生打扫工作，保证周边环境整洁、安全	5			
	安全操作规范	5			
	资料填写规范	5			
	穿戴规范	5			
搭建电路	设计的电路图可行	10			
	绘制的电路图美观	5			
	电气元器件图形符号符合标准	5			

续表

评价项目	评价内容	配分	自评	互评	师评
程序设计	程序设计合理	5			
	程序编译无报错	5			
	程序设计效率较高	5			
仿真调试	生成 HEX 文件并加载到仿真电路中，仿真电路现象与任务要求一致	10			
	成功调试程序并下载到电路板上	10			
	接通电源，实验现象与任务要求一致	10			
增值加分	小组获评优秀	5			
	本人被评为今日之星	5			
总分					

【任务小结】

通过单片机控制 4 位 7 段数码管的显示可以让学生了解多位 7 段数码管的内部结构，显示多位数字的驱动原理，以及单片机控制驱动的具体方法。

【拓展训练】

（1）7 段数码管的静态显示和动态显示分别具有什么特点？实际设计时应如何选择？

（2）若要显示数字组合 2015，则该如何修改程序呢？若要显示数字组合 7865，则又该如何修改程序呢？

（3）若要先显示数字组合 2023，再显示数字组合 7865，则该如何修改程序呢？

（4）若要显示的数字组合 2023 从左向右循环滚动显示，则该如何修改程序呢？

（5）若要显示的数字组合 2023 从右向左循环滚动显示，则该如何修改程序呢？

【课后练习】

一、判断题

1. 当显示的 7 段数码管的位数较多时，动态显示所占用的 I/O 口多，为节省 I/O 口与驱动电路的数目，常采用静态扫描显示方式。　　　　　　　　　　　（　　）

2. 对于 7 段数码管动态扫描显示电路，只要控制好每位 7 段数码管点亮显示的时间，就可造成"多位同时亮"的假象，达到多位 7 段数码管同时显示的效果。（　　）

3. 使用专用的键盘/显示器芯片，可由芯片内部硬件扫描电路自动完成显示数据的扫描刷新和键盘扫描。　　　　　　　　　　　　　　　　　　　　　（　　）

4. 控制 LED 点阵显示器的显示实质上就是控制加到行线和列线上的电平编码来控制点亮某些 LED（点），从而显示由不同的发光点组成的各种字符。　（　　）

5．当 7 段数码管工作于动态扫描显示方式时，同一时间只有一个数码管被点亮。
（   ）

6．动态扫描显示的数码管在任一时刻只有一个数码管处于点亮状态，是 LED 的余晖作用与人眼的视觉暂留效应造成数码管同时显示的假象的。（   ）

7．动态扫描显示的编程思路就是多个数码管同时点亮并显示不同的数据。（   ）

8．在动态扫描显示程序设计中，每个数码管的延时时间过长将产生数码管逐个闪烁的现象。
（   ）

二、选择题

1．7 段数码管显示若用动态扫描显示，则必须（   ）。
A．将各位 7 段数码管的位选线并联　　B．将各位 7 段数码管的段选线并联
C．将位选线用一个 8 位输出口控制　　D．将段选线用一个 8 位输出口控制
E．为输出口加驱动电路

2．7 段数码管若采用动态扫描显示方式，则下列说法错误的是（   ）。
A．将各位 7 段数码管的段选线并联
B．将段选线用一个 8 位 I/O 口控制
C．将各位 7 段数码管的公共引脚直接连接在+5V 或 GND 上
D．将各位 7 段数码管的位选线用各自独立的 I/O 口控制

3．数码管动态扫描显示的优点是（   ）。
A．硬件复杂　　B．程序复杂　　C．硬件简单　　D．占用资源少

4．下列关于 7 段数码管动态扫描显示的描述中，（   ）是正确的。
A．一个并行口只接一个 7 段数码管，显示数据送入并行口后就不再需要 CPU 干预了
B．动态显示只能使用共阴极 7 段码管，不能使用共阳极 7 段数码管
C．一个并行口可并列接 n 个 7 段数码管，显示数据送入并行口后，还需要 CPU 控制相应 7 段数码管的导通
D．动态显示具有占用 CPU 机时少、发光亮度稳定的特点

5．数码管动态显示的缺点是（   ）。
A．硬件复杂　　B．程序复杂　　C．硬件简单　　D．占用资源多

【精于工、匠于心、品于行】

王礼宾：寻 EDA 创新之道 谱中国半导体之"芯华章"

王礼宾，芯华章的创始人、董事长兼 CEO。王礼宾拥有 30 余年电子行业、国际领先 EDA 企业的技术开发及公司运营管理经验，曾带领团队为华为海思、中兴、展锐、智芯微、大唐、飞腾、大疆等行业领军公司提供全方面技术服务和产业支持。他对产业技术的国际化认知与视野，对客户需求的敏锐洞察力，以及对公司运营管理的专业能力受到半导体行业的广泛尊重和认可。

王礼宾说："什么是天命？我想那就是使命！投身到民族的事业中，做中国的EDA。"王礼宾集结行业尖端技术与多元化的专业人才，成立芯华章，致力 EDA 智

能软件和系统的研发、销售与技术服务，助力集成电路、5G、人工智能、云服务和超级计算等多领域高科技的发展，为合作伙伴提供自主研发、安全可靠的解决方案与服务。

他在 EDA 行业沁浸 20 余年，见证了芯片产业的技术变迁和国内芯片行业的成长。如今，他正带领着团队将多年的经验与新一代前沿技术相融合，致力打造出自主研发的 EDA 验证软件和系统，提高芯片研发和创新效率，全面支持中国芯片产业与高科技领域的发展。

（来自集微网，2020 年 8 月 19 日）

项目三

单片机 P 口输入

任务 7　按键控制 LED 的亮和灭

【任务要求】

仿真演示　万能板演示　双面 PCB 板演示

制作一个单片机系统电路板，用一个按键控制一只 LED 的亮和灭。

【任务目标】

知识目标
- 了解单片机的输入设备。
- 理解按键输入电路的设计方法。
- 掌握单片机处理按键的编程方法。

能力目标
- 能列举单片机的输入设备。
- 会设计按键输入电路。
- 能用单片机处理按键的编程。

素养目标
- 使学生懂得统筹管理，节约时间，提高效率。
- 使学生养成良好的逻辑性。

【相关知识】

1. 按键的分类

按键按照结构原理可分为两类，一类是触点式开关按键，如机械式开关、导电橡胶式开关等；另一类是无触点开关按键，如电气式按键、磁感应按键等。前者的造价低，后者的寿命长。目前，微机系统中最常见的是触点式开关按键。

按键按照接口原理可分为编码键盘与非编码键盘两类，这两类键盘的主要区别是识别键符和给出相应键码的方法不同。编码键盘主要是用硬件来实现对键符的识别的，非编码键盘主要是由软件来实现键盘的定义与识别的。

非编码键盘能够由硬件逻辑自动提供与键对应的编码，此外，一般还具有去抖和多键、串键保护电路，这种键盘使用方便，但需要较多的硬件，价格较贵，一般的单片机应用系统较少采用。非编码键盘只简单地提供行和列的矩阵，其他工作均由软件完成。由于它经济实用，因此较多地应用于单片机系统中。

按键按照功能可分为两类，一类是非自锁按钮，另一类是自锁开关。

1）非自锁按钮

非自锁按钮的特点是它具有自动恢复（弹回）功能，当按下按钮时，其中的触点接通（或切断）；放开按钮后，触点恢复为切断（或接通）状态。在电子电路中，最典型的非自锁按钮如图 3-1 所示。当然，在工业上也会以导电橡皮组成的按钮来降低成本，特别是同时需要多个按钮的键盘组。

图 3-1 电子电路中最典型的非自锁按钮

根据尺寸进行区分，非自锁按钮可分为 6mm、8mm、10mm、12mm 等几种，虽然非自锁按钮有 4 个引脚，但实际上，其内部只有一对接点，如图 3-2 所示，在尺寸图中，上面两个引脚是内部相连通的，下面两个引脚也是内部相连通的，上、下引脚之间为一对接点。

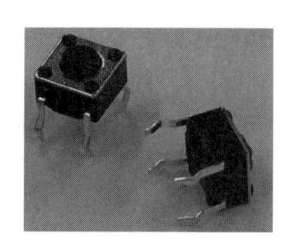

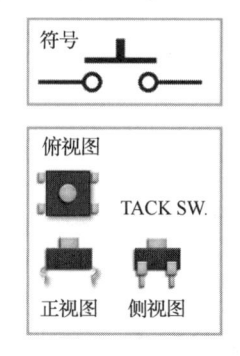

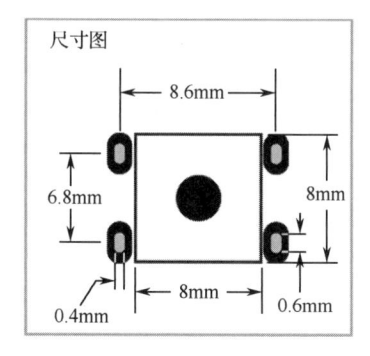

图 3-2 8mm 非自锁按钮的符号、视图与尺寸图

2）自锁开关

自锁开关具有自锁功能，即不会自动恢复（弹回）。按一下开关（或切换开关），其中的接点接通（或切断），若要恢复接点状态，则需要再次按一下开关（或切换开关）。在电子电路中，最典型的自锁开关如图 3-3（a）所示。另外，还有一种用得很多的自锁开关，是拨码开关，如图 3-3（b）所示。当然，对于电路板的组态设置等不常切换开关状态的场合，也常以跳线来代替自锁开关，即在电路板上放置有两个引脚的排针，以短路帽作为接通的组件。

(a)　　　　　　　　　　　　　(b)

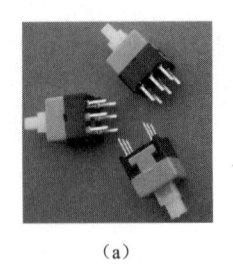

图 3-3　常用自锁开关

按照开关数量来分，拨码开关有 2P、4P、8P 等几种，2P 拨码开关内部有独立的 2 个开关，4P 拨码开关内部有独立的 4 个开关，8P 拨码开关内部有独立的 8 个开关。通常会在拨码开关上标示记号或 "ON"，若将开关拨到记号或 "ON" 侧，则触点接通；若拨到另一侧，则触点不通。8P 拨码开关的符号、视图与尺寸图如图 3-4 所示。

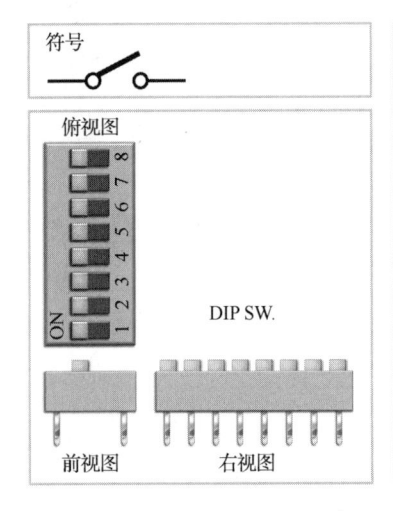

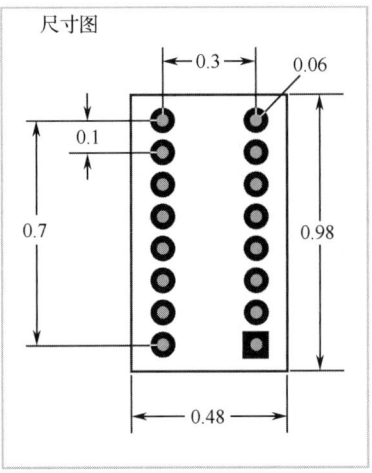

图 3-4　8P 拨码开关的符号、视图与尺寸图（单位为英寸，1 英寸=25.4mm）

还有一种数字型拨码开关在单片机电路中也很实用，其尺寸与外观如图 3-5 所示。

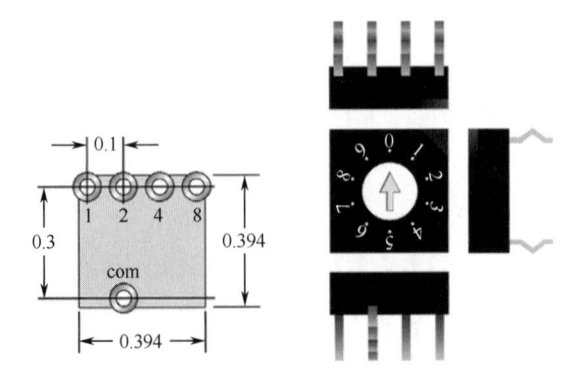

图 3-5　数字型拨码开关的尺寸与外观（单位为英寸）

表 3-1 所示为数字型拨码开关的输出端状态。

表 3-1　数字型拨码开关的输出端状态

输出数字	输出端状态			
	8 输出端	4 输出端	2 输出端	1 输出端
0	OFF	OFF	OFF	OFF
1	OFF	OFF	OFF	ON
2	OFF	OFF	ON	OFF
3	OFF	OFF	ON	ON
4	OFF	ON	OFF	OFF
5	OFF	ON	OFF	ON
6	OFF	ON	ON	OFF
7	OFF	ON	ON	ON
8	ON	OFF	OFF	OFF
9	ON	OFF	OFF	ON

2．独立式按键输入电路设计

在单片机应用系统中，除复位按键有专门的复位电路和专一的复位功能外，其他按键都是以开关状态来设置控制功能或输入数据的。当所设置的功能按键或数字按键被按下时，计算机应用系统应完成该按键所设定的功能，键信息输入是与软件结构密切相关的过程。

对于一组按键或一个键盘，总有一个接口电路与 CPU 相连。CPU 可以采用查询或中断方式了解是否将按键输入并检查是哪个按键被按下，将相应的键码送入累加器 ACC，通过跳转指令转入执行该按键的功能程序，执行完后返回主程序。

在单片机控制系统中，往往只需要几个功能按键，此时可采用独立式按键结构。独立式按键是直接用 I/O 口线构成的单个按键电路，其特点是每个按键单独占用一根 I/O 口线，每个按键的工作都不会影响其他 I/O 口线的状态。

独立式按键的典型应用如图 3-6 所示，I/O 口采用 P1 口，按键输入均为低电平有效。此外，上拉电阻保证了按键断开时，I/O 口线有确定的高电平。当 I/O 口线内部有上拉电阻时，外电路可不接上拉电阻。

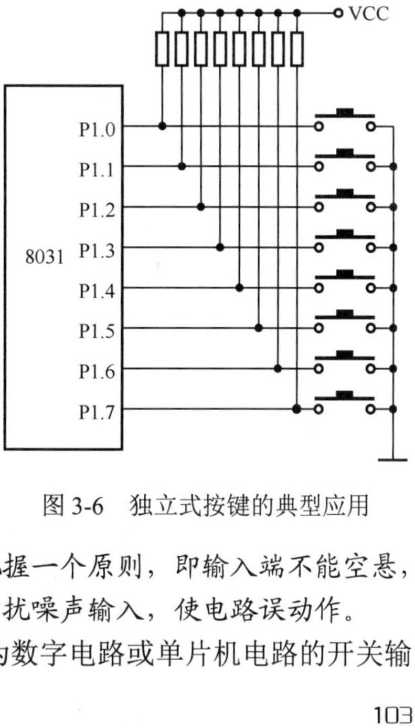

独立式按键电路配置灵活，软件结构简单，但每个按键必须占用一根 I/O 口线，因此，在按键较多时，I/O 口线浪费较多，不宜采用。独立式按键软件常采用查询式结构，先逐位查询每根 I/O 口线的输入状态，如果某根 I/O 口线的输入为低电平，则可确认该 I/O 口线对应的按键已被按下；再执行该按键的功能处理程序。

图 3-6　独立式按键的典型应用

※※※注意：

当要设计单片机控制电路的输入电路时，要把握一个原则，即输入端不能空悬，否则不仅会使输入端产生不确定状态，还可能有干扰噪声输入，使电路误动作。

无论是非自锁按钮还是自锁开关，当将其作为数字电路或单片机电路的开关输入时，通常都会串接一个电阻后接 VCC 或 GND，如图 3-7 所示。在图 3-7（a）中，平时开关为开路状态，单片机引脚串接 10kΩ 的电阻后接 VCC，使输入引脚上保持高电平信号；若按下开关，则经由开关接地，输入引脚上将变为低电平信号；当断开开关时，输入引脚上将恢复高电平信号，如此将产生一个负脉冲。反之，如图 3-7（b）所示，平时按钮开关为开路状态，其中 470Ω 的电阻接地，使输入引脚上保持为低电平信号；若按下开关，则经由开关接 VCC，输入引脚上将变为高电平信号；当断开开关时，输入引脚上将恢复低电平信号，如此将产生一个正脉冲。

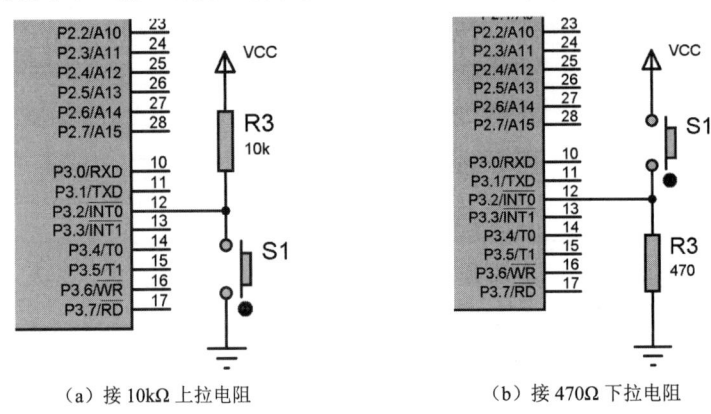

（a）接 10kΩ 上拉电阻　　　　　　　　　（b）接 470Ω 下拉电阻

图 3-7　按键输入电路

对于数字型拨码开关，每片数字型拨码开关都有 5 个接点，分别是 com、8、4、2、1，通常把 com 接点连接 VCC，而其他接点则分别通过一个 470Ω 的电阻接地。若要把数字型拨码开关与单片机连接，则如图 3-8 所示，只需将数字型拨码开关的 8、4、2、1 接点直接并接于单片机输入口上即可，其中，8 接点是高有效位（MSB），1 接点是低有效位（LSB）。

3．按键抖动与去抖

1）抖动问题

机械式按键在按下或松开时，由于机械弹性作用的影响，通常伴随有一定时间的触点机械抖动，之后其触点才稳定下来，如图 3-9 所示。抖动时间的长短与按键的机械特性有关，一般为 5～20ms。若在触点抖动期间检测按键的通断状态，则可能导致判断出错，即按键一次，却因抖动问题而被处理器错误地认为是多次按键操作。

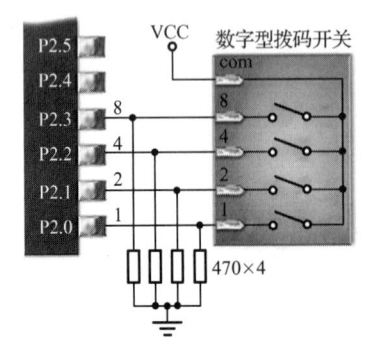

图 3-8　数字型拨码开关的输入电路　　　　　图 3-9　按键抖动

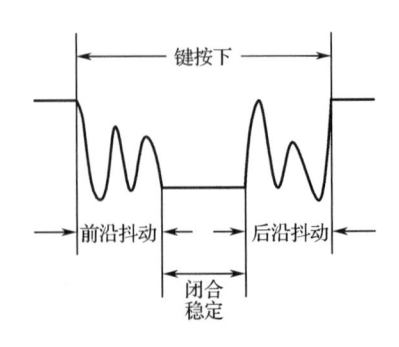

2）去抖方法

为了解决按键触点机械抖动导致的检测误判问题，必须采取去抖措施，可从硬件、软件两方面予以考虑。

（1）硬件去抖。在硬件方面，可在输出端加 R-S 触发器（双稳态触发器）、单稳态触发器、阻容滤波器等构成去抖电路，如图 3-10 所示。其中，图 3-10（a）所示的电路是一种由 R-S 触发器构成的去抖电路，R-S 触发器一旦翻转，触点抖动不会对单片机对按键的判断产生任何影响。但是这些方法使用元器件都较多，增加了成本与电路复杂度，现在已经很少使用了。

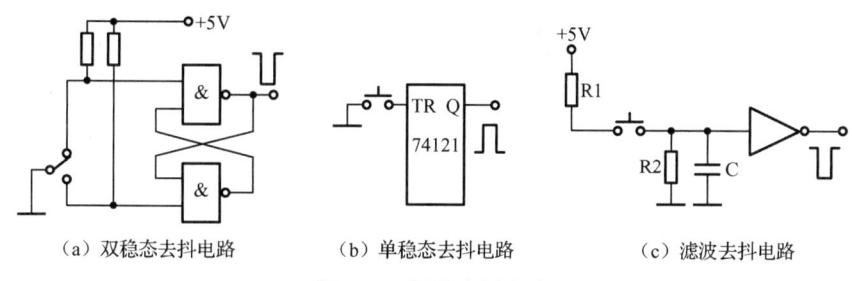

（a）双稳态去抖电路　　（b）单稳态去抖电路　　（c）滤波去抖电路

图 3-10　硬件去抖电路

对于要求不高的场合，可以采用为按键并联一个电容的方法，如图 3-11 所示（RC 去抖电路）。此方法简单，只需增加一个电容即可。通常，当电阻取 10kΩ 时，电容值为 3.3μF。

（2）软件去抖。上面提到，利用硬件抑制抖动的噪声一定会增加电路复杂度与成本。而我们只要在软件上下点儿功夫，避开产生抖动的那 5～20ms，即可达到去抖的效果。

如图 3-12 所示，在检测到有按键被按下时，执行一个 20ms 左右（具体时间应视所使用的按键进行调整，在延时过程中，不检测按键）的延时程序后，确

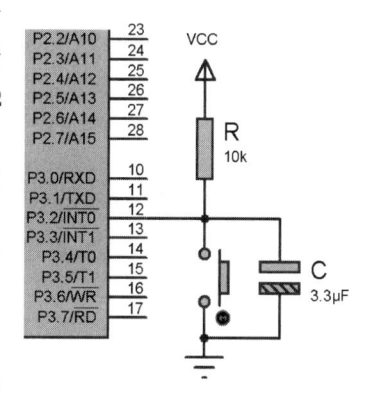

图 3-11　RC 去抖电路

认该按键电平是否仍保持闭合状态电平，若仍保持闭合状态电平，则确认该按键处于闭合状态，这时响应按键动作。同理，在检测到该按键被释放后，也应采用相同的步骤进行确认，从而可消除抖动的影响。

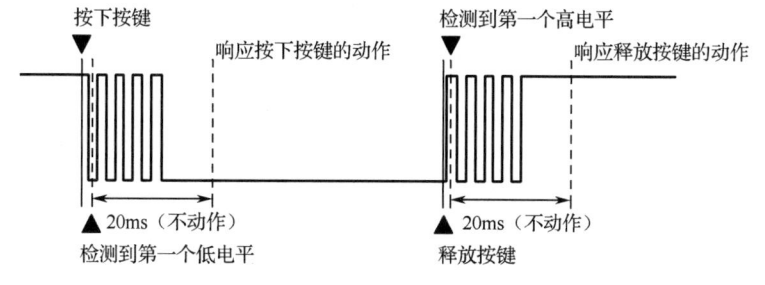

图 3-12　按键开关动作与去抖函数的波形分析

※※※注意：

一个完善的键盘控制程序应具备以下功能。

- 检测有无按键被按下，必须消除按键机械触点抖动的影响。
- 有可靠的逻辑处理方法。每次只处理一个按键，其间对任何按键的操作都不会对系统产生影响，且无论一次按键时间有多长，系统仅执行一次按键功能程序。
- 准确输出按键值（或键码），以满足跳转指令要求。

【任务实施】

1）准备元器件

元器件清单如表3-2所示。

表3-2 元器件清单

序号	种类	标号	参数	序号	种类	标号	参数
1	电阻	R0	10kΩ	6	电容	C3	10μF
2	电阻	R2	220Ω	7	单片机	U1	STC89C52
3	电阻	R3	10kΩ	8	发光二极管	D1	LED，红
4	电容	C1	30pF	9	按键	S1	非自锁按钮
5	电容	C2	30pF	10	晶振	X1	12MHz

2）搭建硬件电路

本任务对应的仿真电路图如图3-13所示，对应的配套实验板按键输入部分电路原理图如图3-14所示。在图3-13中，R3为上拉电阻，以此保证在无按键时输入单片机的电平为高电平"1"；在按下按键时，P3.2引脚与地短接，输入单片机的电平为低电平"0"。

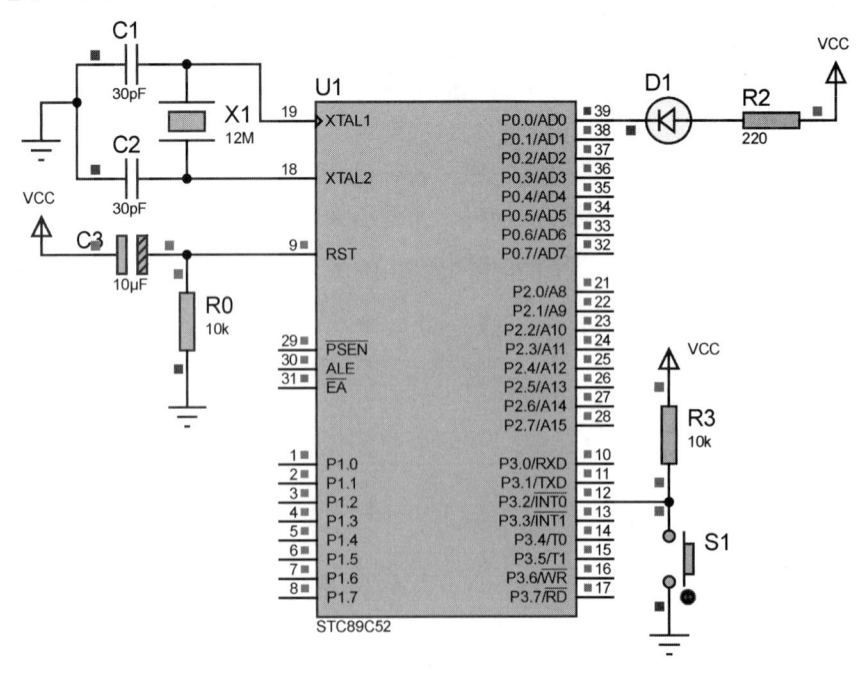

图3-13 本任务对应的仿真电路图

配套实验板对应的本任务的电路制作实物图如图 3-15 所示,用万能板制作的本任务的正、反面电路实物图分别如图 3-16 和图 3-17 所示。

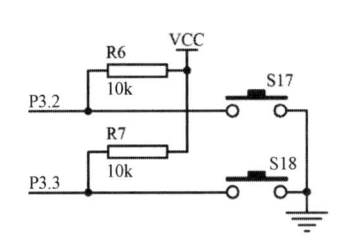

图 3-14　本任务对应的配套实验板按键输入部分电路原理图

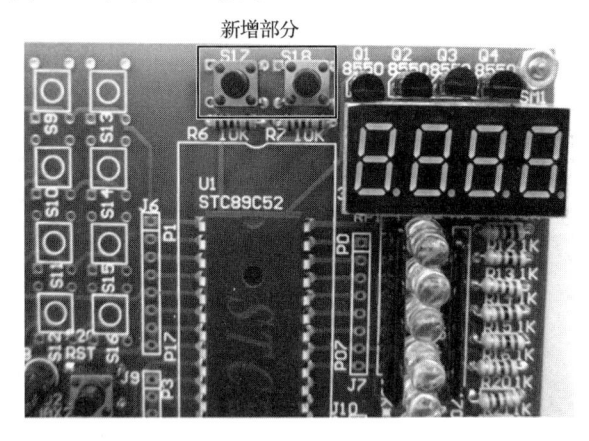

图 3-15　配套实验板对应的本任务的电路制作实物图

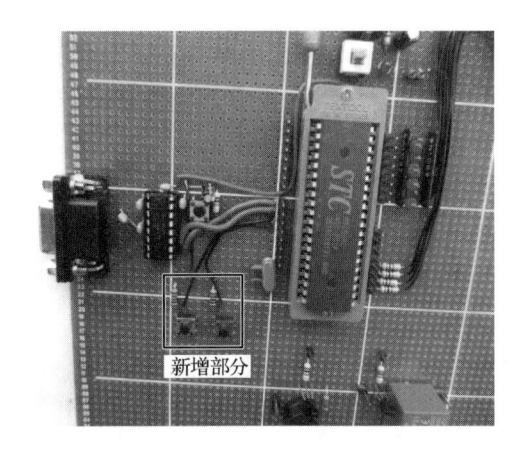

图 3-16　用万能板制作的本任务的正面电路实物图

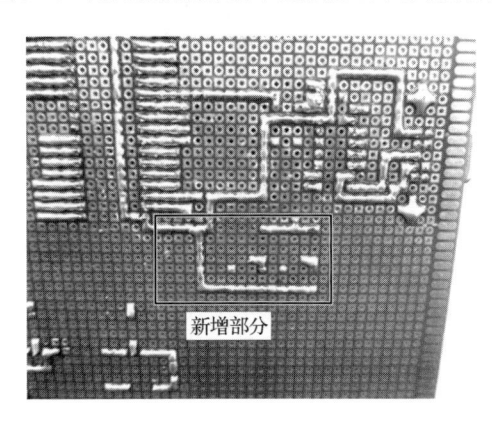

图 3-17　用万能板制作的本任务的反面电路实物图

3) 程序设计

本任务程序流程图如图 3-18 所示。

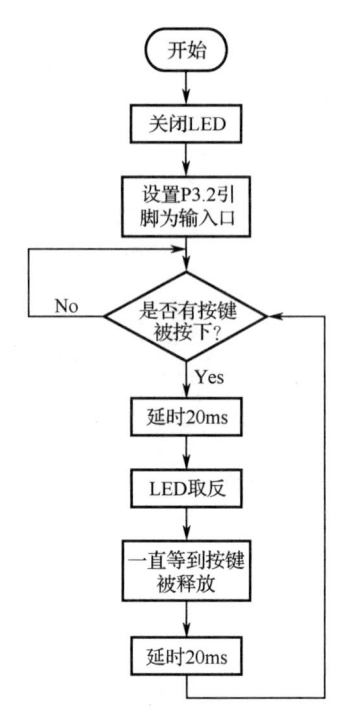

图 3-18 本任务程序流程图

程序清单如下：

```c
/** 任务 7  按键控制 LED 的亮和灭 **/
//==声明区=========================================
#include  <reg51.h>            //定义头文件
sbit  SB1=P3^2;                //声明 SB1 接至 P3.2 引脚
sbit  LED=P0^0;                //声明 LED 接至 P0.0 引脚
void  delay20ms();             //声明延时 20ms 函数
//==主程序=========================================
main()                         //主程序开始
{    LED=1;                    //关闭 LED
     SB1=1;                    //设置 P3.2 引脚为输入口
     while(1)                  //无穷循环
     {   if(SB1==0)            //如果按下 SB1
         {   delay20ms();      //则调用延时 20ms 函数（按下时）
             LED=!LED;         //切换 LED 为反相
             while(SB1!=1);    //若仍按住 SB1，则继续等待
             delay20ms();      //调用延时 20ms 函数（释放时）
         }                     //if 循环结束
     }                         //while 循环结束
}                              //主程序结束
//==子程序=========================================
/* 延时 20ms 函数，延时约 20ms */
void delay20ms()               //延时 20ms 函数开始
{    int i;                    //声明整型变量 i
```

```
        for(i=0;i<2400;i++);          //计数 2400 次，延时约 20ms
}                                      //延时 20ms 函数结束
```

写出程序后，在 Keil μVision2 中编译和生成 HEX 文件"任务 7.hex"。

4）使用 Proteus ISIS 仿真

将"任务 7.hex"加载到仿真电路图的单片机中，在仿真过程中可以看到每按键一次，LED 都会切换状态，即按一下亮，再按一下灭。

5）使用实验板调试所编写的程序

将"任务 7.hex"程序下载到单片机中，给实验板上电后，将看到与仿真中一样的现象。

【任务评价】

本任务的评价表如表 3-3 所示，其中，职业素养、安全规范、搭建电路、程序设计、仿真调试共 100 分，增值加分为 10 分。

表 3-3 评价表

任务名称		按键控制 LED 的亮和灭				
姓名			班级			
小组编号			小组成员			
实施地点			指导教师			
评价项目	评价内容	配分	自评	互评	师评	
职业素养	有工作计划，有明确的分工	5				
	实施任务过程中有讨论，工作积极	5				
	遵守工作纪律（无迟到、旷课、早退情况）	5				
安全规范	能够做好设备维护、卫生打扫工作，保证周边环境整洁、安全	5				
	安全操作规范	5				
	资料填写规范	5				
	穿戴规范	5				
搭建电路	设计的电路图可行	10				
	绘制的电路图美观	5				
	电气元器件图形符号符合标准	5				
程序设计	程序设计合理	5				
	程序编译无报错	5				
	程序设计效率较高	5				
仿真调试	生成 HEX 文件并加载到仿真电路中，仿真电路现象与任务要求一致	10				
	成功调试程序并下载到电路板上	10				
	接通电源，实验现象与任务要求一致	10				

续表

评价项目	评价内容	配分	自评	互评	师评
增值加分	小组获评优秀	5			
	本人被评为今日之星	5			
	总分				

【任务小结】

通过单片机控制按键可以让学生了解单片机输入按键电路的设计方法,熟悉单片机处理按键的编程方法。

【拓展训练】

(1) 若用一个按键控制 P0 口的 7 段数码管,每按键一次,显示加 1,到 9 之后重新从 0 开始,则该如何修改硬件电路与编写程序呢?

(2) 若使用 8P 拨码开关接在 P2 口上,分别控制接在 P0 口上的 8 只 LED 的亮和灭,则该如何修改硬件电路与程序呢?

(3) 若改变晶体振荡器的频率,则应该如何修改延时程序呢?

(4) 按下按键很长时间后才转到相应的功能程序,问题出现在程序的什么地方?

【课后练习】

一、判断题

1. 触点式开关按键比无触点开关按键的寿命长。   (   )
2. 按键按照功能可分为两类,一类是非自锁按钮,另一类是自锁开关。   (   )
3. 自锁开关具有自锁功能,不会自动恢复(弹回)。   (   )
4. 抖动时间的长短与开关的机械特性有关,一般为 5~20ms。   (   )

二、填空题

1. 按键按照接口原理可分为_____与非_____两类,这两类键盘的主要区别是识别键盘和给出相应键码的方法不同。

2. 为了解决按键触点机械抖动导致的检测误判问题,必须采取去抖措施,有硬件去抖和_____。

3. 对于硬件去抖,可在输出端加_____、_____、_____等构成去抖电路。

【精于工、匠于心、品于行】

刘洪杰:"小镇姑娘"有"大梦想",打造后摩尔时代 ADI

刘洪杰,深圳市九天睿芯科技有限公司创始人、CEO。吉林大学电子科学与技术专业学士，新加坡南洋理工大学集成电路设计专业硕士，瑞士苏黎世联邦理工学院的神经仿生工程专业博士。刘洪杰曾从事科研工作多年，围绕动态视觉传感器和数模混合神经拟态芯片，发表数篇 IEEE 论文，有多项授权专利及申请。2018 年创立九天睿芯，专注于高效神经拟态感存算一体，在深圳、成都、上海以及瑞士苏黎世均有研发中心。

作为中国半导体行业中为数不多的、技术背景出身的初创公司年轻女性 CEO，刘洪杰说自己是出身小村子里的"草根"，"不服输"且"爱折腾"的性格让其喜欢迎接挑战并一路走到今天。

如今，刘洪杰和她的九天睿芯，正致力于将国际上前沿的数模混合感存算一体技术引入国内，力争成为领先的数模混合感存算一体芯片公司，推动该领域的变革。这个"小镇姑娘"说她有一个大梦想，就是打造后摩尔时代的"ADI"。

（来自集微网，2021 年 7 月 2 日）

任务 8　用 1 位 7 段数码管显示 4×4 矩阵键盘按键值

【任务要求】

仿真演示　　万能板演示　　双面 PCB 板演示

制作一个单片机系统电路板，用 1 位 7 段数码管显示 4×4 矩阵键盘按键值。

【任务目标】

知识目标
- 了解 4×4 矩阵键盘的结构和制作方法。
- 理解 4×4 矩阵键盘的扫描原理。
- 掌握单片机扫描 4×4 矩阵键盘的编程方法。

能力目标
- 能说出 4×4 矩阵键盘的结构和制作方法。
- 能说出 4×4 矩阵键盘的扫描原理。
- 能进行用单片机扫描 4×4 矩阵键盘的编程。

素养目标
- 树立学生热爱祖国和服务人民的理想信念。
- 培养学生主动探讨与研究的能力。

【相关知识】

1. 矩阵键盘简介

独立按键具有编程简单但占用 I/O 口资源多的特点，不适合在按键较多的场合应用。在实际应用中，经常要用到输入数字、字母等功能，如电子密码锁、电话机键盘等一般都至少有 12～16 个按键。在这种情况下，如果用独立按键结构，则显然太浪费 I/O 口资源，为此引入了矩阵键盘的应用。图 3-19 所示为市售 4×4 矩阵键盘的正/反面实物图。

图 3-19　市售 4×4 矩阵键盘的正/反面实物图

矩阵键盘又称行列键盘。市售 4×4 矩阵键盘是由 4 行和 4 列组成的键盘。在行和列的每个交叉点上设置一个按键，这样，键盘上按键的个数就为 16。这种结构能有效地提高单片机系统中 I/O 口的利用率，其结构如图 3-20 所示。由图 3-20 可知，一个 4×4 的行、列结构可以构成一个含有 16 个按键的键盘。显然，在按键数量较多时，矩阵键盘较之独立按键键盘要节省很多 I/O 口资源。

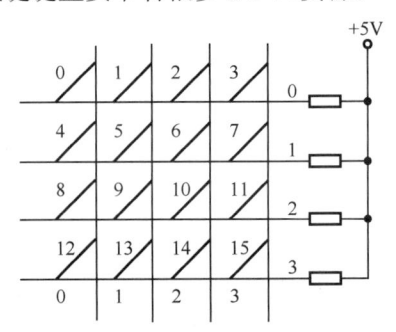

图 3-20　矩阵键盘的结构

2．矩阵键盘的工作原理

4×4 矩阵键盘最常见的布局如图 3-21（a）所示，一般由 16 个按键组成，在单片机中正好可以用一个 P 口实现 16 个按键功能，这也是在单片机系统中最常用的形式。4×4 矩阵键盘的内部电路如图 3-21（b）所示，4 行分别用 Y0～Y3 标示，4 列分别用 X0～X3 标示。其中每一行都要有一个 10kΩ 的电阻接到公共引脚 com 上。

在该矩阵键盘中，行、列线分别连接按键开关的两端，行线通过上拉电阻接到 +5V 上。当无按键被按下时，行线处于高电平状态；当有按键被按下时，行、列线将导通，此时，行线电平将由与此行线相连的列线电平决定。这是识别按键是否被按下的关键。然而，矩阵键盘中的行线、列线和多个按键相连，各按键被按下与否均影响该按键所在行线和列线的电平，各按键间将相互影响，因此，必须将行线、列线信号配合起来做适当处理，只有这样，才能确定闭合按键的位置。处理矩阵键盘按键通常有两种方法：扫描法和线反转法。

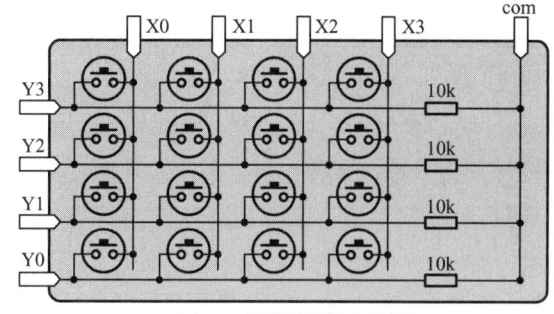

(a) 4×4矩阵键盘的布局　　　　(b) 4×4矩阵键盘的内部电路

图 3-21　4×4 矩阵键盘的布局和内部电路

1）扫描法

根据扫描方式的不同，com 引脚可能连接 VCC 或 GND，当进行键盘扫描时，单片机先将扫描信号送至 X3～X0 引脚，再从 Y3～Y0 引脚读取键盘状态，即可判断哪个按键被按下。键盘扫描的方式有两种，即低电平扫描与高电平扫描，由于在实际应用中极少使用高电平扫描，因此这里仅介绍低电平扫描。

低电平扫描是将公共引脚 com 连接至 VCC，在没有任何按键被按下时，Y3～Y0 引脚能保持为高电平"1"状态。在送入 X3～X0 引脚的扫描信号中，只有一个为低电平，其余 3 个均为高电平。整个工作可分为 4 个阶段，在第 1 阶段里，主要目的是判断按键 3～按键 0 有没有被按下。首先将 1、1、1、0 信号分别送入 X3～X0 引脚，即只有 X0 引脚为低电平，其他皆为高电平；然后读取 Y3～Y0 的状态。

- 若 Y3～Y0 为 1110，则代表按键 0 被按下。
- 若 Y3～Y0 为 1101，则代表按键 1 被按下。
- 若 Y3～Y0 为 1011，则代表按键 2 被按下。
- 若 Y3～Y0 为 0111，则代表按键 3 被按下。
- 若 Y3～Y0 为 1111，则代表按键 3～按键 0 都没被按下。

第 2～4 阶段的操作与第 1 阶段类似，在此对其进行归纳，如表 3-4 所示。

表 3-4　低电平扫描按键分析

X3 X2 X1 X0（由单片机输出）	Y3 Y2 Y1 Y0（由单片机读取）	动作按键
1110	1110	按键 0
1110	1101	按键 1
1110	1011	按键 2
1110	0111	按键 3
1101	1110	按键 4
1101	1101	按键 5
1101	1011	按键 6
1101	0111	按键 7
1011	1110	按键 8
1011	1101	按键 9

续表

X3 X2 X1 X0 （由单片机输出）	Y3 Y2 Y1 Y0 （由单片机读取）	动 作 按 键
1011	1011	按键 A
1011	0111	按键 B
0111	1110	按键 C
0111	1101	按键 D
0111	1011	按键 E
0111	0111	按键 F
××××	1111	无按键被按下

或许你会质疑，在第 1 阶段扫描时，有除 0~3 以外的按键，是不是就检测不到了？这个不必担心，由于人类手指的动作很慢，从按下按键到释放按键的时间至少需要 0.1s（100ms），而 CPU 的动作是以微秒（μs）来计算的，从第 1 阶段到第 4 阶段，运行一圈只需几毫秒。因此，无论你按键有多快，在释放按键之前，程序一定已经运行并对键盘扫描过很多次了。

2）线反转法

除了常用的扫描法，通常还可以采用线反转法。这时硬件电路中的行和列都需要接 10kΩ 的上拉电阻，且在处理按键动作时分两步进行，如表 3-5 所示。

表 3-5 线反转法处理按键动作的步骤

步 骤	X3 X2 X1 X0 （由单片机输出）	Y3 Y2 Y1 Y0 （由单片机读取）	行 列 位 置
第 1 步	0000	1110	行 0
		1101	行 1
		1011	行 2
		0111	行 3
		1111	无按键

步 骤	Y3 Y2 Y1 Y0 （由单片机输出）	X3 X2 X1 X0 （由单片机读取）	行列位置
第 2 步	0000	1110	列 0
		1101	列 1
		1011	列 2
		0111	列 3
		1111	无按键

第 1 步，将行设置为输入、列设置为输出，并使列全部输出为低电平"0"，当检测行的电平时，由高到低的一行为按键所在行。

第 2 步，将行设置为输出、列设置为输入，并使行全部输出为低电平"0"，当检测列的电平时，由高到低的一列为按键所在列。

也就是说，先确定行位置，再确定列位置，按键值=4×行+列。

3. 制作 4×4 矩阵键盘

图 3-22（a）所示为常用的按键的内部结构，其外表是一个具有 4 个引脚的正方形，而其内部将两对引脚进行内部连接，两对引脚之间为 a 接点。使用这种具有内部连接的按键可在单面电路板（或面包板）上轻松制作 4×4 矩阵键盘，如图 3-22（b）所示。

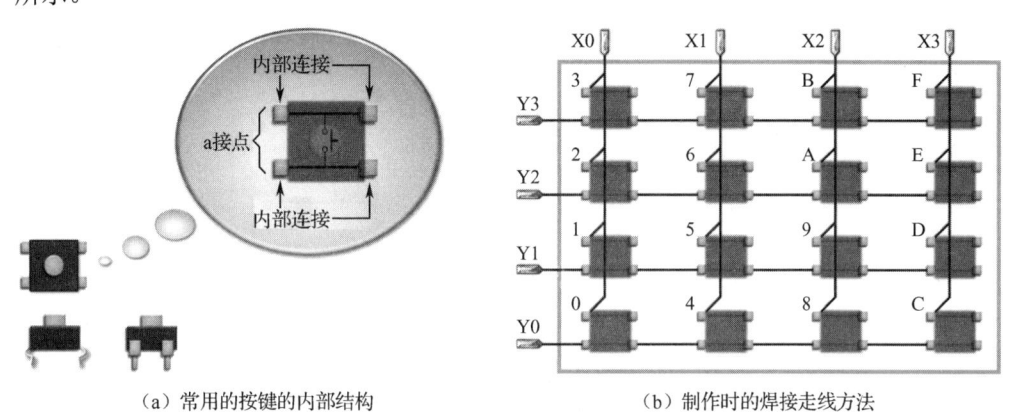

（a）常用的按键的内部结构　　　　（b）制作时的焊接走线方法

图 3-22　手工制作 4×4 矩阵键盘

【任务实施】

1）准备元器件

元器件清单如表 3-6 所示。

表 3-6　元器件清单

序号	种类	标号	参数	序号	种类	标号	参数
1	电阻	R0	10kΩ	7	电容	C2	30pF
2	电阻	R2	10kΩ	8	电容	C3	10μF
3	电阻	R3	10kΩ	9	单片机	U1	STC89C52
4	电阻	R4	10kΩ	10	按键	K0~K15	非自锁按钮，16 个
5	电阻	R5	10kΩ	11	排阻	RN1	220Ω×8
6	电容	C1	30pF	12	晶振	X1	12MHz

2）搭建硬件电路

本任务对应的仿真电路图如图 3-23 所示，对应的配套实验板 4×4 矩阵键盘部分电路原理图如图 3-24 所示。图 3-23 中的 X0~X3 引脚分别接 P1.4~P1.7 引脚，是键盘扫描信号输出；Y0~Y3 引脚分别接 P1.0~P1.3 引脚，是键盘扫描信号输入；R2~R5 为上拉电阻，以此保证在无按键时输入单片机的电平为高电平"1"。

配套实验板对应的本任务的电路制作实物图如图 3-25 所示，用万能板制作的本任务的正、反面电路实物图分别如图 3-26 和图 3-27 所示。更清晰的电子版实物制作图可参看随书电子资源图片文件。

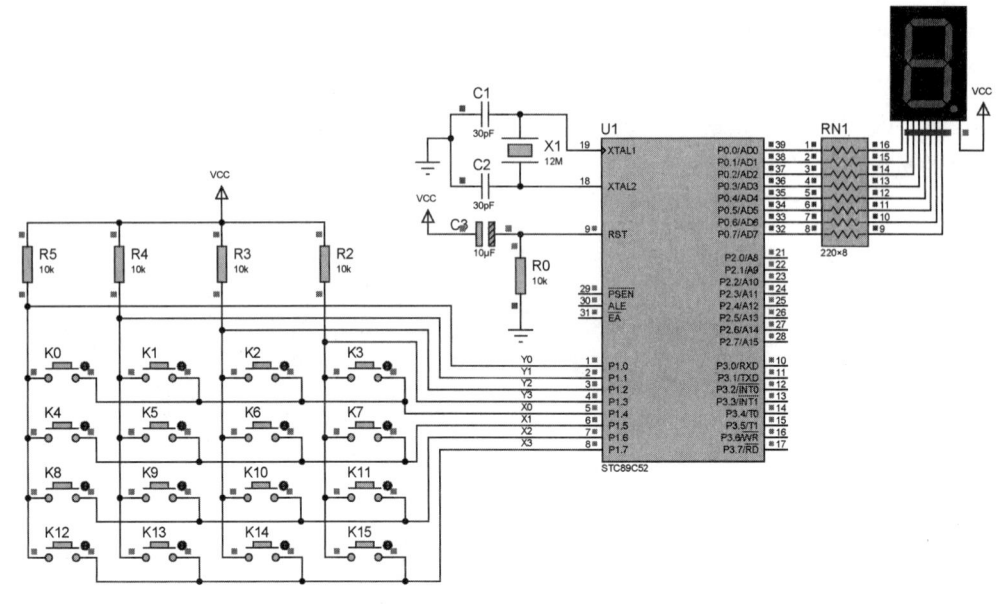

图 3-23 本任务对应的仿真电路图

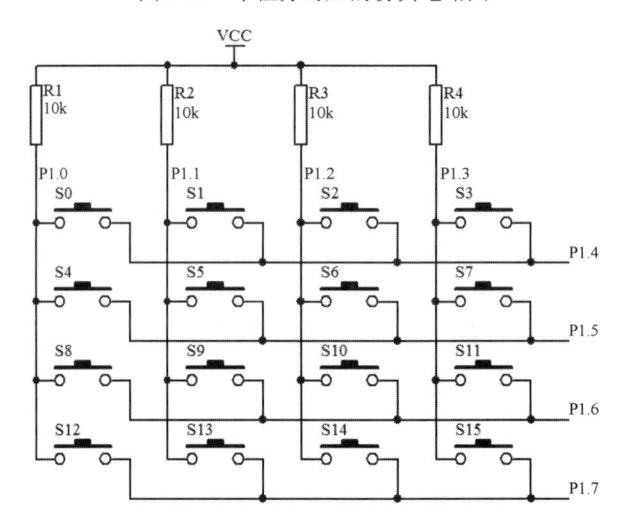

图 3-24 本任务对应的配套实验板 4×4 矩阵键盘部分电路原理图

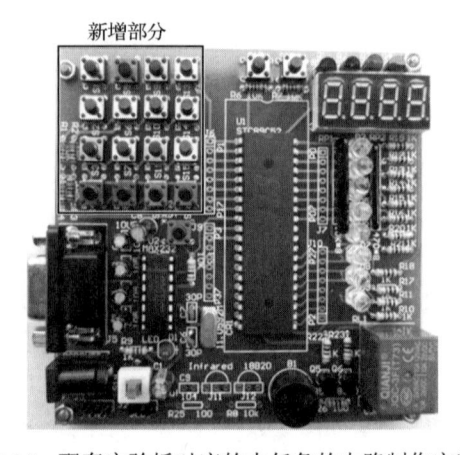

图 3-25 配套实验板对应的本任务的电路制作实物图

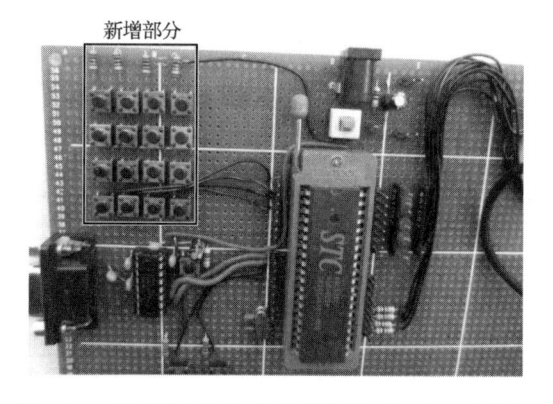

图 3-26 用万能板制作的本任务的正面电路实物图

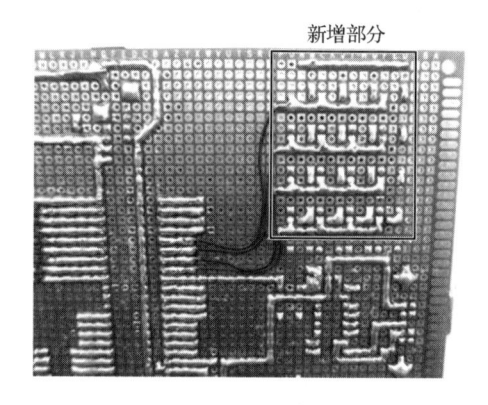

图 3-27 用万能板制作的本任务的反面电路实物图

3）程序设计

按下键盘矩阵中的按键后，按键值将显示在 7 段数码管上。在编写键盘扫描程序前，必须先准备好 16 个 7 段数码管的段码，除了任务 5 中曾经使用过的 0~9 的段码，还要准备 a~f 的段码，如表 3-7 所示。

表 3-7 共阳极 7 段数码管 a~f 的段码

显示的字符	(dp)gfedcba	段码（十六进制）
a	10100000	0xa0
b	10000011	0x83
c	10100111	0xa7
d	10100001	0xa1
e	10000100	0x84
f	10001110	0x8e

本任务的程序流程图如图 3-28 所示。

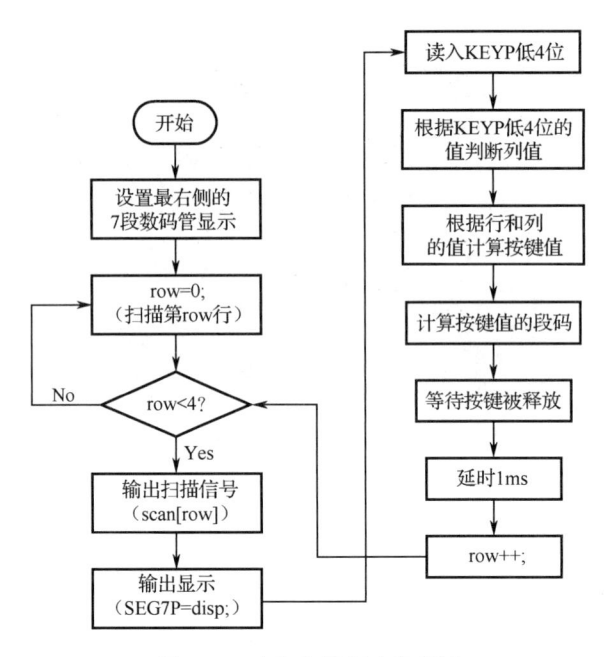

图 3-28 本任务的程序流程图

程序清单如下：

```c
/** 任务8  用1位7段数码管显示4×4矩阵键盘按键值 **/
//==声明区==========================================
#include <reg51.h>                              //定义头文件
#define KEYP P1
#define SEG7P P0
char code TAB[16]={ 0xc0,0xf9,0xa4,0xb0,        //0～3 对应的段码
                    0x99,0x92,0x82,0xf8,        //4～7 对应的段码
                    0x80,0x90,0xa0,0x83,        //8～b 对应的段码
                    0xa7,0xa1,0x84,0x8e};       //c～f 对应的段码
unsigned char disp =0x7f;                       //声明显示初值为小数点"."
unsigned char scan[4]={0xef,0xdf,0xbf,0x7f};    //高4位为扫描码，低4位为输入
void delay1ms(int);

//==主程序区========================================
void main()
{
    unsigned char row,col;                      //row 代表行，col 代表列
    unsigned char colkey,kcode;                 //colkey 代表列值，kcode 代表按键值
    P2=0xf7;                                    //P2.3 为0，让最右侧的7段数码管显示
    while(1)
    {
        for(row=0;row<4;row++)                  //第 row 次循环，扫描第 row 行
        {
            KEYP=scan[row];                     //高4位输出扫描信号，低4位输入行值
            SEG7P=disp;                         //把 disp 储存的数字输出
```

```c
            colkey=~KEYP&0x0f;           //读入 KEYP 低 4 位（反相后清除高 4 位）
            if(colkey!=0)                //如果有按键被按下
            {
                if(colkey==0x01) col=0;      //如果第 0 列被按下
                else if(colkey==0x02) col=1; //如果第 1 列被按下
                else if(colkey==0x04) col=2; //如果第 2 列被按下
                else if(colkey==0x08) col=3; //如果第 3 列被按下
                kcode =4*row+col;            //算出按键值
                disp=TAB[kcode];             //把将要显示的值存入 disp
                while(colkey!=0)             //在按键未被释放时一直等
                {    colkey=~KEYP&0x0f;}
            }
            delay1ms(1);
        }
    }
}
//==定义子程序区=============================
void delay1ms(int x)                    //延时 1ms 子程序
{
    unsigned char i,j;
    for(i=0;i<x;i++)
        for(j=0;j<120;j++);
}
```

程序说明如下。

当没有任何按键被按下时，显示小数点；当按下按键时，显示按键值。

将显示数字的段码放到 TAB[16]数组中，在需要显示按键值时由此数组读取显示段码。同样地，将键盘的低电平扫描信号存放在 scan[4]数组中，以供扫描之用。

整个函数包括 4 行的扫描程序，即 "for(row=0; row<4; row++)"，每次循环扫描 1 行。在每行的扫描程序里，先送出行扫描信号和相对的 7 段数码管的段码，然后读取键盘状态，即 "colkey=~KEYP&0x0f;"，实时读取 P1 口的 8 位，进行反相运算后用 "~KEYP&0x0f;" 将高 4 位变成 0，如此一来，其结果使键盘状态变为单纯的数字，若该行第 1 列的按键被按下，则 colkey 将为 0x01；若该行第 2 列的按键被按下，则 colkey 将为 0x02；若该行第 3 列的按键被按下，则 colkey 将为 0x04；若该行第 4 列的按键被按下，则 colkey 将为 0x08。

若有按键被按下，则 colkey 将不为 0，因此可利用 "if (colkey!=0)" 来判断是否有按键被按下。若有按键被按下，则根据 colkey 的值设置列值，即列值被检测出来了。

当得到列值之后，就可根据当时扫描的行值计算出被按下按键的键值，即 "kcode=4*row+col;"。键盘第 1 行的 4 个按键值分别为 0～3，第 2 行的 4 个按键值分别为 4～7，第 3 行的 4 个按键值分别为 8～B，第 4 行的 4 个按键值分别为 c～f，因此可归纳得到键值为 "4*col+row"。

先以 "disp=TAB[kcode];" 求出按键值对应的显示段码，再以 "SEG7P=disp;" 将

段码输出，如此一来，每按一个按键，相应的按键值将显示在 7 段数码管上。

"while(colkey()!=0){colkey=～KEYP＆0x0f;}"指令是指只有等按键被释放开后才继续后面的动作。若按键还没有被释放，则再读取一次"colkey=～KEYP＆0x0f;"，更新按键状态，只有这样，才能进行有效的判断。

在结束列扫描循环之后，必须调用延时 1ms 的子程序，即"delay lms (1);"指令，让 7 段数码管产生足够的亮度。

写出程序后，在 Keil μVision2 中编译和生成 HEX 文件"任务 8.hex"。

4）使用 Proteus ISIS 仿真

将"任务 8.hex"加载到仿真电路图的单片机中，在仿真过程中可以看到，仿真开始时显示小数点"."，每按一个按键，7 段数码管就显示相应的按键值。例如，按下"3"号按键，7 段数码管就显示数字"3"。

5）使用实验板调试所编写的程序

将"任务 8.hex"程序下载到单片机中，给实验板上电后，将看到与仿真中一样的现象，并且按键的布局与仿真时也是一样的。

【任务评价】

本任务的评价表如表 3-8 所示，其中，职业素养、安全规范、搭建电路、程序设计、仿真调试共 100 分，增值加分为 10 分。

表 3-8　评价表

任务名称		用 1 位 7 段数码管显示 4×4 矩阵键盘按键值				
姓名			班级			
小组编号			小组成员			
实施地点			指导教师			
评价项目	评价内容		配分	自评	互评	师评
职业素养	有工作计划，有明确的分工		5			
	实施任务过程中有讨论，工作积极		5			
	遵守工作纪律（无迟到、旷课、早退情况）		5			
安全规范	能够做好设备维护、卫生打扫、保证周边环境整洁、安全		5			
	安全操作规范		5			
	资料填写规范		5			
	穿戴规范		5			
搭建电路	设计的电路图可行		10			
	绘制的电路图美观		5			
	电气元器件图形符号符合标准		5			
程序设计	程序设计合理		5			
	程序编译无报错		5			
	程序设计效率较高		5			

续表

评价项目	评价内容	配分	自评	互评	师评
仿真调试	生成 HEX 文件并加载到仿真电路中，仿真电路现象与任务要求一致	10			
	成功调试程序并下载到电路板上	10			
	接通电源，实验现象与任务要求一致	10			
增值加分	小组获评优秀	5			
	本人被评为今日之星	5			
总分					

【任务小结】

通过单片机控制扫描 4×4 矩阵键盘可以让学生了解矩阵键盘的设计方法，以及矩阵键盘的扫描原理，熟悉单片机处理矩阵键盘编程的具体方法。

【拓展训练】

（1）本任务采用的是低电平扫描键盘的方法，若要采用线反转法，则该如何编写程序呢？

（2）若采用 8×2 矩阵键盘，8 行接 P1 口，2 列分别接 P2.0 与 P2.1 引脚，则该如何编写程序呢？

（3）在本任务中，若采用组合键，即只有在先按下一个按键，再按下另一个按键时才执行功能程序，则该如何编写程序呢？

【课后练习】

一、判断题

1. 矩阵键盘结构能有效地提高单片机系统中 I/O 口的利用率。　　　（　　）
2. 当无按键被按下时，行线处于低电平状态；当有按键被按下时，行、列线将导通。　　　（　　）
3. 在按键数量较多时，矩阵键盘较之独立按键键盘要节省很多 I/O 口资源。
　　　（　　）
4. 在单片机中可以用一个 P 口实现 9 个按键功能。　　　（　　）
5. 低电平扫描是指将公共引脚 com 连接 GND，当没有任何按键被按下时，Y3～Y0 引脚能保持为高电平"1"。　　　（　　）

二、填空题

1. 处理矩阵键盘按键通常有两种方法：_____和_____。
2. 键盘扫描的方式有两种，即_____与_____，在实际应用中极少使用_____。

【精于工、匠于心、品于行】

张路明：追求卓越 永无止境

  张路明长期扎根在专业技术一线，从事无线通信射频电路设计工作，几十年如一日埋头钻研，聚焦军工通信核心关键技术研究、产品研制，先后突破了短波小型化射频信道的"机芯平台""高速跳频"软切换技术、"抗强干扰"同轴腔体滤波器、"超宽带大动态"低噪声放大技术等数十项关键技术，其中多项技术达到了世界领先水平，突破了国外在高性能短波侦收、小型化高性能抗干扰电台、超宽带短波通信系统等方面的技术封锁。他共参与研制了4代（模拟、数字、自适应、自动）短波、超短波通信系统数十种型号产品，支持我国在短波、超短波电台等军工通信装备方面紧跟世界领先水平，同步发展。

  他从1988年至今负责研制"100W短波自适应通信系统""xx战术短波跳频电台""舰艇遇险救生通信系统""125W 自适应电台""软件无线电网关"等多个项目。中国自主研发制造的战斗机歼-20是国防重器，意义重大且深远。他负责其中的"X20机载短波通信设备"项目，指导确定技术路线和技术方案。通过试飞验证，该技术方案基本解决了机载短波通信设备发射效率低的问题，较大地增加了有效通信距离，满足了飞机远距离覆盖的要求。

（来自川沙青少年活动服务平台公众号，2022 年 5 月 31 日）

项目四

外部中断的应用

任务 9　用外部中断 INT0 控制 8 只 LED 单灯左移

【任务要求】

仿真演示　　万能板演示　　双面 PCB 板演示

制作一个单片机系统电路板，要求在无外部中断信号输入时，8 只 LED 持续全灯闪烁；当有外部中断信号输入时，变为单灯左移状态，左移 3 圈后中断完毕，又回到原来的全灯闪烁状态。

【任务目标】

知识目标
- 了解中断的基本概念。
- 了解单片机的外部中断源 INT0。
- 理解与中断相关的寄存器 IE、TCON 的设置方法。
- 理解中断处理过程。
- 掌握单片机外部中断 INT0 的编程方法。

能力目标
- 能说出中断的基本概念。
- 能区分单片机的外部中断源 INT0。
- 会设置与中断相关的寄存器 IE、TCON。
- 能用单片机外部中断 INT0 进行编程。

素养目标
- 树立学生平等和谐的观念。
- 培养学生由浅入深的思维方式和反复推敲的习惯。

【相关知识】

1. 中断

在现实生活中经常会有中断的事情。例如，一名学生正在教室写作业，忽然接到快递员的电话，需要出去收一个快递，收到快递后回到原来的教室继续写作业。CPU 暂时中止其正在执行的程序，转而去执行请求中断的外部设备或事件的服务程序，处理完毕后返回执行原来中止的程序叫作中断。中断流程如图 4-1 所示。

为什么要设置中断呢？中断系统在单片机系统中有很重要的作用，能大大提高 CPU 的工作效率，利用中断可以实现以下功能。

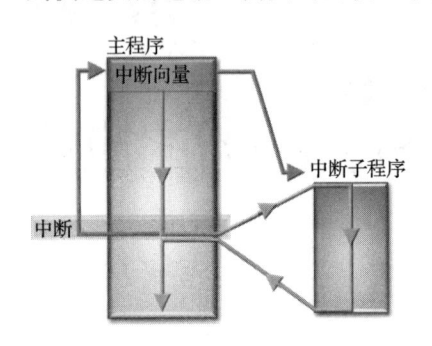

图 4-1 中断流程

（1）实时处理。在实时控制中，现场的各种参数、信息均随时间和现场而变化。这些外界变量可根据要求随时向 CPU 发出中断请求，请求 CPU 及时处理中断请求。如果满足中断条件，那么 CPU 会马上响应，进行相应的处理，从而实现实时处理。

（2）故障处理。针对难以预料的情况或故障，如掉电、存储出错、运算溢出等，可通过中断系统，由故障源向 CPU 发出中断请求，并由 CPU 转到相应的故障处理程序进行处理。

（3）分时操作。中断可以解决快速的 CPU 与慢速的外部设备之间的矛盾，使 CPU 和外部设备同时工作。CPU 在启动外部设备工作后继续执行主程序，同时外部设备也在工作。每当外部设备做完一件事就发出中断请求，请求 CPU 中断其正在执行的程序，转而去执行中断服务程序（一般情况是处理输入/输出数据），中断处理完之后，CPU 恢复执行主程序，外部设备也继续工作。这样，CPU 可启动多个外部设备同时工作，从而大大提高了 CPU 的工作效率。

2. MCS-51 中断系统

MCS-51 系列单片机中不同型号芯片的中断源数量是不同的，最基本的 8051 单片机有 5 个中断源，分别是外部中断 INT0、外部中断 INT1、定时器 T0、定时器 T1、串行中断 RX/TX（8052 单片机有 6 个中断源，除 8051 的 5 个中断源外，还包括定时/计数器 T2 的中断），如图 4-2 所示。

可以看出，所有的中断源都要产生相应的中断请求标志，它们分别放在特殊功能寄存器 TCON 和 SCON 的相关位。每个中断源的请求信号都需要经过中断允许 IE 和中断优先级选择 IP 的控制，只有这样，才能够得到单片机的响应。

单片机中断源主要有以下 3 类。

（1）外部中断：包括 INT0 与 INT1，CPU 通过 INT0 引脚（P3.2 复用引脚）和 INT1 引脚（P3.3 复用引脚）即可接收外部中断请求。外部中断请求信号可以是低电平触发、下降沿触发两种。

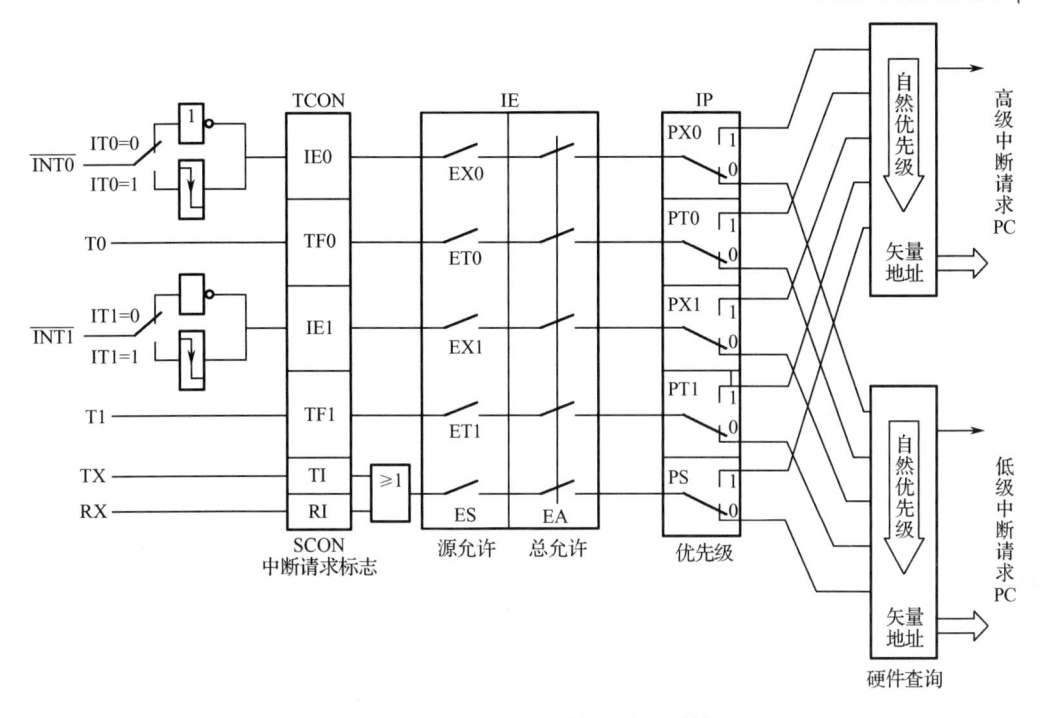

图 4-2 MCS-51 中断系统的内部结构

（2）定时/计数器中断：包括 T0 与 T1（8052 还有 T2）。若 T0/T1 作为定时器使用，则 CPU 将对单片机内部的时钟脉冲进行计数，属于单片机内部中断；若作为计数器使用，则 CPU 将计数外部脉冲，因而属于外部中断。外部脉冲是通过 T0 引脚（P3.4 复用引脚）和 T1 引脚（P3.5 复用引脚）输入的。关于定时/计数器，会在项目五中进行详细介绍。

（3）串口中断：包括 RX 或 TX，CPU 通过 RXD 引脚（P3.0 复用引脚）接收完数据，并通过 TXD 引脚（P3.1 复用引脚）发送完数据后，申请接收（RX）中断请求或发送（TX）中断请求。关于串口，会在项目六中进行详细介绍。

3．中断开关寄存器（IE）

MCS-51 单片机的中断开关分为两级：第一级为 1 个总开关，第二级为 5 个分开关（8052 单片机有 6 个分开关），由 IE（见图 4-3）控制。

例如，要打开外部中断 INT0，同时将其他所有中断关闭，可用如下语句实现：

```
IE=0x81;        //1000 0001，打开外部中断 INT0
```

其中，0x81 就是二进制序列 1000 0001，相当于把 IE 中的 EA 与 EX0 设置为 1，等同于如下语句的作用之和：

```
EA=1;           //打开中断总开关
EX0=1;          //打开中断 INT0 的开关
```

同理，若要同时打开中断 INT0、INT1，且把其他所有中断关闭，则其实现语句为：

```
IE=0x85;        //1000 0101，打开外部中断 INT0、INT1
```

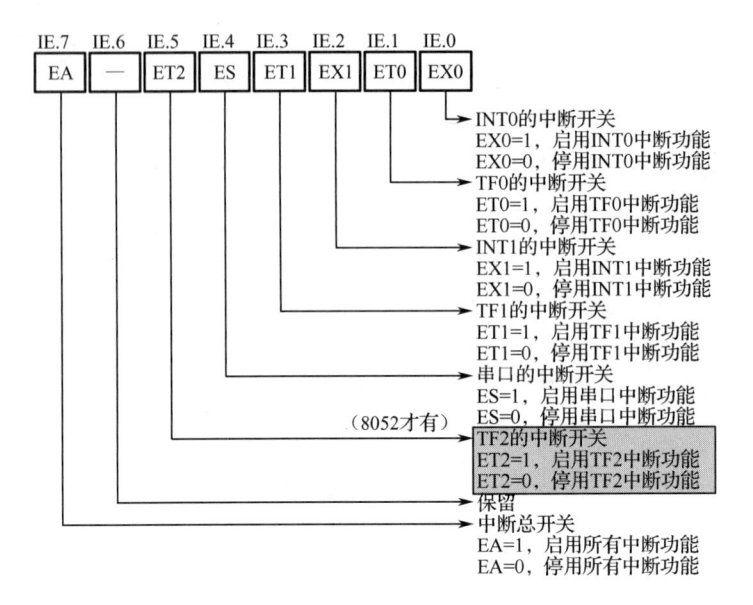

```
    IE.7 IE.6 IE.5 IE.4 IE.3 IE.2 IE.1 IE.0
     EA   —   ET2  ES  ET1  EX1  ET0  EX0
```

                                    → INT0的中断开关
                                      EX0=1，启用INT0中断功能
                                      EX0=0，停用INT0中断功能
                                 → TF0的中断开关
                                   ET0=1，启用TF0中断功能
                                   ET0=0，停用TF0中断功能
                              → INT1的中断开关
                                EX1=1，启用INT1中断功能
                                EX1=0，停用INT1中断功能
                           → TF1的中断开关
                             ET1=1，启用TF1中断功能
                             ET1=0，停用TF1中断功能
                        → 串口的中断开关
                          ES=1，启用串口中断功能
                          ES=0，停用串口中断功能
                 （8052才有）→ TF2的中断开关
                             ET2=1，启用TF2中断功能
                             ET2=0，停用TF2中断功能
              → 保留
           → 中断总开关
             EA=1，启用所有中断功能
             EA=0，停用所有中断功能

图 4-3 IE

4．定时/计数器控制寄存器（TCON）

TCON 是一个 8 位的可位寻址寄存器。在 TCON 中，部分设置与外部中断信号的采样方式有关，其中，IT0 与 IT1 分别为外部中断 INT0 和 INT1 的中断请求信号类型设置位。TCON 每一位的符号和详细功能说明如下：

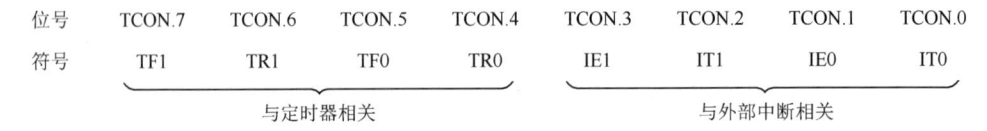

位号	TCON.7	TCON.6	TCON.5	TCON.4	TCON.3	TCON.2	TCON.1	TCON.0
符号	TF1	TR1	TF0	TR0	IE1	IT1	IE0	IT0
	与定时器相关				与外部中断相关			

- TF0（TF1）和 TR0（TR1）：与定时器相关，详见后续项目中的介绍。
- IE0（IE1）：外部中断请求标志位。

当 INT0（或 INT1）引脚出现有效的中断请求信号时，此位由单片机置 1；当进入中断服务程序后，由单片机自动清零。

- IT0（IT1）：外部中断触发方式控制位。

IT0（IT1）=1：设置为脉冲触发方式，下降沿触发有效。
IT0（IT1）=0：设置为电平触发方式，低电平有效。
例如，INT0 中断要采用下降沿触发的方式，可用如下语句实现：

```
TCON=0x01;          //0000 00001，设置 INT0 为下降沿触发
```

其中，0x01 就是二进制序列 0000 0001，相当于把 TCON 中的 IT0 设置为 1。
也可以用下面的语句实现，结果是一样的：

```
IT0=1;              //设置 INT0 为下降沿触发
```

5．中断子程序

中断子程序是一种特殊的子程序（函数）。中断子程序的具体格式如下：

```
void 中断子程序名称(void) interrupt 中断编号 using 寄存器组
{
    语句 1;
    语句 2;
    ……
}
```

- 由于中断子程序并不传递参数，也不返回值，所以在其左边标识"void"，在中断子程序名称右边的括号里也标识"void"。
- 中断子程序的名称只要是符合规定的字符串就可以，与普通子程序的命名规则相同。
- Keil C 语言提供 0~31 共 32 个中断编号，不过，8051 只使用 0~4，而 8052 则使用 0~5，具体编号及其入口地址如表 4-1 所示。例如，若要声明为 INT0 外部中断，则标识为"interrupt 0"；若要声明为 T0 定时/计数器中断，则标识为"interrupt 1"。
- "寄存器组"表示中断子程序中要采用哪个寄存器组，8051 内部有 4 组寄存器组，即 RB0~RB3。通常主程序使用 RB0 寄存器组，随着需要，在中断程序中需要使用其他寄存器组，以避免数据冲突。若不想指定寄存器组，则也可省略该项。使用 using 的目的是减少保护现场和恢复现场的时间，从而降低响应延时，不同优先级使用不同的寄存器组。

表 4-1 中断源的编号及入口地址

中 断 编 号	中断源名称	中断入口地址 （在程序存储器中的位置）
\	系统复位（Reset）	0x0000
0	第一个外部中断 INT0	0x0003
1	第一个定时/计数器中断 T0	0x000B
2	第二个外部中断 INT1	0x0013
3	第二个定时/计数器中断 T1	0x001B
4	串口中断 RI/TI	0x0023
5	第三个定时/计数器中断(8x52)TF2/EXF2	0x002B

例如，要定义一个 INT0 的中断子程序，其名称定义为"my_int0"，而在该中断子程序中使用 RB1 寄存器组，应定义为：

```
void    my_int0(void)    interrupt 0    using 1
{
语句 1;
语句 2;
……
}
```

花括号内可编写中断子程序的内容，编写中断子程序的内容与一般函数类似。

【任务实施】

1)准备元器件

元器件清单如表 4-2 所示。

表 4-2 元器件清单

序 号	种 类	标 号	参 数	序 号	种 类	标 号	参 数
1	电阻	R1~R8	220Ω×8	6	电容	C3	10μF
2	电阻	R9	10kΩ	7	单片机	U1	AT89C51
3	电阻	R10	10kΩ	8	发光二极管	D1~D8	LED，红
4	电容	C1	30pF	9	晶振	X1	12MHz
5	电容	C2	30pF	—	—	—	—

2)搭建硬件电路

本任务的仿真电路图如图 4-4 所示，与配套实验板对应的按键电路相同。该电路图可用于仿真和手工制作，前述任务已经将本任务的电路制作完毕，故本任务无须另外制作。

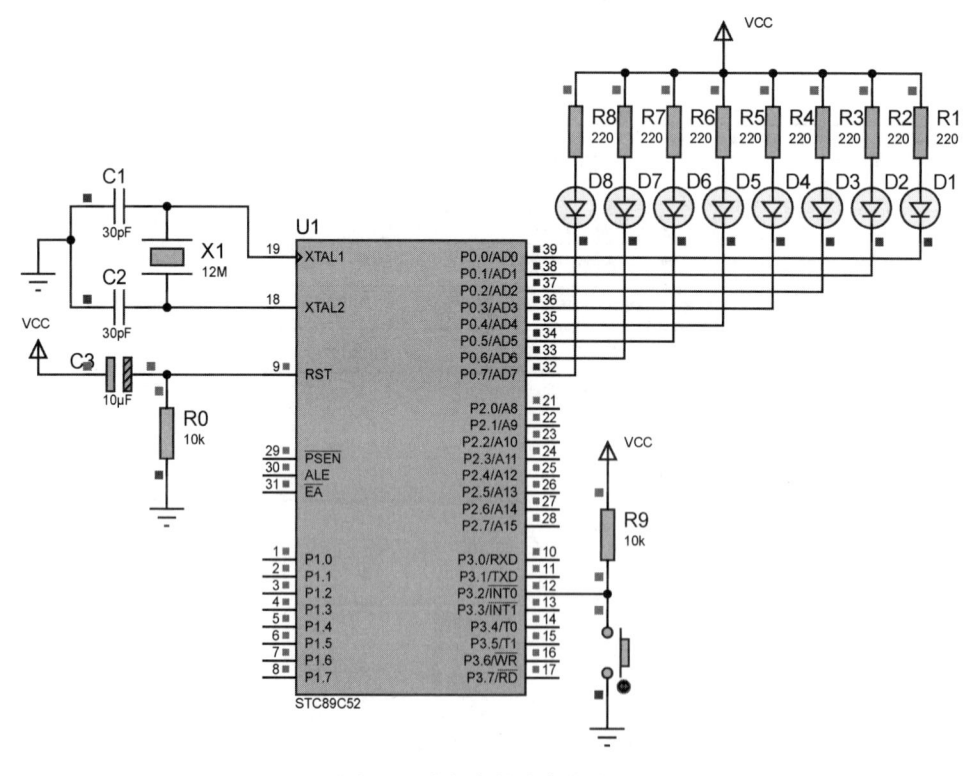

图 4-4 本任务的仿真电路图

3)程序设计

主程序正常执行时，P0 口所连接的 8 只 LED 将全灯闪烁。按一下 INT0 对应的按键，系统进入中断状态，P0 所连接的 8 只 LED 将变为单灯左移状态，左移 3 圈后，恢复中断前的状态，程序将继续执行 8 只 LED 全灯闪烁的功能程序。

根据功能要求与电路结构，先声明延时函数，然后依次定义主程序、中断子程序、单灯左移子程序与延时 1ms 子程序。

在主程序里，先设置中断初始化（对 IE、IP、TCON 进行设置），然后进行 8 灯亮、延时、8 灯灭、延时等持续动作。

在单灯左移子程序里，采用嵌套循环的方式，内循环进行单灯左移 8 次，即可将亮灯由最右侧移至最左侧；外循环 3 次，即可让单灯左移由最右侧移至最左侧，3 圈后返回主程序。

本任务的程序流程图如图 4-5 所示。

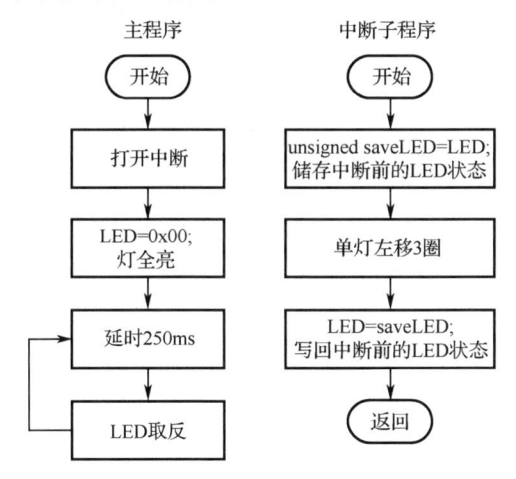

图 4-5 本任务的程序流程图

程序清单如下：

```
/** 任务 9  用外部中断 INT0 控制 8 只 LED 单灯左移 **/
//==声明区=================================
#include    <reg51.h>              //定义头文件
#define     LED P0                 //定义 LED 接至 P0 口
void delay1ms(int);                //声明延时函数
void left(int);                    //声明单灯左移函数
//==主程序=================================
main()                             //主程序开始
{   IE=0x81;                       //打开外部中断 INT0
    LED=0x00;                      //初值为 0000 0000，灯全亮
    while(1)                       //无穷循环
    {   delay1ms(250);             //延时 250ms
        LED=~LED;                  //LED 反相
    }                              //while 循环结束
}                                  //主程序结束
//==子程序=================================
/* INT0 的中断子程序-单灯左移 3 圈 */
void my_int0(void) interrupt 0     //INT0 中断子程序开始
```

```
{   unsigned saveLED=LED;        //储存中断前的 LED 状态
    left(3);                     //单灯左移 3 圈
    LED=saveLED;                 //写回中断前的 LED 状态
}                                //结束 INT0 中断子程序
/* 延时函数,延时约 x×1ms */
void delay1ms(int x)             //延时函数开始
{   int i,j;                     //声明整型变量 i 和 j
    for (i=0;i<x;i++)            //计数 x 次,延时 x×1ms
        for (j=0;j<120;j++);     //计数 120 次,延时 1ms
}                                //延时函数结束
/* 单灯左移函数,执行 x 圈 */
void left(int x)                 //单灯左移函数开始
{   int i, j;                    //声明整型变量 i 和 j
    for(i=0;i<x;i++)             //i 循环,执行 x 圈
    {   LED=0xfe;                //初始状态=1111 1110,最右侧灯亮
        for(j=0;j<7;j++)         //j 循环,左移 7 次
        {   delay1ms(250);       //延时 250×1ms=0.25s
            LED=(LED<<1)|0x01;   //左移 1 位后将 LSB 设为 1
        }                        //j 循环结束
        delay1ms(250);           //延时 250ms
    }                            //i 循环结束*/
}                                //单灯左移函数结束
```

写出程序后,在 Keil μVision2 中编译和生成 HEX 文件"任务 9.hex"。

4)使用 Proteus ISIS 仿真

将"任务 9.hex"加载到仿真电路图的单片机中,在仿真过程中可以看到,仿真开始时,8 只 LED 全灯闪烁,每按一下外部中断 INT0 所对应的按键(S17),8 只 LED 就变成单灯左移状态,左移 3 圈后又回到原来的全灯闪烁状态。

5)使用实验板调试所编写的程序

将"任务 9.hex"程序下载到单片机中,给实验板上电后,将看到与仿真中一样的现象。

【任务评价】

本任务的评价表如表 4-3 所示。其中,职业素养、安全规范、搭建电路、程序设计、仿真调试共 100 分,增值加分为 10 分。

表 4-3 评价表

任务名称	用外部中断 INT0 控制 8 个 LED 单灯左移		
姓名		班级	
小组编号		小组成员	
实施地点		指导教师	

续表

评价项目	评价内容	配分	自评	互评	师评
职业素养	有工作计划，有明确的分工	5			
	实施任务过程中有讨论，工作积极	5			
	遵守工作纪律（无迟到、旷课、早退情况）	5			
安全规范	能够做好设备维护、卫生打扫工作，保证周边环境整洁、安全	5			
	安全操作规范	5			
	资料填写规范	5			
	穿戴规范	5			
搭建电路	设计的电路图可行	10			
	绘制的电路图美观	5			
	电气元器件图形符号符合标准	5			
程序设计	程序设计合理	5			
	程序编译无报错	5			
	程序设计效率较高	5			
仿真调试	生成 HEX 文件并加载到仿真电路中，仿真电路现象与任务要求一致	10			
	成功调试程序并下载到电路板上	10			
	接通电源，实验现象与任务要求一致	10			
增值加分	小组获评优秀	5			
	本人被评为今日之星	5			
	总分				

【任务小结】

通过单片机外部中断INT0实验可以让学生掌握单片机中断系统的基本结构和使用原理，熟悉单片机中断程序编程的具体方法。

【拓展训练】

进行中断嵌套数显控制的训练。

1）训练目的

（1）学会数码管动态显示接口电路设计及其程序实现。

（2）理解并掌握中断嵌套的过程和使用方法。

（3）掌握单片机中断嵌套程序的分析与编写。

（4）学会单片机多级中断应用程序的分析与开发。

（5）进一步学会程序的调试与仿真方法。

2）训练任务

如图 4-6 所示，该电路为一个 STC89C51 单片机通过 P3.2、P3.3 引脚外扩两个按键接口，实现两个不同优先级的中断嵌套处理。当单片机刚开始上电运行时，没有按键被按下，数码管显示 00；当 K1 按键被按下后，触发外部中断 INT0 并处于中断 0 的循环中，数码管的值由 00 以一定的时间间隔依次增加至 99；当其值增加至 99 时退出中断 0，数码管重新恢复显示 00 的状态；当 K2 按键被按下后，触发高优先级的外部中断 1，使 P3.0 引脚所接 LED 以一定的时间间隔亮灭 10 次后退出中断 1，其具体的工作运行情况见随书电子资源中的仿真运行视频文件。

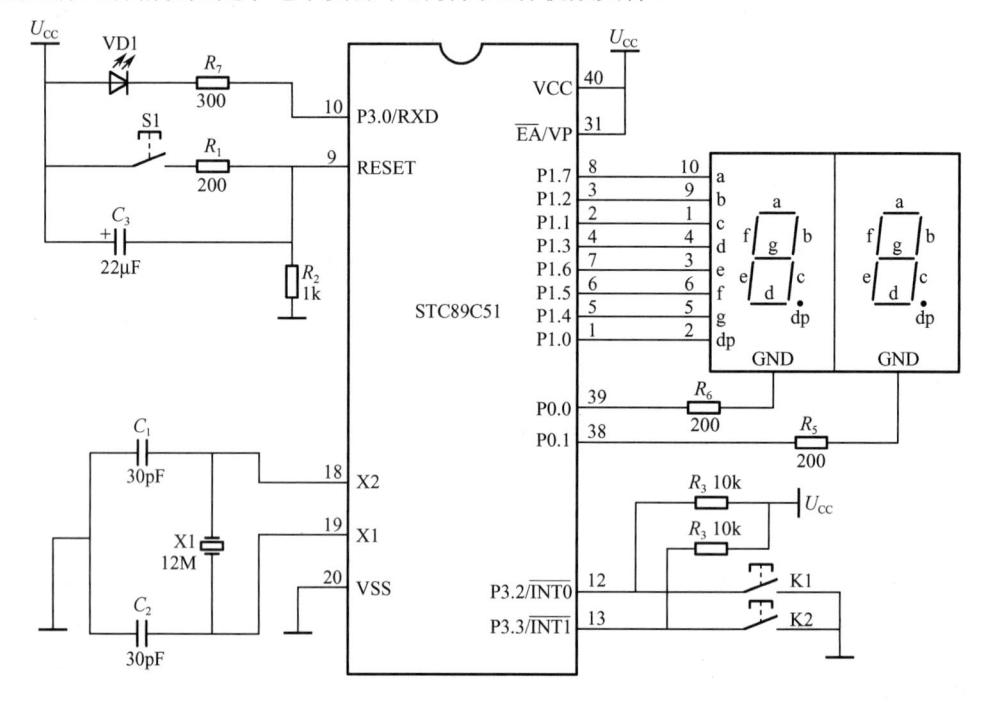

图 4-6 中断嵌套数显控制

3）训练要求

（1）进行单片机应用电路分析，并完成 Proteus ISIS 仿真电路图的绘制。
（2）根据任务要求进行单片机控制程序流程和程序设计思路分析，画出程序流程图。
（3）依据程序流程图在 Keil μVision2 中进行源程序的编写与编译。
（4）在 Proteus ISIS 中进行程序的调试与仿真，最终完成实现任务要求的程序。
（5）完成单片机应用系统实物装置的焊接制作，并下载程序实现正常运行。

【课后练习】

一、单选题

1. MCS-51 单片机中断系统有（　　）个中断源。
A．1　　　　　　B．2　　　　　　C．4　　　　　　D．5

2．IE=0X81 表示（　　）。
A．打开外部中断 INT0　　　　　　B．打开外部中断 INT1
C．关闭外部中断 INT0　　　　　　D．关闭外部中断 INT1
3．第一个定时/计数器中断 T0 的中断入口地址是（　　）。
A．0x0003　　B．0x000B　　C．0x0013　　D．0x001B

二、填空题

1．每个中断源的请求信号都需要经过中断允许_____和中断优先级选择_____的控制，只有这样，才能够得到单片机的响应。

2．外部中断请求信号可以是_____和_____两种。

三、简答题

1．什么叫中断？中断有什么特点？
2．51 单片机有哪几个中断源？如何设定它们的优先级？
3．外部中断有哪两种触发方式？对触发脉冲或电平有什么要求？如何选择和设定？
4．叙述 CPU 响应中断的过程。

四、编程题

1．用外部中断 INT1 实现与本任务相同的功能。
2．在本任务中，若希望中断时 8 只 LED 双灯右移 3 圈后返回主程序，则应如何更改程序呢？
3．在本任务的基础上增加一个 INT1，控制 P2.0 引脚，每中断一次，就让 P2.0 引脚取反一次，试在仿真电路中多加一只 LED，观察效果。

【精于工、匠于心、品于行】

周永和：巧手拼就世界最大"天眼"

40 多万块面板，逐一编号烂熟于心。脚踏实地，中国工匠为天文事业贡献卓越。

2011 年 3 月，中国超大射电望远镜建设项目在贵州省平塘县的喀斯特天坑里正式动工，它被简称为 FAST。FAST 工程的主体部分是一个口径为 500m 的球面反射镜，依托在巨大的索网结构上，总面积达到 $25×10^4 m^2$，相当于 30 个足球场的大小。

周永和是中船重工武昌船舶重工集团有限公司的起重工，有从业经历，曾参与过诸多国家重点工程，但面对这个世界级的大镜子，他也深感无从下手。FAST 的反射面板多达 40 多万块。周永和及其工友先把每 100 块小反射面板组装成规格不一的 4000 多块大反射面板，其中单块面板最大面积约 $120m^2$，最大质量超过 1000kg。反射面板的强度低、容易变形，而且由"小镜片"组合的曲面的形状并不整齐划一，把它们一个个起吊数十米高，并在空中运送数百米后下落安装，不能有任何磕碰、污损，反射面板相互之间的吻合误差不能超过 2mm，这简直是一个巨大的挑战。他们从圆规中得到启迪，决定以 FAST 大球面的中心为圆心，在离地面 50m 的高空中，用现代机械架起"半径型"的吊运系统，一个圆规式吊装体系就成型了。周永和精心研究安装图，每一块面板编号多少，在什么位置，尺寸大小，他闭上眼睛都能说出来。

2016年7月3日，FAST完成最后一块反射面板的吊装，历时11个月的主体工程正式完工。FAST属于国家九大科技基础设施之一，是世界射电天文科技领域的巅峰之作，中国射电天文将因为拥有这件"神器"而领跑世界。它能够以目前世界上最高的灵敏度开展从宇宙起源到星际物质结构的探寻，甚至还可能用于搜寻地外文明的通信信号，寻找外星人。

（来自央视网，2016年10月4日）

任务10 用两个外部中断控制7段数码管加/减计数

仿真演示　　万能板演示　　双面PCB板演示

【任务要求】

制作一个单片机系统电路板，要求同时使用两个外部中断INT0和INT1，初始时，7段数码管显示"-"。外部中断INT0控制7段数码管从0加到9，之后恢复原来的显示"-"；外部中断INT1控制7段数码管从9减到0，之后恢复原来的显示"-"。并且要求INT1的优先级比INT0高，即在INT0中断从0加到9的过程中，INT1可以打断，变为从9减到0的显示，之后恢复INT0被打断时的状态。

【任务目标】

知识目标
- 了解单片机的外部中断INT0、INT1。
- 理解中断优先级控制寄存器（IP）的设置方法。
- 掌握中断优先级和中断嵌套的使用方法。

能力目标
- 能区分单片机的外部中断INT0、INT1。
- 会设置中断优先级控制寄存器。
- 能区分中断优先级，会使用中断嵌套。

素养目标
- 培养学生认真务实的态度。
- 培养学生的规划组织能力和项目分析能力。

【相关知识】

1. 中断优先级

为什么要有中断优先级？这是因为CPU同一时间只能响应一个中断请求。如果同时来了两个或两个以上的中断请求，就必须有先后顺序。为此，将MCS-51单片机的5个中断源分成高、低两个级别（高级优先），由IP控制。

单片机应用系统通常都由好几个外部设备共同组成，这时就要人为地给它们分配一个重要程度指标，以决定哪些设备优先使用 CPU，确保整个系统的实时性能。不同单片机的中断优先级数不相同，MCS-51 单片机有两个优先级："0" 和 "1"，可通过 IP 进行设置，如图 4-7 所示。当将 IP 中的 IP.X（X 为 0~7）设置为 "1" 时，对应高级；当设置为 "0" 时，对应低级。具体的设置在初始化编程时由程序确定。CPU 先按级别高低选择响应中断请求，如果中断同级，就按自然优先级响应中断请求。高优先级（1 级）的中断可以打断低优先级（0 级）的中断，即可以嵌套。但是，同级中断不能嵌套，即自然优先级高的中断不能打断同级的自然优先级低的中断。

※※※注意：

IP 的各位与 IE 的各位是相对应的，图 4-7 把 IE 和 IP 放在了一起，方便学生对比。

IE.7	IE.6	IE.5	IE.4	IE.3	IE.2	IE.1	IE.0	
EA	—	ET2	ES	ET1	EX1	ET0	EX0	IE寄存器

IP.7	IP.6	IP.5	IP.4	IP.3	IP.2	IP.1	IP.0	
—	—	ET2	PS	PT1	PX1	PT0	PX0	IP寄存器

- INT0 的中断优先级
  - PX0=1，INT0 为高优先级
  - PX0=0，INT0 为低优先级
- TF0 的中断优先级
  - PT0=1，TF0 为高优先级
  - PT0=0，TF0 为低优先级
- INT1 的中断优先级
  - PX1=1，INT1 为高优先级
  - PX1=0，INT1 为低优先级
- TF1 的中断优先级
  - PT1=1，TF1 为高优先级
  - PT1=0，TF1 为低优先级
- 串口的中断优先级
  - PS=1，串口为高优先级
  - PS=0，串口为低优先级
- （8052才有）TF2 的中断优先级
  - PT2=1，TF2 为高优先级
  - PT2=0，TF2 为低优先级
- 保留
- 保留

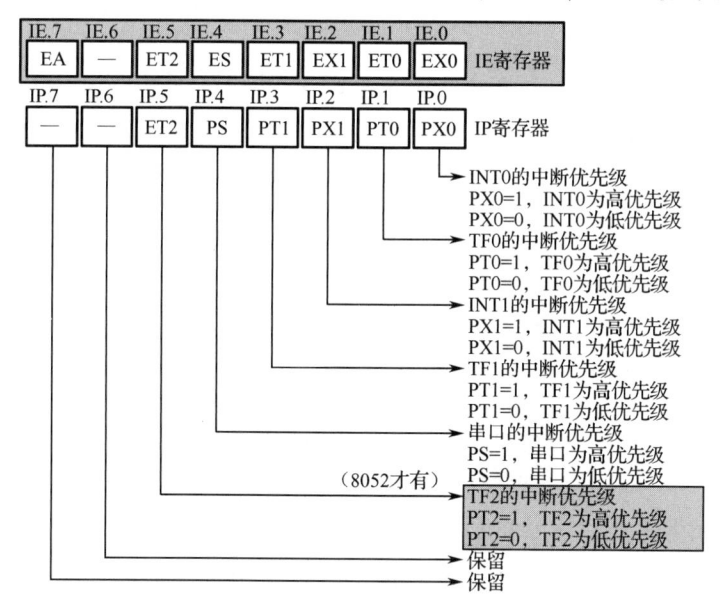

图 4-7 IP

例如，单片机系统使用了 INT0 和 INT1 中断，现在要求 INT1 比 INT0 的优先级高，可用如下语句实现：

```
IP=0x04;             //0000 0100，设置 INT1 为高优先级，其他中断为低优先级
```

其中，0x04 就是二进制序列 0000 0100，相当于把 IP 中的 PX1 设置为 1，等同于如下语句：

```
PX1=1;               //设置 INT1 为高优先级
```

若同一级（同为高级或同为低级）中的 5 个中断源同时向 CPU 发出中断请求，则它们的顺序又是怎样的呢？图 4-8 所示为中断的自然优先级，它们的顺序与在 IP 中的位置是相对应的，IP.0 为最高等级，IP.6 为最低等级。在实际应用中，很少能够用到自然优先级，因为两个中断请求信号完全同时向 CPU 发出中断请求的概率非常低。

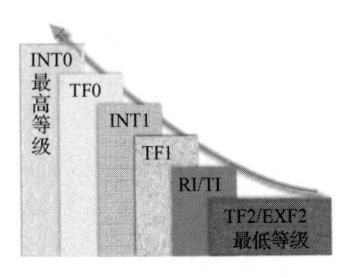

图 4-8 中断的自然优先级

中断优先原则可以概括为 4 句话：①低级不打断高级；②高级不理睬低级；③同级不能打断；④同级同时中断按自然优先级响应。

2．中断嵌套

中断嵌套是指中断系统正在执行一个中断服务程序时，有另一个优先级更高的中断发出中断请求，这时中断系统会暂时中止当前正在执行的级别较低的中断源的中断服务程序，转而处理级别更高的中断源的中断服务程序，待处理完毕，返回被中断了的中断服务程序处继续执行，这个过程就是中断嵌套。它其实就是更高一级的中断的"插队"，即处理器正在执行中断，又接受了更急的另一件"急件"，转而处理更高一级的中断的行为。

一个中断正在执行时，如果事先没有设置 IP，就不会发生任何嵌套。如图 4-9 所示，当中断子程序（一）的优先级高于中断子程序（二）的优先级或两者同级时，只有等先申请中断的中断子程序（一）执行完后才会响应后申请中断的中断子程序（二）。

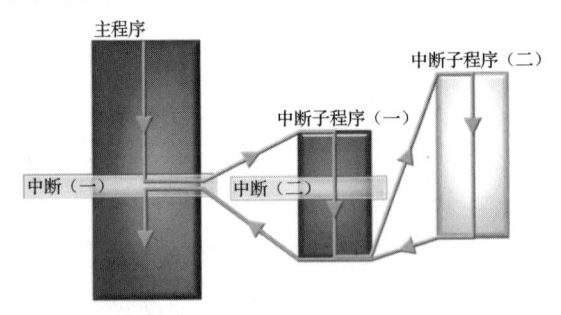

图 4-9　中断子程序（一）的优先级高于中断子程序（二）的优先级或两者同级时的执行流程

如果事先设置了 IP，那么当一个优先级更高的中断到来时，会发生中断嵌套。如图 4-10 所示，中断子程序（一）的优先级低于中断子程序（二）的优先级，即使是在先申请中断的中断子程序（一）的执行过程中，也会优先响应后申请中断的中断子程序（二），等中断子程序（二）执行完后，回到中断子程序（一），中断子程序（一）执行完后回到主程序。

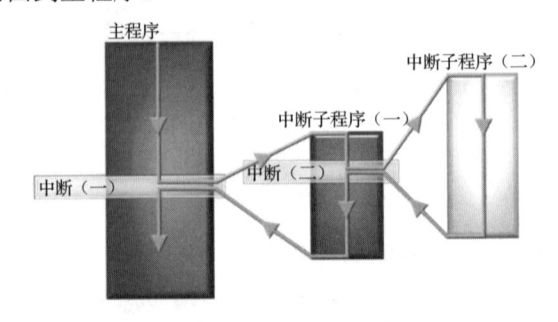

图 4-10　中断子程序（一）的优先级低于中断子程序（二）的优先级时的执行流程

※※※注意：

图 4-9 和图 4-10 中的中断优先级不是自然优先级，而特指由 IP 控制的高级、低级。

【任务实施】

1)准备元器件

元器件清单如表 4-4 所示。

表 4-4 元器件清单

序 号	种 类	标 号	参 数	序 号	种 类	标 号	参 数
1	电阻	R0	10kΩ	6	电容	C3	10μF
2	电阻	R2	10kΩ	7	单片机	U1	STC89C52
3	电阻	R3	10kΩ	8	排阻	RN1	220Ω×8
4	电容	C1	30pF	9	晶振	X1	12MHz
5	电容	C2	30pF	—	—	—	—

2)搭建硬件电路

本任务的仿真电路图如图 4-11 所示,该仿真电路与配套实验板对应的按键电路相同。该电路图可用于仿真和手工制作,前述任务已经将本任务的电路制作完毕,故本任务无须另外制作。

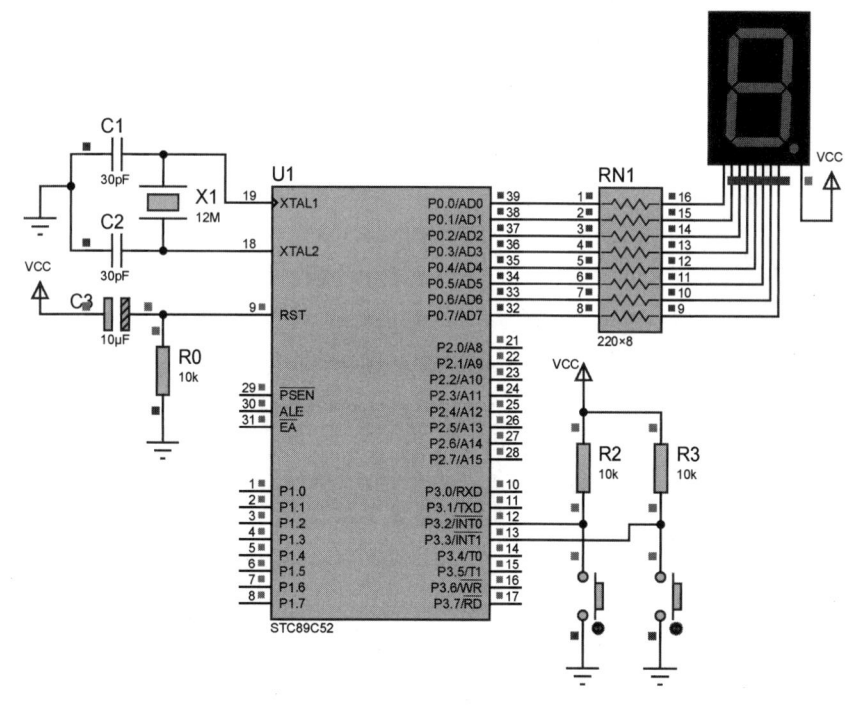

图 4-11 本任务的仿真电路图

3)程序设计

主程序在正常执行时,只需让 7 段数码管静态显示一个减号"-"即可,即只需在初始化时让 7 段数码管显示"-",其他不需要任何动作。

外部中断 INT0 控制 7 段数码管从 0 加到 9，用一个 for 循环，循环 10 次即可满足要求。同样，外部中断 INT1 控制 7 段数码管从 9 减到 0，也可以用 for 循环实现。

要求 INT1 的优先级比 INT0 高，只需给 IP 赋值 0000 0100，即十六进制数 0x04 即可。

要在中断之后恢复现场，还需要在执行中断动作前保存 P0 口原来的状态，这时需要一个中间变量 saveSEG7，这样就能实现从哪个数字打断就回到哪个数字了。

本任务的程序流程图如图 4-12 所示。

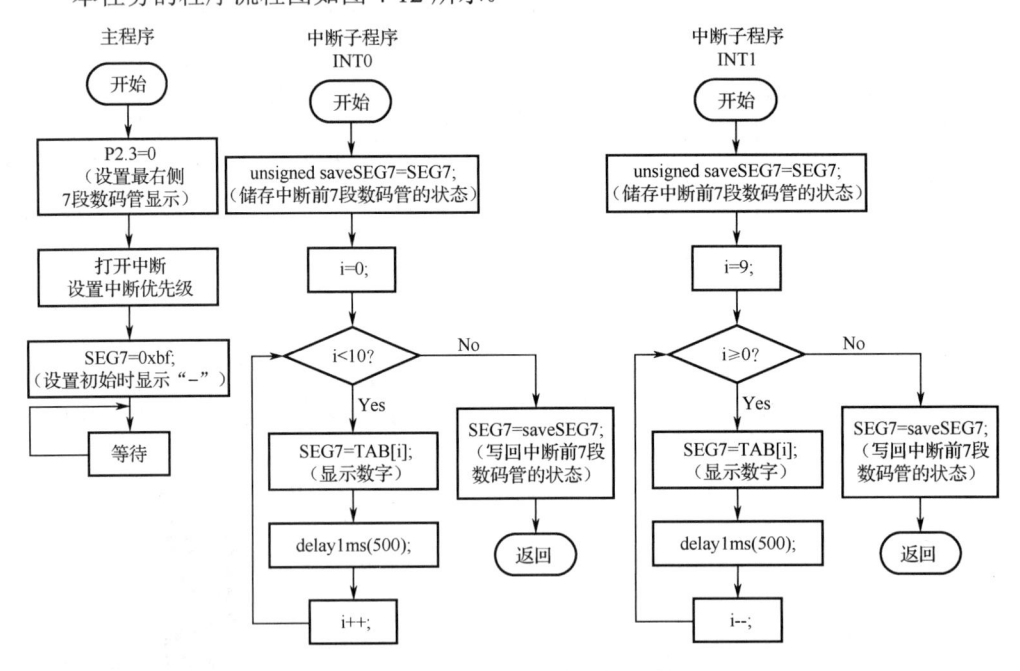

图 4-12 本任务的程序流程图

程序清单如下：

```
/**任务 10   用两个外部中断控制数码管加/减计数**/
#include <reg51.h>              //定义头文件
#define     SEG7 P0             //定义 7 段数码管接至 P0 口
char code TAB[10]={ 0xc0, 0xf9, 0xa4, 0xb0, 0x99,    //数字 0~4
                    0x92, 0x83, 0xf8, 0x80, 0x98};   //数字 5~9
void delay1ms(int);             //声明延时函数

main()                          //主程序开始
{
    P2=0xf7;                    //P2.3 引脚为 0，让最右侧的 7 段数码管显示
    IE=0x85;                    //打开外部中断 INT0 和 INT1
    IP=0x04;                    //设置 INT1 的优先级高于 INT0
    SEG7=0xbf;                  //初始时显示 "-"
    while(1);                   //无穷等待，主程序无任何动作
}                               //主程序结束
```

```c
// INT0 中断子程序-7 段数码管从 0 加到 9
void add_int0(void) interrupt 0        //INT0 中断子程序开始
    {   char i;
        unsigned saveSEG7=SEG7;        //储存中断前 7 段数码管的状态
        for(i=0;i<10;i++)              //显示 0~9，共循环 10 次
            {
                SEG7=TAB[i];           //显示数字，使用实验板需要改为"SEG7=~TAB[i];"
                delay1ms(500);         //延时 500ms
            }                          //for 循环结束
        SEG7=saveSEG7;                 //写回中断前 7 段数码管的状态
    }                                  //结束 INT0 中断子程序
// INT1 中断子程序-7 段数码管从 9 减到 0
void subb_int1(void) interrupt 2       //INT1 中断子程序开始
    {   char i;
        unsigned saveSEG7=SEG7;        //储存中断前 7 段数码管的状态
        for(i=9;i>=0;i--)              //显示 0~9，共循环 10 次
            {
                SEG7=TAB[i];           //显示数字，使用实验板需要改为"SEG7=~TAB[i];"
                delay1ms(500);         //延时 500ms
            }                          //for 循环结束
        SEG7=saveSEG7;                 //写回中断前 7 段数码管的状态
    }                                  //结束 INT1 中断子程序
// 延时函数，延时约 x×1ms
void delay1ms(int x)                   //延时函数开始
    {   int i,j;                       //声明整型变量 i 和 j
        for (i=0;i<x;i++)              //计数 x 次，延时约 x×1ms
            for (j=0;j<120;j++);       //计数 120 次，延时约 1ms
    }                                  //延时函数结束
```

写出程序后，在 Keil μVision2 中编译和生成 HEX 文件"任务 10.hex"。

4）使用 Proteus ISIS 仿真

将"任务 10.hex"加载到仿真电路图的单片机中，在仿真过程中可以看到，仿真开始时，7 段数码管显示"-"；任何时候按一下外部中断 INT0 的按键，7 段数码管就从 0 加到 9，之后恢复原来的显示"-"；任何时候按一下外部中断 INT1 的按键，7 段数码管就从 9 减到 0，之后恢复原来的显示"-"。中断服务程序显示从 0 加到 9 的过程可以被 INT1 打断，变成从 9 减到 0，之后恢复原来被打断的那个数字，直到加到 9 后显示"-"。

5）使用实验板调试所编写的程序

将程序文件"任务 10.hex"下载到单片机中，给实验板上电后，将看到与仿真中一样的现象。

【任务评价】

本任务的评价表如表 4-5 所示,其中,职业素养、安全规范、搭建电路、程序设计、仿真调试共 100 分,增值加分为 10 分。

表 4-5 评价表

任务名称		用两个外部中断控制数码管加减计数			
姓名			班级		
小组编号			小组成员		
实施地点			指导教师		
评价项目	评价内容	配分	自评	互评	师评
职业素养	有工作计划,有明确的分工	5			
	实施任务过程中有讨论,工作积极	5			
	遵守工作纪律(无迟到、旷课、早退情况)	5			
安全规范	能够做好设备维护、卫生打扫工作,保证周边环境整洁、安全	5			
	安全操作规范	5			
	资料填写规范	5			
	穿戴规范	5			
搭建电路	设计的电路图可行	10			
	绘制的电路图美观	5			
	电气元器件图形符号符合标准	5			
程序设计	程序设计合理	5			
	程序编译无报错	5			
	程序设计效率较高	5			
仿真调试	生成 HEX 文件并加载到仿真电路,仿真电路现象与任务要求一致	10			
	成功调试程序并下载到电路板上	10			
	接通电源,实验现象与任务要求一致	10			
增值加分	小组获评优秀	5			
	本人被评为今日之星	5			
总分					

【任务小结】

通过单片机的两个外部中断 INT0 和 INT1 的实验可以让学生掌握 IP 的设置方法,并加深对中断优先级和中断嵌套的理解。

【拓展训练】

（1）电路不改，把程序改成按一次变化 1 的效果，即一个按键实现加功能"从 0 依次增大到 9"，另一个实现减功能"从 9 依次减小到 0"，设定初始状态为"0"。

（2）在本任务中，若不用 7 段数码管显示，而用 8 只 LED 左移一圈和右移一圈来分别代替 7 段数码管的"从 0 加到 9"和"从 9 减到 0"，则应如何更改程序呢？

【课后练习】

一、单选题

1. 中断的自然优先级的最高等级是（　　）。
A．TF0　　　　B．INT1　　　　C．INT0　　　　D．TF1

2. 关于中断优先级，下面说法不正确的是（　　）。
A．低优先级可被高优先级中断
B．高优先级不能被低优先级中断
C．任何一种中断一旦得到响应，就不会再被它的同级中断
D．在自然优先级中，INT0 的优先级最高，任何时候它都可以中断其他 4 个中断源正在执行的服务

3. 在中断处理过程中，中断服务程序处理完成后回到主程序被打断的地方继续运行。主程序被打断的地方称为（　　）。
A．中断源　　　B．入口地址　　　C．中断矢量　　　D．断点

二、填空题

1. 51 单片机有两个优先级，即"0"和"1"，当设置为"1"时，对应_____；当设置为"0"时，对应_____。

2. 中断优先原则包括_____、_____、_____和同级同时中断按自然优先级响应。

【精于工、匠于心、品于行】

黄大年：心有大我，至诚报国

2009 年 4 月 22 日，在第四十个"世界地球日"到来时，我国"深部探测技术与实验研究"专项正式启动，叩响了"地球之门"。这是我国历史上实施规模最大的地球深部探测计划，是赶超世界科技先进水平的重大战略计划。

黄大年作为第九分项"深部探测关键仪器装备研制与实验"的首席科学家，以吉林大学为中心，组织全国优秀科研人员数百人，开启了地球深部探测关键仪器装备的攻关研究。

一人力量小，"千人"力量大，黄大年搞交叉，搞融合，在碰撞中寻求突破，在差异中做大增量。在黄大年的感召和努力下，王献昌、马芳武、崔军红等"千人"

纷纷来到吉林大学，他们在不同学部、不同领域相互交叉、融合。

  2016年6月28日，在北京青龙桥的中国地质科学院地球深部探测中心，黄大年作为首席科学家主持的"地球深部探测关键仪器装备项目"通过了评审验收。专家组一致认为，项目总体达到国际领先水平。这表明，航空移动平台探测技术装备项目用5年时间走完了西方发达国家20多年的路程。

  从"修身、齐家、治国、平天下"，到"天下兴亡，匹夫有责"，我国知识分子历来都有浓厚的家国情怀，有强烈的社会责任感。黄大年赓续了这种精神血脉，他以短暂而精彩的一生告诉我们，只有把个人前途命运与国家和民族的前途命运紧密相连，把个体奋斗融入实现中国梦的时代洪流中，才能超越自我、升华自我，写下俯仰无愧的人生篇章，成就利国利民的不平凡事业。

  有人说，黄大年精神化作了繁星，一颗星星不足以驱散黑暗，但是无数颗星星一定可以照亮夜空。

（来自《科技日报》，2021年6月17日）

项目五

定时/计数器中断的应用

任务 11　用定时器 T0 中断控制 LED 闪烁

【任务要求】

仿真演示　　双面 PCB 板演示

制作一个单片机系统电路板，要求用定时器 T0 中断来控制 LED 闪烁。

【任务目标】

知识目标
- 了解单片机定时/计数器的结构。
- 理解 TCON、定时/计数器工作方式寄存器（TMOD）的设置方法。
- 掌握单片机定时器的编程方法。

能力目标
- 能区分单片机定时/计数器的结构。
- 会设置 TCON、TMOD。
- 会用单片机定时器编程。

素养目标
- 培养学生主动探讨与研究的能力。
- 培养学生的规划组织与实践能力。

【相关知识】

1. 定时/计数器中断的概念

什么是计数？所谓计数，就是指对外部事件进行计数，外部事件的发生以输入脉冲的方式表示，因此计数功能的实质就是对外部脉冲进行计数，51 单片机有两个计数器 T0 和 T1（52 单片机还有 T2），P3.4 和 P3.5 引脚分别是这两个计数器的计数输入端。外部脉冲在负跳变时有效，计数器加 1。

什么是定时？定时是通过计数器的计数来实现的，不过此时的计数脉冲来自单片机内部的晶振，它的脉冲频率和周期恒定，因此计一定数量的脉冲的时间是确定的，故定时器的功能实质上是对单片机内部脉冲进行计数。

51 单片机内部共有两个 16 位可编程的定时/计数器，即 Timer0 和 Timer1（T0 和 T1）。它们既有定时功能又有计数功能，通过设置与它们相关的特殊功能寄存器可以选择启用定时功能或计数功能。需要注意的是，这个定时器系统是单片机内部一个独立的硬件部分，它与 CPU 和晶振通过内部某些控制线连接并相互作用，CPU 一旦设置开启定时功能，定时器便在晶振的作用下自动开始计时，当定时器的计数器计满后，会产生中断，即通知 CPU 该如何处理。定时/计数器的实质是加 1 计数器（16 位），由高 8 位和低 8 位两个寄存器组成。

定时/计数器的应用可以用中断的方式进行，当定时/计数器达到定时时间/计数设定值时出现中断，这时 CPU 暂停正在执行的程序 1，调入定时/计数器中断预先设定的另一个程序 2，执行完设定的程序 2 后返回执行暂停的程序 1。

2．TMOD

TMOD 用于确定定时/计数器的工作方式和功能，其符号和功能说明如下：

位号	TMOD.7	TMOD.6	TMOD.5	TMOD.4	TMOD.3	TMOD.2	TMOD.1	TMOD.0
符号	GATE	C/T	M1	M0	GATE	C/T	M1	M0

- GATE：门控位。

GATE=1：定时/计数器的运行受外部引脚输入电平的控制，即 INT0 控制 T0 运行，INT1 控制 T1 运行。

GATE=0：定时/计数器的运行不受外部引脚输入电平的控制。

- C/T：计数器模式和定时器模式选择位。

C/T=1：选择计数器模式，计数器对外部输入引脚 T0（P3.4）或 T1（P3.5）的外部脉冲进行计数。

C/T=0：选择定时器模式。

- M1、M0：工作方式选择位。

定时/计数器工作方式的设定如表 5-1 所示。

表 5-1 定时/计数器工作方式的设定

M1 M0	工 作 方 式	位　　数	计 数 范 围	功 能 说 明
0　0	mode 0	13 位	0～8191	—
0　1	mode 1	16 位	0～65535	—
1　0	mode 2	8 位	0～255	具有自动加载功能
1　1	mode 3	8 位	0～255	T0 分成两个 8 位计数器，T1 停止计数

下面对 4 种工作方式逐一进行说明。

1）mode 0

当 M1、M0 均为 0 时，定时/计数器工作于 mode 0 方式。此时，T0 是作为 13 位计数器进行计数的，计数器 T0 由 TH0 的全部 8 位和 TL0 的低 5 位构成；TL0 的高 3 位未用。图 5-1 所示为 mode 0 的逻辑功能框图。

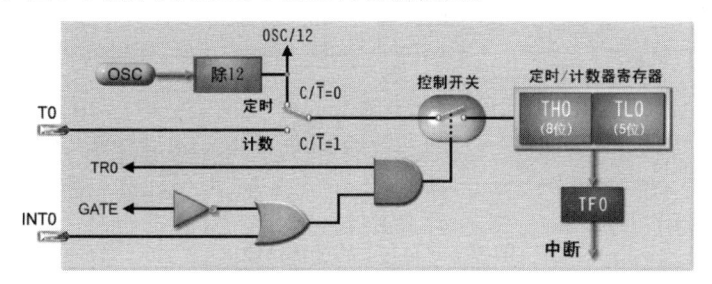

图 5-1　mode 0 的逻辑功能框图

mode 0 的最大计数为二进制序列 1 1111 1111 1111，即十进制数 8192。也就是说，它每次计数到 8192 就会产生溢出，置位 TF0。但是在实际应用中，经常有少于 8192 个计数值的需求。例如，在编写程序时，要求计数满 1200 溢出中断，在这种情况下，计数就不应该从 0 开始了，而是应该从一个固定数值开始，那么这个数值是多少呢？上面的例子要求计数满 1200 溢出中断一次，那么只要用 8192-1200=6992，将 6992 作为初值赋给计数器，当计数器从 6992 开始计数时，经过 1200 个计数脉冲后就到了 8192，即产生溢出。以下为 mode 0 定时时间的计算公式：

$$t=(8192-x)\times(12\div 晶振频率)$$

- t 为定时的时间，单位为 μs。
- x 为计数器的计数初值。
- 晶振频率的单位为 MHz。

下面用一个例子来理解这个公式，根据上面的分析，定时 2ms 应该如何计算呢？由于实验板的晶振频率为 12MHz，需要定时 2ms（2000μs），所以把参数代入公式得

$$2000=(8192-x)\times(12\div 12)$$

得 x=6192，将此值填入 13 位初值 TH0 和 TL0 中。需要注意的是，TL0 只用了低 5 位，高 3 位没有用到，填入 0。这时装入 TH0 和 TL0 的初值如下。

（1）TH0：6192 除以 2^5 的商 193，化成十六进制数为 0xC1。

（2）TL0：6192 除以 2^5 的余数 16，化成十六进制数为 0x10。

只要把这个初值赋给了定时器 T0，定时器就会每 2ms 溢出一次，将计数溢出标位置 1，触发中断。具体指令如下：

TH0=0xC1;	//设置 T0 定时器的初值高 8 位
TL0=0x10;	//设置 T0 定时器的初值低 5 位

※※※注意：

定时器的工作方式 mode 0 是没有自动重装功能的，为了使下一定时时间不变，需要每当定时器溢出后，马上赋初值给 TH0 和 TL0，否则定时器就会从 0 开始计数，这样就不准确了。

2）mode 1

当 M1、M0 分别为 0 和 1 时，定时/计数器工作于 mode 1 方式，其逻辑功能框图如图 5-2 所示。

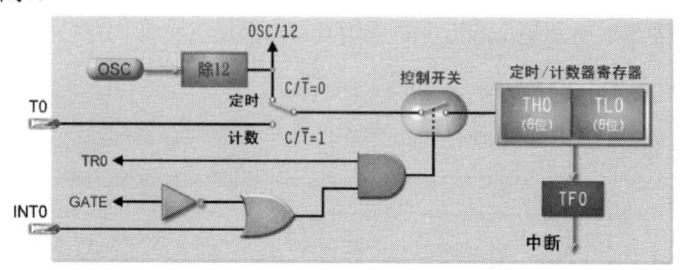

图 5-2　mode 1 的逻辑功能框图

mode 1 与 mode 0 的操作是完全相同的，只是在 mode 1 下，T0 是 16 位计数器；而在 mode 0 下，T0 是 13 位计数器。以下是 mode 1 定时时间的计算公式：

$$t=(65536-x)\times(12\div 晶振频率)$$

因此，它每次计数到 65536 就会产生溢出，置位 TF0。

例如，要定时 60ms（60000μs），给定时器赋初值的具体指令如下：

```
TH0=(65536-60000)/256;      //设置 T0 定时器的初值高 8 位
TL0=(65536-60000)%256;      //设置 T0 定时器的初值低 8 位
```

mode 1 与 mode 0 相比，对于计数范围，mode 1 比 mode 0 要大很多，而其他操作是完全一样的，因此 mode 1 完全可以取代 mode 0，现在很少有人用 mode 0。

3）mode 2

mode 0 与 mode 1 若用于循环计数，则在每次计数溢出时，都必须在程序中利用软件重装定时初值，否则就会使定时不正确。但是重装定时初值需要花费一定的时间，这样就会让定时时间有误差，如果用于一般定时，那么这是无关紧要的；但如果对定时要求非常严格，那么这样是不允许的。下面来介绍第 3 种定时工作方式——mode 2。图 5-3 所示为 mode 2 的逻辑功能框图。

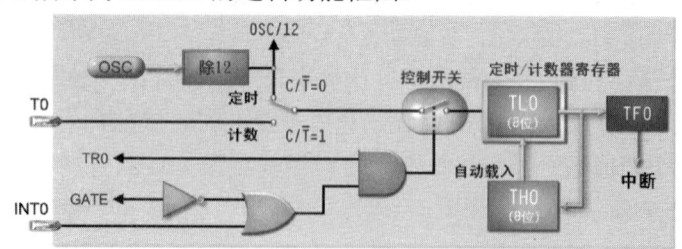

图 5-3　mode 2 的逻辑功能框图

由图 5-3 可以清楚地看到，mode 2 与前面介绍的两种定时器唯一不同的就是其低 8 位用作定时的计数，当计数溢出时，高 8 位就用作自动重装初值，赋值于低 8 位。因为它有了硬件重装功能，所以在每次计数溢出时，无须用户在程序中利用软件重装定时初值，这样不但省去了程序中的重装指令，而且有利于提高定时器的精度。因为 mode 2 只有 8 位数结构，所以其计数范围十分有限。以下是 mode 2 的定时时间的计算公式：

$$t=(256-x)\times(12\div 晶振频率)$$

例如，要定时 100μs，给定时器赋初值的具体指令如下：

```
TH0=256-100;        //设置 T0 定时器的初值
TL0=256-100;        //设置 T0 定时器的初值的自动加载值
```

4）mode 3

mode 3 的结构较为特殊，只能用于定时器 T0，如果强制用于定时器 T1，就等同于 TR1=0，即把定时器 T1 关闭。mode3 的逻辑功能框图如图 5-4 所示。

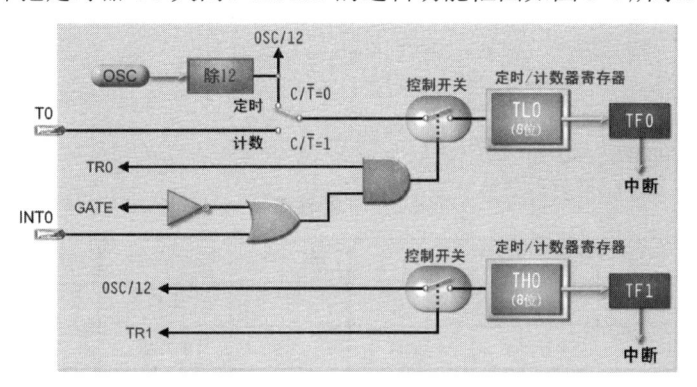

图 5-4 mode 3 的逻辑功能框图

从图 5-4 中可以清楚地看到，在 mode 3 工作方式下，T0 被拆分为两个独立的定时/计数器 TL0 与 TH0。上面是拆分出来的 8 位定时/计数器，其使用与前面介绍的几种工作方式是完全相同的。mode 3 的下面只能用作简单的定时器，而且由于定时/计数器 T0 的控制位已经被 TL0 占用，所以只好借用定时/计数器 T1 的控制位 TR1 和 TF1，即以计数溢出来置位 TF1，而定时的启动和停止则受 TR1 的控制。以下为 mode 3 的定时时间计算公式：

$$t=(256-x)\times(12\div 晶振频率)$$

3. TCON

TCON 属于控制寄存器，控制 T0 和 T1 的启动、停止及设置溢出标志，其每一位的符号和功能说明如下：

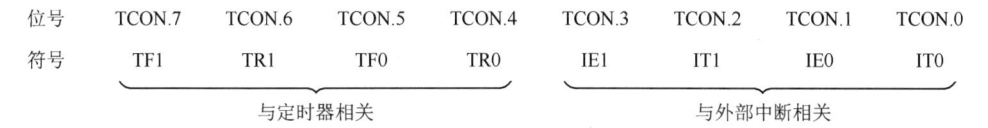

位号	TCON.7	TCON.6	TCON.5	TCON.4	TCON.3	TCON.2	TCON.1	TCON.0
符号	TF1	TR1	TF0	TR0	IE1	IT1	IE0	IT0
	与定时器相关				与外部中断相关			

● TF0（TF1）：内部定时/计数器 T0（定时/计数器 T1）的溢出中断标志位。

当片内定时/计数器 T0（定时/计数器 T1）计数溢出时，由单片机将 TF0（TF1）自动置 1；而当进入中断服务程序后，由单片机自动清零。

● TR0（TR1）：内部定时/计数器 T0（定时/计数器 T1）的启动位。

当 TR0（TR1）=1 时，启动 TR0（TR1）。

当 TR0（TR1）=0 时，关闭 TR0（TR1）。

● IE0（IE1）和 IT0（IT1）：与外部中断相关，在任务 9 中已经有详述，这里不再重复叙述。

定时/计数器的中断子程序与任务 9 中的介绍类似，中断子程序第一行的格式为：

void　中断子程序名称(void) interrupt　中断编号　using　寄存器组

其中，定时/计数器的中断编号与外部中断的中断编号不一样，T0 的中断编号为 1，T1 的中断编号为 3，T2 的中断编号为 5，可参考表 4-1。

例如，要定义一个 T1 的中断子程序，其名称为 Timer1，则该中断子程序应声明为：

void Timer1(void) interrupt 3

【任务实施】

1）准备元器件

元器件清单如表 5-2 所示。

表 5-2　元器件清单

序　号	种　类	标　号	参　数	序　号	种　类	标　号	参　数
1	电阻	R0	10kΩ	5	电容	C3	10μF
2	电阻	R1~R8	220Ω	6	单片机	U1	STC89C52
3	电容	C1	30pF	7	发光二极管	D1-D8	LED，红×8
4	电容	C2	30pF	8	晶振	X1	12MHz

2）搭建硬件电路

本任务的仿真电路图如图 5-5 所示，该仿真电路与配套实验板对应的按键电路相同。该电路图可用于仿真和手工制作，前述任务已经将本任务的电路制作完毕，故本任务无须另外制作。

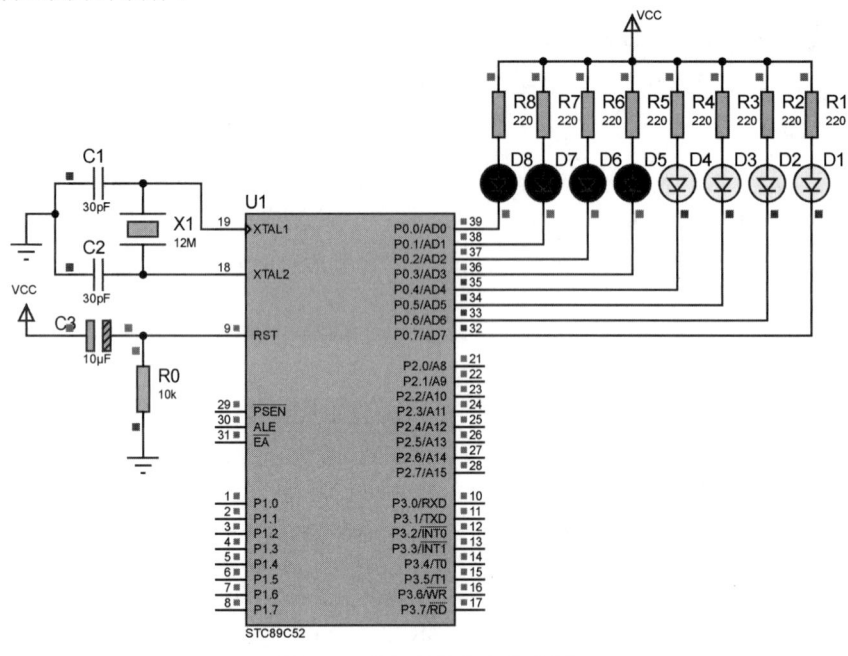

图 5-5　本任务的仿真电路图

项目五 定时/计数器中断的应用

3）程序设计

主程序只需完成定时器 T0 的初始化即可，完成初始化后就可原地等待，不需要任何其他的动作。初始化的动作为：先设定好 TCON、TMOD、IE，然后计算出定时初值并赋给 TH0 和 TL0。若需要定时 250ms，则可以分成单次定时 50ms，共定时 5 次即可实现，因此可计算出定时初值为 TH0=(65536−50000)/256，TL0=(65536−50000)%256。

在定时器中断子程序中，需要完成 LED 取反动作，同时为确保定时时间为 50ms，每次定时还需要重新设置定时初值。

本任务的程序流程图如图 5-6 所示。

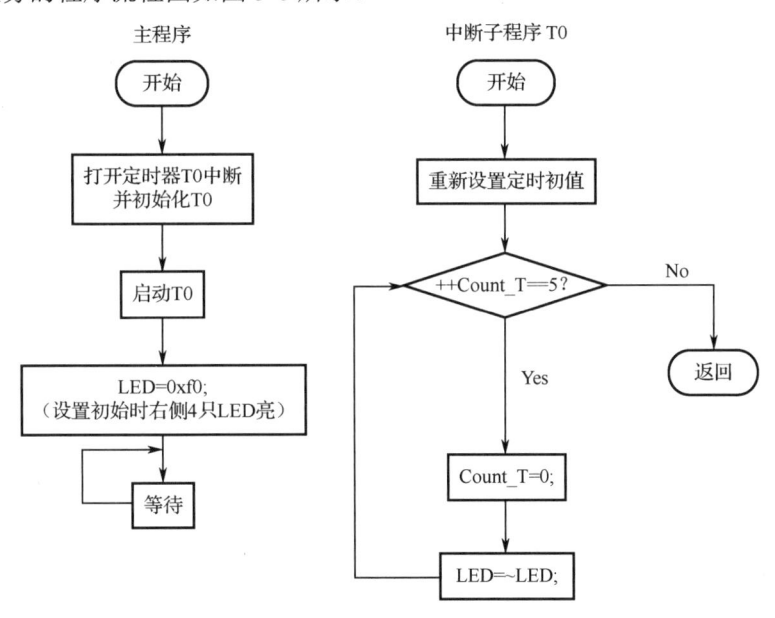

图 5-6 本任务的程序流程图

程序清单如下：

```
/** 任务 11  用定时器 T0 中断控制 LED 闪烁 **/
//==声明区====================================
#include <reg51.h>              //定义头文件
#define    LED  P0              //定义 LED 接至 P0 口
#define    count 50000          //T0（mode 1）的计量值，约 50ms
#define TH_M1 (65536-count)/256 //T0 定时/计数器的初值高 8 位，等效为 256 进制数的十位
#define TL_M1 (65536-count)%256 //T0 定时/计数器的初值低 8 位，等效为 256 进制数的个位
unsigned char   Count_T=0;      //声明 Count_T 变量，用于计算 T0 的中断次数
//==主程序=====================================
main()                          //主程序开始
{   IE=0x82;                    //启用 T0 定时/计数器
    TMOD=0x01;                  //设定 T0 定时/计数器为 mode 1 工作方式
    TH0=TH_M1;                  //设置 T0 定时/计数器的初值高 8 位
    TL0=TL_M1;                  //设置 T0 定时/计数器的初值低 8 位
    TR0=1;                      //启动 T0 定时/计数器
    LED=0xf0;                   //LED 初值=1111 0000，右侧 4 只 LED 亮
```

```
            while(1);                    //无穷循环,程序停滞
        }                                //主程序结束
//== T0 中断子程序-每中断 5 次,LED 反相 1 次 ================
void timer0(void) interrupt 1            //T0 中断子程序开始
    {   TH0=TH_M1; TL0=TL_M1;            //设置 T0 定时/计数器的高 8 位、低 8 位
        if (++Count_T==5)                //若 T0 已中断 5 次,即共定时了 5×50ms=250ms
        {   Count_T=0;                   //重新计数
            LED=~LED;                    //输出相反
        }                                //if 叙述结束
    }                                    //T0 中断子程序结束
```

写出程序后,在 Keil μVision2 中编译和生成 HEX 文件"任务 11.hex"。

4)使用 Proteus ISIS 仿真

将"任务 11.hex"加载到仿真电路图的单片机中,在仿真过程中可以看到 8 只 LED 在不断地全灯闪烁,闪烁的频率为 2Hz。

5)使用实验板调试所编写的程序

将"任务 11.hex"程序下载到单片机中,给实验板上电后,将看到与仿真中一样的现象。

【任务评价】

本任务的评价表如表 5-3 所示,其中,职业素养、安全规范、搭建电路、程序设计、仿真调试共 100 分,增值加分为 10 分。

表 5-3 评价表

任务名称		用定时器 T0 中断控制 LED 灯闪烁			
姓名			班级		
小组编号			小组成员		
实施地点			指导教师		
评价项目	评价内容	配分	自评	互评	师评
职业素养	有工作计划,有明确的分工	5			
	实施任务过程中有讨论,工作积极	5			
	遵守工作纪律(无迟到、旷课、早退情况)	5			
安全规范	能够做好设备维护、卫生打扫工作,保证周边环境整洁、安全	5			
	安全操作规范	5			
	资料填写规范	5			
	穿戴规范	5			
搭建电路	设计的电路图可行	10			
	绘制的电路图美观	5			
	电气元器件图形符号符合标准	5			

续表

评价项目	评价内容	配分	自评	互评	师评
程序设计	程序设计合理	5			
	程序编译无报错	5			
	程序设计效率较高	5			
仿真调试	生成 HEX 文件并加载到仿真电路中，仿真电路现象与任务要求一致	10			
	成功调试程序并下载到电路板上	10			
	接通电源，实验现象与任务要求一致	10			
增值加分	小组获评优秀	5			
	本人被评为今日之星	5			
总分					

【任务小结】

通过单片机定时器 T0 中断实验可以让学生加深对单片机中断系统的理解，掌握定时器的结构和原理，以及单片机定时器中断服务程序编程的具体方法。

【拓展训练】

（1）定时/计数器的定时功能和计数功能有什么不同？分别应用在什么场合？

（2）软件定时与硬件定时的原理有何异同？

（3）在本任务中，8 只 LED 全灯闪烁，若希望 8 只 LED 变为单灯左移状态，则应如何更改程序？

（4）使用定时器 T0，采用 mode 0 工作方式实现与本任务相同的功能。

【课后练习】

一、单选题

1. 8051 单片机内部有两个（　　）可编程定时/计数器。

A．32 位　　　　B．16 位　　　　C．8 位　　　　D．32 位

2. T0 的计数溢出标志位是（　　）。

A．TCON 中的 TF0　　　　　　B．TCON 中的 TF1
C．TCON 中的 TR0　　　　　　D．TCON 中的 TR1

3. 语句"TR1=1;"的作用是（　　）。

A．启动 TR1 计数　　　　　　B．启动 TR0 计数
C．停止 TR1 计数　　　　　　D．停止 TR0 计数

二、填空题

1. GATE=1，定时/计数器的运行受外部引脚输入电平的控制，即_____控制

T0 运行，_____控制 T1 运行。

2．mode 3 只能用于定时器 T0，T0 被分解成两个独立的计数器_____和_____。

三、判断题

1．定时器的功能实质上是对单片机内部脉冲的计数。　　　　　　（　　）

2．51 单片机内部共有两个 16 位可编程的定时/计数器。　　　　　（　　）

3．当 M1、M0 分别为 0 和 1 时，定时/计数器工作于 mode 2 方式。（　　）

【精于工、匠于心、品于行】

李凯军：用手工与科技赛跑

他是五尺钳台上的精细大师，他是荣获"中国十大国匠"称号的顶级匠人，他是填补了多项亚洲模具制造技术空白的技术先锋，他是在工作战线上奋战创新 30 年不止的全国劳模，他就在我们身边用手工与科技赛跑，他是一汽铸造有限公司产品技术部钳工班班长——李凯军。

作为一个优秀的工匠，李凯军有自己的原则："做好任何一项工作，第一是要有一个明确的目标，一个人生的信仰；第二要做到持之以恒，总结两个字就是'坚持'；第三是心无旁骛的专注；第四是精益求精的超越，只有不断地追求完美，超越自己，才能成为行业的佼佼者。"

有一次，他在加工大众汽车的检具时，当时厂里的数控设备陈旧，无法满足将误差控制在 0.02mm 以内的技术要求，李凯军经过一个多小时的手工修磨，终于将误差锁定在 0.01mm 以内，成功通过德方认证，拿下了项目。

李凯军曾将半个身子钻进高于 400℃高温的模具型腔内，忍着烫伤疼痛记录间隙数据。为了保持手的稳定性以把操作推向极致，李凯军已经坚持 20 年滴酒不沾。多年来，李凯军加工的模具以其完美的外形和过硬的质量赢得了国内外客户的信任，为企业争取了大批的模具订单，总产值超过 8000 多万元，并填补了多项国内制造技术的空白，新成果在生产实践中发挥了巨大作用，节约经济价值达 600 多万元。

李凯军工作室已经成为模具厂高技能人才的培训基地。李凯军认为传道授业不仅仅是传授高超的技艺，更要注重个人职业素养的提升。

一张朴实的面孔，一颗强烈的自尊心，一种执拗的捍卫技艺的姿态，这是李凯军向我们展示出的时代工匠的形象。也正是有了像李凯军这样的匠人，行业前进的脚步才不会停止，才总有曙光和希望。

（来自《吉林日报》，2021 年 8 月 26 日）

项目六

单片机串口应用

任务 12　通过串口发送一串字符至计算机

【任务要求】

仿真演示　　双面 PCB 板演示

制作一个单片机系统电路板，要求用单片机串口发送一串字符至计算机，通过计算机的串口助手实时显示收到的字符串。

【任务目标】

知识目标
- 了解串行通信的基本概念。
- 理解 AT89C51 的串口。
- 掌握计算机与单片机之间的串行通信。

能力目标
- 能够说出串行通信的基本概念。
- 能区分 AT89C51 的串口的工作方式。
- 实现计算机与单片机之间的串行通信。

素养目标
- 使学生养成由浅入深的思维方式和反复推敲的习惯。
- 树立学生热爱祖国和服务人民的理想信念。

【相关知识】

1. 串行通信的基本概念

单片机与外界的信息交换称为通信。通信的基本方式可分为并行通信和串行通信两种。所谓并行通信，就是指数据的各位同时在多根数据线上发送或接收，如图 6-1（a）所示。串行通信是指数据的各位在同一根数据线上依次逐位发送或接收，如图 6-1（b）所示。目前，串行通信在单片机双机、多机，以及单片机与计算机之间的通信等方面得到了广泛应用。

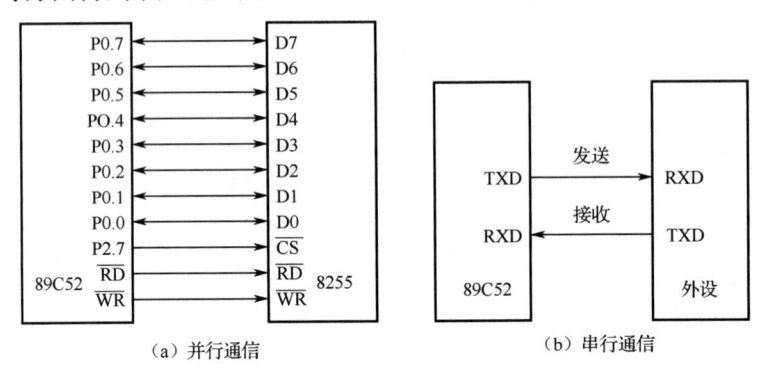

图 6-1 并行通信与串行通信

1）异步通信和同步通信

串行通信按同步方式可分为异步通信和同步通信两种。

同步通信（Synchronous Communication）是一种连续传送数据的通信方式，一次通信传送多个字符数据，称为一帧信息，数据传输速率较高，通常可达 56000bit/s 或更高。它的缺点是要求发送时钟和接收时钟保持严格同步。同步通信的数据帧格式如图 6-2 所示。

同步字符	数据字符1	数据字符2	…	数据字符$n-1$	数据字符n	校验字符	（校验字符）

图 6-2 同步通信的数据帧格式

而在异步通信（Asynchronous Communication）中，数据通常是以字符或字节为单位组成数据帧进行传送的。收、发端各有一套彼此独立、互不同步的通信机构，由于收/发数据的帧格式相同，因此可以相互识别收到的数据信息。异步通信的数据帧格式如图 6-3 所示。

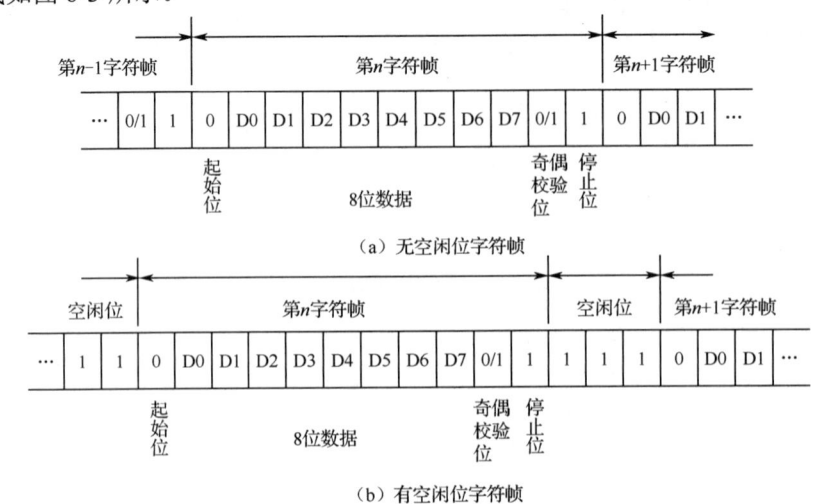

图 6-3 异步通信的数据帧格式

- 起始位：在没有数据传送时，通信线上处于逻辑"1"状态。当发送端要发送 1 个字符数据时，首先发送 1 个逻辑"0"信号，这个低电平便是帧格式的起始位，其作用是向接收端表示发送端开始发送一帧数据。接收端检测到这个低电平后，就准备接收数据。
- 数据位：在起始位之后，发送端发出（或接收端接收）的是数据位，数据的位数没有严格的限制，5~8 位均可，由低位到高位逐位传送。
- 奇偶校验位：数据位发送完（接收完）之后，可发送 1 位用来校验数据在传送过程中是否出错的奇偶校验位。奇偶校验是收发双方预先约定好的有限差错校验方式之一。有时也可不用奇偶校验。
- 停止位：字符帧格式的最后部分是停止位，逻辑"1"电平有效。它可占 1/2 位、1 位或 2 位。停止位表示传送一帧信息的结束，也为发送下一帧信息做好准备。

2）串行通信的波特率

波特率（Baud Rate）是串行通信中一个重要的概念，指传输数据的速率，也称比特率。波特率的定义是每秒传输二进制数码的位数。例如，波特率为 1200bit/s 是指每秒能传输 1200 位二进制数码。

波特率的倒数即每位数据的传输时间。例如，波特率为 1200bit/s，此时，每位数据的传输时间为

$$t_d = \frac{1}{1200}s \approx 0.833ms$$

波特率和字符传输速率不同，若采用如图 6-3 所示的数据帧格式，并且数据帧连续传送（无空闲位），则实际的字符传输速率为 1200/11=109.09（帧/秒）。波特率也不同于发送时钟和接收时钟频率。同步通信的波特率与时钟频率相等，而异步通信的波特率通常是可变的。

3）串行通信的制式

在串行通信中，数据是在两个站之间进行传送的，按照数据传送方向，串行通信可分为单工（Simplex）、半双工（Half Duplex）和全双工（Full Duplex）3 种制式，如图 6-4 所示。

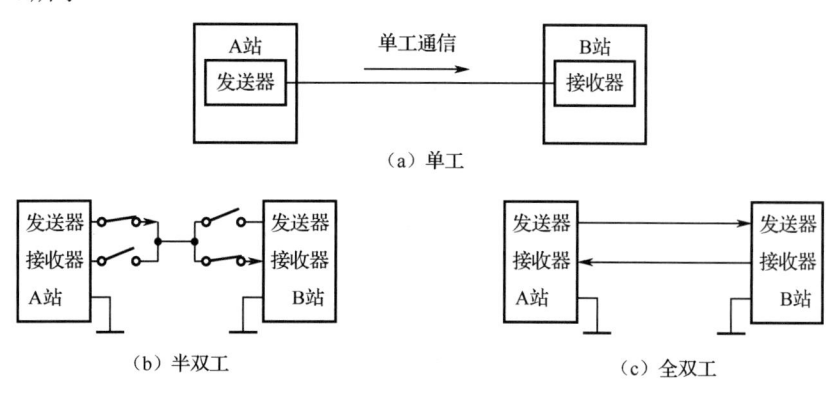

图 6-4 单工、半双工和全双工 3 种制式示意图

在单工制式下，通信线的一端接发送器，另一端接接收器，数据只能按照一个

固定的方向传送，如图 6-4（a）所示。

在半双工制式下，系统的每个通信设备都由一个发送器和一个接收器组成，如图 6-4（b）所示。在这种制式下，数据能从 A 站传送到 B 站，也可以从 B 站传送到 A 站，但是不能同时在两个方向上传送，即只能一端发送，一端接收，其收发开关一般是由软件控制的电子开关。

全双工通信系统的每端都有发送器和接收器，且可以同时发送和接收数据，即数据可以在两个方向上同时传送，如图 6-4（c）所示。

在实际应用中，尽管多数串口电路都具有全双工通信功能，但一般情况只工作于半双工制式下，因为这种用法简单、实用。

4）串行通信的校验

串行通信的目的不只是传送数据，更重要的是应确保准确无误地传送数据。因此，必须考虑在通信过程中对数据差错进行校验，因为差错校验是保证准确无误地传送数据的关键。常用差错校验方法有奇偶校验、累加和校验和循环冗余码校验等。

（1）奇偶校验：特点是按字符校验，即在发送的每个字符数据后都附加一位奇偶校验位（1 或 0），当设置为奇校验时，数据中 1 的个数与校验位 1 的个数之和应为奇数；反之则为偶校验。收发双方应具有一致的差错校验设置，当接收一帧字符时，对 1 的个数进行校验，若奇偶性（收发双方）一致，则说明传输正确。奇偶校验只能检测到那种影响奇偶位数的错误，比较低级且速度慢，一般只用在异步通信中。

（2）累加和校验：发送端将所发送的数据块求和，并将校验和附加到数据块末尾；接收端接收数据时也先对数据块进行求和，然后将所得结果与发送端的校验和进行比较，若两者相同，则表示传送正确；若不同，则表示传送出了差错。校验和的加法运算可用逻辑加，也可用算术加。累加和校验的缺点是无法校验出字节或位序错误。

（3）循环冗余码校验：基本原理是首先将一个数据块看作一个位数很长的二进制数，然后用一个特定的数来除它，将余数作为校验码附在数据块之后一起发送。接收端收到该数据块和校验码后，进行同样的运算来校验传送是否出错。目前，循环冗余码校验已广泛用于数据存储和数据通信，并在国际上形成规范，市面上已有不少现成的循环冗余码校验软件算法。

2．AT89C51 的串口

AT89C51 内部有一个可编程全双工串口。该部件不仅可以同时进行数据的发送和接收，还可以作为一个同步移位寄存器使用。图 6-5 所示为 51 单片机串口结构框图。下面对其内部结构、工作方式和波特率进行介绍。

1）串行数据缓冲器（SBUF）

SBUF 包括发送 SBUF 和接收 SBUF，以便能以全双工制式进行通信。此外，在接收 SBUF 之前还有输入移位寄存器，从而构成了串行接收的双缓冲结构，这样可以避免在数据接收过程中出现帧重叠错误。在发送数据时，由于 CPU 是主动的，不会发生帧重叠错误，因此发送电路不需要双缓冲结构。

在逻辑上，SBUF 只有一个，它既表示发送寄存器，又表示接收寄存器，具有同一个单元地址 99H；但在物理结构上则有两个完全独立的 SBUF，一个是发送 SBUF，另一个是接收 SBUF。如果 CPU 写 SBUF，那么数据会被送入发送 SBUF 准备发送；

如果 CPU 读 SBUF，那么读入的数据一定来自接收 SBUF。也就是说，CPU 对 SBUF 的读、写实际上是分别访问上述两个不同的 SBUF。

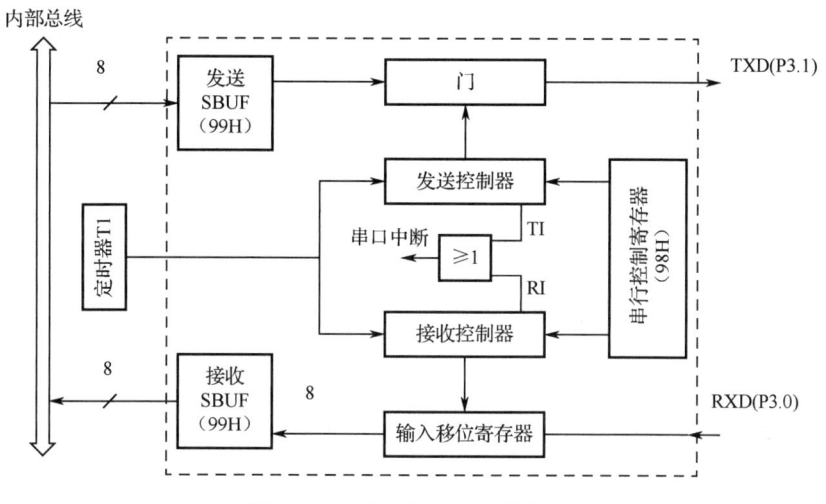

图 6-5　51 单片机串口结构框图

2）串行控制寄存器（SCON）

SCON 用于设置串口的工作方式、监视串口的工作状态、控制发送与接收的状态等。它是一个既可以字节寻址又可以位寻址的 8 位特殊功能寄存器，其格式如图 6-6 所示。

SCON位地址:	9FH	9EH	9DH	9CH	9BH	9AH	99H	98H
	SM0	SM1	SM2	REN	TB8	RB8	TI	RI

图 6-6　SCON 的格式

- SM0、SM1：串口工作方式选择位，其状态组合对应的工作方式如表 6-1 所示。

表 6-1　串口工作方式

SM0	SM1	工 作 方 式	功 能 说 明
0	0	mode 0	同步移位寄存器输入/输出，波特率固定为 $f_{osc}/12$（单位为 bit/s）
0	1	mode 1	10 位异步收发，波特率可变（T1 溢出率/n，n=32 或 16）
1	0	mode 2	11 位异步收发，波特率固定为（f_{osc}/n，n=64 或 32）
1	1	mode 3	11 位异步收发，波特率可变（T1 溢出率/n，n=32 或 16）

- SM2：多机通信控制器位。在工作方式 mode 0 下，SM2 必须为 "0"。在工作方式 mode 1 下，当处于接收状态时，若 SM2=1，则只有收到有效的停止位 "1" 时，RI 才能被激活成 "1"（产生中断请求）。在 mode 2 和 mode 3 工作方式下，若 SM2=0，则串口以单机发送或接收方式工作，TI 和 RI 以正常方式被激活并产生中断请求；若 SM2=1，RB8=1，则 RI 被激活并产生中断请求。
- REN：串行接收允许控制位。该位由软件置位或复位。当 REN=1 时，允许接收；当 REN=0 时，禁止接收。
- TB8：mode 2 和 mode 3 工作方式下要发送的第 9 位数据。该位由软件置位或复位。在多机通信中，以 TB8 的状态表示主机发送的是地址还是数据：TB8=1 表示主机发送的是地址，TB8=0 表示主机发送的是数据。TB8 还可用作奇偶校验位。

- RB8：接收数据的第 9 位。在 mode 2 和 mode 3 工作方式下，RB8 中存放收到的第 9 位数据。RB8 也可用作奇偶校验位。在工作方式 mode 1 下，若 SM2=0，则 RB8 是收到的停止位。在工作方式 mode 0 下，该位未用。
- TI：发送中断标志位。TI=1 表示一帧数据发送结束，可由软件查询 TI 的状态，也可以向 CPU 申请中断。
- RI：接收中断标志位。RI=1 表示一帧数据接收结束，可由软件查询 RI 的状态，也可以向 CPU 申请中断。

※※※注意：
- TI 和 RI 在任何工作方式下都必须由软件清零。
- 在 AT89C51 中，串行发送中断 TI 和接收中断 RI 的中断入口地址都是 0023H，因此，在中断服务程序中，必须由软件查询 TI 和 RI 的状态，只有这样，才能确定究竟是接收中断还是发送中断，进而做出相应的处理。
- 当单片机复位时，SCON 的所有位均清零。

3）电源控制寄存器（PCON）

PCON 是用于控制电源的专用寄存器，但是它的最高位 SMOD 与串行通信的波特率相关。PCON 的格式如图 6-7 所示。

PCON	D7	D6	D5	D4	D3	D2	D1	D0
位名称	SMOD	—	—	—	GF1	GF0	PD	IDL

图 6-7　PCON 的格式

其中，SMOD 是串口波特率倍增位。在工作方式 mode 1～mode 3 下，若 SMOD=1，则串口波特率提高为原来的 2 倍；若 SMOD=0，则串口波特率不变。当系统复位时，SMOD=0。

4）串口工作方式

（1）mode 0。在 mode 0 工作方式下，串口作为同步移位寄存器使用，接收和发送数据示意图如图 6-8 所示。此时，波特率为 $f_{osc}/12$，即一个机器周期发送或接收一位数据。它的主要用途是外接同步移位寄存器，以扩展并行 I/O 口。

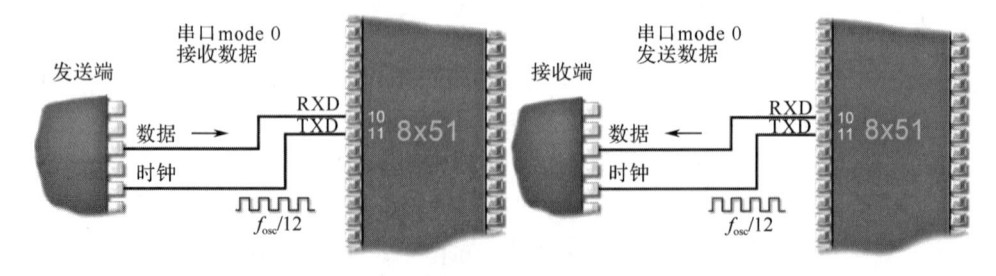

图 6-8　mode 0 工作方式下的接收和发送数据示意图

（2）mode 1。mode 1 是最常用的一种通信方式，它是一帧 10 位的异步串行通信方式，包括 1 个起始位（0），8 个数据位和 1 个停止位（1），其帧格式如图 6-9 所示。

起始位 0	D0	D1	D2	D3	D4	D5	D6	D7	停止位 1

图 6-9 mode 1 工作方式下的数据帧格式

① 发送数据。在发送数据前，先要将 TI 清零；然后只要将需要发送的数据赋给 SBUF 即可，硬件会自动加入起始位和停止位，构成一帧数据；最后由 TXD 端串行输出。发送完后，TXD 输出线维持在 "1" 状态下，并将 SCON 中的 TI 置 1，表示一帧数据发送完毕。

例如，要将 0xf7 通过串口发送出去，具体指令如下：

```
TI=0;
SBUF = 0xf7;
while(!TI);            //等待发送完毕，如果发送完毕，则硬件会置位 TI
TI=0;                  //TI 需要软件清零
```

② 接收数据。当 RI=0，且 REN=1 时，接收电路以波特率的 16 倍采样 RXD 引脚，如果出现由 "1" 到 "0" 的跳变，就认为有数据正在发送。在收到第 9 位数据（停止位）时，必须同时满足以下两个条件：RI=0 和 SM2=0 或收到的停止位为 "1"。只有这样，才可以把收到的数据存入 SBUF，停止位送 RB8，同时置位 RI。若上述条件不满足，则收到的数据不存入 SBUF 而被舍弃。

例如，要将从串口收到的一个数据放到变量 x 中，具体的指令如下：

```
if(RI == 1) x=SBUF;    //当硬件接收完一个数据时，硬件会置位 RI
RI = 0;                //RI 需要软件清零
```

③ 波特率。具体的计算公式如下：

$$\text{工作方式 mode 1 的波特率} = \frac{2^{\text{SMOD}}}{32} \times \text{T1 溢出率}$$

$$\text{T1 溢出率} = \frac{1}{\text{T1 定时时间}}$$

（3）mode 2 和 mode 3。由表 6-1 可知，工作方式 mode 2 和 mode 3 都是 11 位异步收发串行通信方式，其数据帧格式如图 6-10 所示。

起始位 0	D0	D1	D2	D3	D4	D5	D6	D7	TB8/RB8	停止位 1

图 6-10 工作方式 mode 2 和 mode 3 下的数据帧格式

在 mode 2 和 mode 3 工作方式下，可实现一台主机和多台从机之间的通信，其连接电路，即多机通信连接图如图 6-11 所示。

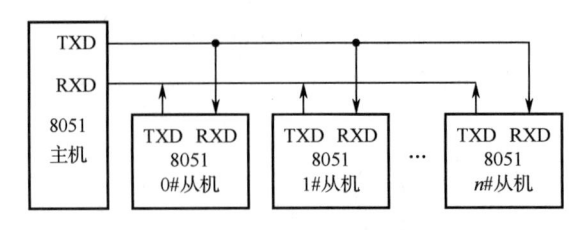

图 6-11 多机通信连接图

工作方式 mode 2 和 mode 3 的差异仅在于波特率不同：

$$\text{工作方式 mode 2 的波特率} = \frac{2^{\text{SMOD}}}{64} \times f_{\text{osc}}$$

$$\text{工作方式 mode 3 的波特率} = \frac{2^{\text{SMOD}}}{32} \times \text{T1溢出率}$$

式中，f_{osc} 为单片机系统的晶振频率。

工作方式 mode 3 和 mode 1 的波特率的计算方法完全一样。

对于波特率，需要说明的是，当串口工作在 mode 1 或 mode 3 方式下，且要求波特率按规范取 1200、2400、4800、9600……（单位为 bit/s）时，若采用晶振 12MHz 和 6MHz，则按上述公式算出的 T1 定时器的初值将不是一个整数，因此会产生波特率误差而影响串行通信的同步性能。解决的方法只有调整单片机的晶振频率 f_{osc}，使用频率为 11.0592MHz 的晶振，这样可使计算出的 T1 定时器的初值为整数。表 6-2 列出了工作方式 mode 1 或 mode 3 在不同晶振下的常用波特率和误差。

表 6-2 工作方式 mode 1 或 mode 3 在不同晶振下的常用波特率和误差

晶振频率/MHz	波特率/（bit/s）	SMOD	mode 1 或 mode 3 定时初值	实际波特率/（bit/s）	误差/%
12	9600	1	F9H	8923	7
	4800	0	F9H	4460	7
	2400	0	F3H	2404	0.16
	1200	0	E6H	1202	0.16
11.0592	19200	1	FDH	19200	0
	9600	0	FDH	9600	0
	4800	0	EAH	4800	0
	2400	0	F4H	2400	0
	1200	0	E8H	1200	0

3. 计算机与单片机之间的串行通信

近年来，在智能仪器仪表、数据采集、嵌入式自动控制等场合，应用单片机作为核心控制部件越来越普遍。但当需要处理较复杂的数据或要对多个采集的数据进行综合处理和集散控制时，单片机的算术运算和逻辑运算能力都显得不足，这时往往需要借助计算机。将单片机采集的数据通过串口传送给计算机，由计算机高级语言或数据库语言对数据进行处理，或者实现计算机对远端单片机进行控制。因此，实现单片机与计算机之间的远程通信具有实际意义。

单片机中的数据信号电平都是 TTL 电平，这种电平采用正逻辑标准，即约定高于 3.3V 表示逻辑 1，低于 0.5V 表示逻辑 0。这种信号只适用于通信距离很短的场合，若用于远距离传输，则必然会使信号衰减和畸变。因此，在实现计算机与单片机或单片机与单片机之间的远距离通信时，通常采用标准串行总线通信接口，如 RS-232C、RS-422、RS-423、RS-485 等。其中，RS-232C 原本是美国电子工业协会（Electronic Industries Association，EIA）的推荐标准，现已在全世界范围内广泛采用。RS-232C 是在异步串行通信中应用最广的总线标准，适用于短距离或带调制解调器的通信场合。

1）RS-232C 接口标准

由于 RS-232C 并未定义连接器的物理特性，因此出现了 25 针、15 针和 9 针各种类型的连接器，其引脚的定义也各不相同。其中，9 针连接器在单片机中是最常用的。图 6-12（a）所示为 9 针 RS-232 串口通信线实物图，图 6-12（b）所示为其各引脚的定义。

（a）实物图　　　　　　　　　　　　　　（b）各引脚的定义

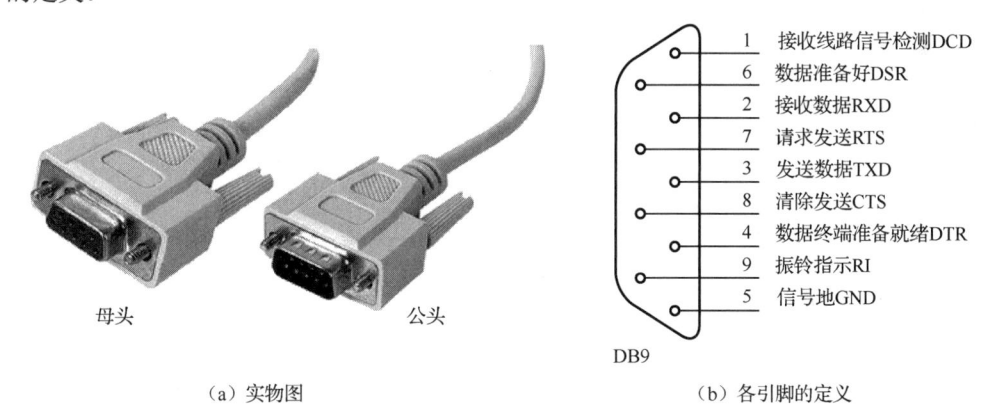

图 6-12　9 针 RS-232 串口通信线

除信号定义外，RS-232C 标准还规定了它是一种电压型总线标准，采用负逻辑标准：+3～+25V 表示逻辑 0，-25～-3V 表示逻辑 1。

2）RS-232C 接口电路

由于 RS-232C 信号电平与单片机信号电平（TTL）不一致，因此必须进行信号电平转换。实现这种电平转换的电路称为 RS-232C 接口电路。实现电平转换一般有两种方式：一种是采用运算放大器、三极管、光电隔离器等元器件组成的电路来实现；另一种是采用专门集成芯片（如 MC1488、MC1489、MAX232 等）来实现。下面介绍由专门集成芯片 MAX232 构成的 RS-232C 接口电路。

MAX232 芯片是 MAXIM 公司生产的具有两路接收器和驱动器的 IC 芯片，其内部有一个电源电压变换器，可以将输入+5V 的电压变换成 RS-232C 输出电平所需的±12V 电压。于是，采用这种芯片来实现 RS-232C 接口电路特别方便，只需单一的+5V 电源即可。

MAX232 芯片的引脚结构如图 6-13 所示。其中，引脚 1～6 用于电源电压变换，只要在外部接

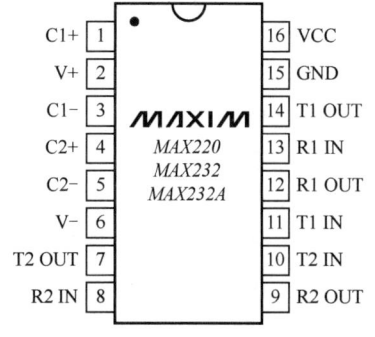

图 6-13　MAX232 芯片的引脚结构

入相应的电解电容即可；引脚 7~10 和引脚 11~14 构成两组 TTL 电平与 RS-232 电平转换电路，对应引脚可直接与单片机串口的 TTL 电平引脚和计算机的 RS-232 电平引脚相连。

用 MAX232 芯片实现计算机与 AT89C51 单片机之间的串行通信的典型电路如图 6-14 所示。其中，外接电解电容 C1~C4 用于电源电压变换，可提高抗干扰能力，它们可取相同容量，一般取 1.0μF/16V；C5 的作用是对+5V 电源的噪声干扰进行滤波，一般取 0.1μF。选用两组中的任意一组电平转换电路实现串行通信。例如，在图 6-14 中，选用 T2 IN、R2 OUT 引脚分别与 AT89C51 的 P3.1（TXD）和 P3.0（RXD）引脚相连，T2 OUT、R2 IN 引脚分别与计算机中的 RS-232C 接口的 2 脚（RXD）和 3 脚（TXD）相连。这种发送与接收的对应关系不能接错，否则电路将不能正常工作。

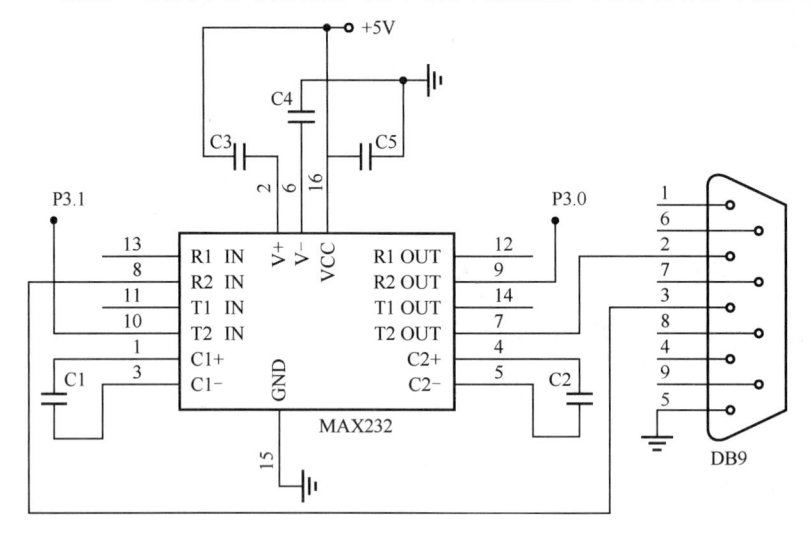

图 6-14 用 MAX232 芯片实现计算机与 STC89C52 单片机之间的串行通信的典型电路

※※※注意：
强烈建议不要带电插拔串口，插拔时至少有一端是断电的，否则串口易损坏。

3）串口调试助手的使用

串口调试助手是串口调试相关工具，在进行串口调试的过程中非常实用。它的版本非常多，如 STC-ISP 程序下载软件就自带了串口调试助手。一般串口调试助手支持 9600、19200（单位为 bit/s）等常用波特率及自定义波特率，可以自动识别串口，可以设置校验位、数据位和停止位，可以以 ASCII 码或十六进制码接收或发送任何数据或字符，可以任意设定自动发送周期，可以将接收数据保存为文本文件，可以发送任意大小的文本文件。在硬件连接方面，传统台式计算机支持标准 RS-232 接口，但是带有串口的笔记本电脑很少见，因此需要 USB/RS-232 转换接口，并且要安装相应的驱动程序。

※※※注意：
在进行串口调试时，准备一个好用的调试工具（如串口调试助手）可以获得事半功倍的效果。同时，线路焊接要牢固，以免因接线问题而误事。

（1）调试串口硬件准备。最为简单且常用的调试串口的电路接法是三线制接法，即地、接收数据和发送数据 3 个引脚相连。图 6-15 是两块单片机板之间通过三线制接法连接的实物图。

图 6-15　两块单片机板之间通过三线制接法连接的实物图

（2）打开串口调试助手。图 6-16 所示为 STC-ISP 程序下载软件自带的串口调试助手界面。

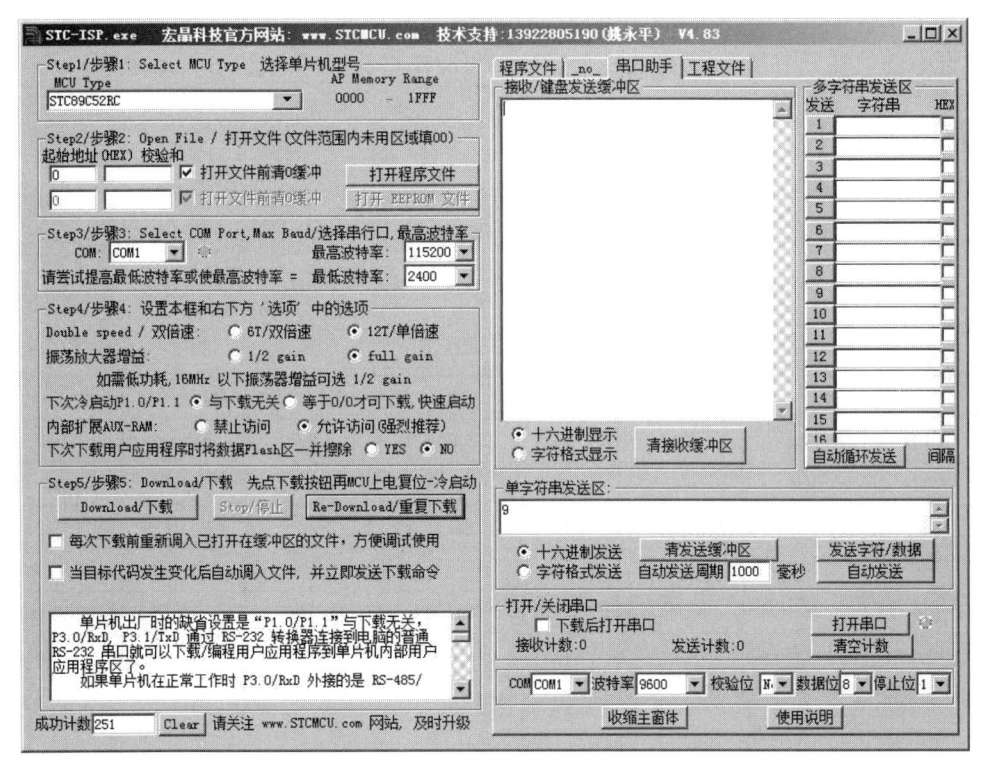

图 6-16　STC-ISP 程序下载软件自带的串口调试助手界面

（3）设置串口参数。十六进制格式和字符格式的切换：串口助手可以发送单字符串、多字符串，有两种发送数据格式，一种是普通的字符串；另外一种是十六进制数据，即 HEX 格式数据。在发送 HEX 格式数据时，要在字符串输入区输入 HEX 格式字符串，并且要将相应区内的"十六进制发送"单选按钮选中。若用字符格式显示，则选中"字符格式显示"单选按钮。

多字符串（字符串序列）发送区：在多字符串发送区可以发送一个字符串，或者自动地依次发送所有的字符串。把鼠标指针移到接收/键盘发送缓冲区和多字符串发送区之间，当鼠标指针形状发生变化时，按住鼠标左键并移动，将多字符串发送区的宽度调宽一些，让"间隔时间"一列显露出来，即可以设置间隔时间。

自动发送和自动发送周期：每隔一段时间反复地自动发送单字符串发送区输入框中的数据，单击"自动发送"按钮后即启动自动发送功能。自动发送周期最长为65535ms。

串口号：根据实际的串口选择，可选范围为COM1～COM16。

波特率：可选范围为2400～115200（单位为bit/s），通常选用9600bit/s，同时需要设计计算机外的另一端的波特率为9600bit/s。

校验位：有3个可选项，分别为"Even""Odd""None"，通常选择"None"选项。

数据位：通常选择"8"选项。

停止位：通常选择"1"选项。

（4）打开/关闭串口。下载后打开串口：选中该复选框后，每次下载后都会自动打开串口调试助手指定的串口，接收应用程序发送的数据。单击"打开/关闭串口"选区中的"打开串口""关闭串口"按钮，可将串口打开或关闭。

【任务实施】

1）准备元器件

元器件清单如表6-3所示。

表6-3 元器件清单

序号	种类	标号	参数	序号	种类	标号	参数
1	电阻	R1	10kΩ	8	电容	C6、C7	22pF
2	电容	C1	1μF	9	电容	C8	10μF
3	电容	C2	1μF	10	单片机	U1	STC89C52
4	电容	C3	1μF	11	芯片	U2	MAX232
5	电容	C4	1μF	12	串口接头	P1	COMPIM
6	电容	C5	1μF	13	晶振	X1	12MHz

2）搭建硬件电路

本任务的仿真电路图如图6-17所示，该仿真电路与配套实验板对应的按键电路相同。该电路图可用于仿真和手工制作，前述任务已经将本任务的电路制作完毕，故本任务无须另外制作。图6-18所示为配套实验板的串口通信电路原理图。

项目六
单片机串口应用

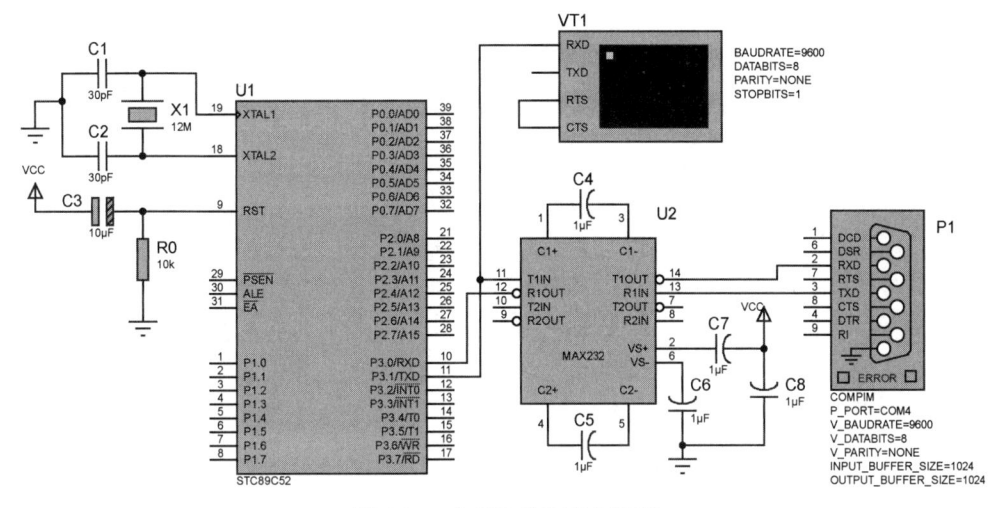

图 6-17　本任务的仿真电路图

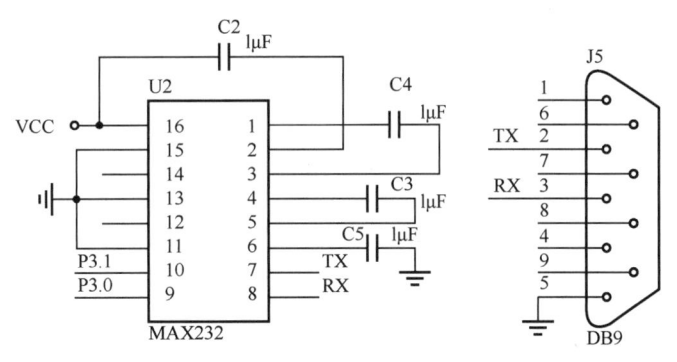

图 6-18　配套实验板的串口通信电路原理图

3）程序设计

本任务程序流程图如图 6-19 所示。

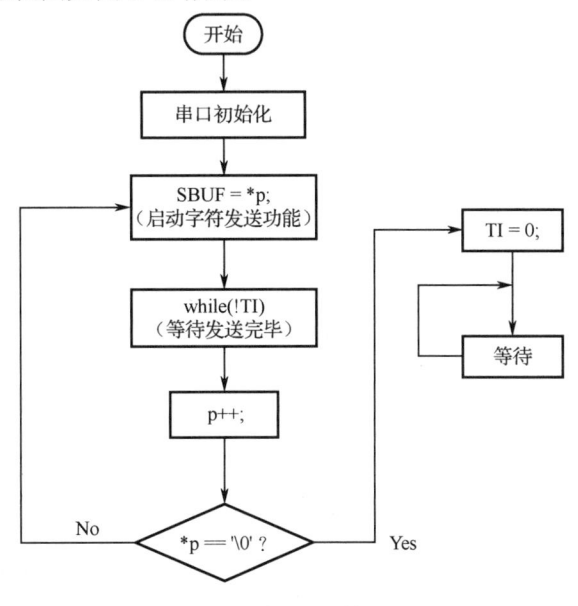

图 6-19　本任务程序流程图

程序清单如下：

```c
/** 任务12  通过串口发送一串字符至计算机 **/
#include <reg51.h>
#include <intrins.h>
#define uchar unsigned char
#define uint  unsigned int

void Com_Init(void)          //串口初始化子程序
{
    PCON &= 0x7f;     //波特率不倍速
    SCON = 0x50;      //8位数据，可变波特率
    TMOD &= 0x0f;     //清除定时器T1模式位
    TMOD |= 0x20;     //设定定时器T1为8位自动重装方式
    TL1 = 0xFD;       //设定定时初值
    TH1 = 0xFD;       //设定定时器重装值
    ET1 = 0;          //禁止定时器1中断
    TR1 = 1;          //启动定时器1
}

void Main()
{
    uchar i = 0;
    uchar code Buffer[] = "Welcome to study 51.\r\n";    //所要发送的数据
    uchar *p;
    Com_Init();
    p = Buffer;
    while(1)
    {
        SBUF = *p;
        while(!TI)                    //如果发送完毕，那么硬件会置位TI
        {
            _nop_();
        }
        p++;
        if(*p == '\0') break;         //在每个字符串的最后都会有一个'\0'
        TI = 0;                       //TI清零
    }
    while(1);
}
```

写出程序后，在 Keil μVision2 中编译和生成 HEX 文件"任务 12.hex"。

4）使用 Proteus ISIS 仿真

将"任务 12.hex"加载到仿真电路图的单片机中，在仿真过程中可以看到虚拟终

端显示单片机发送的字符串"Welcome to study 51.",如图 6-20 所示。

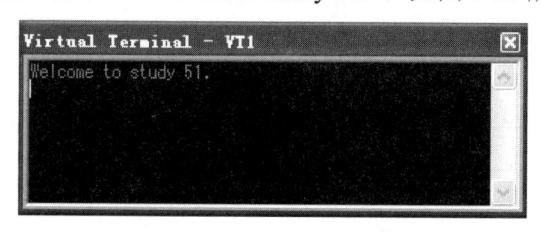

图 6-20　虚拟终端显示单片机发送的字符串

5）使用实验板调试所编写的程序

将"任务 12.hex"程序下载到单片机中,打开计算机端的串口调试助手,设置好波特率等,给实验板上电后,将看到单片机给计算机发送的字符串"Welcome to study 51."。每按一次复位键,就能在下面一行出现一串"Welcome to study 51."。如图 6-21 所示,按了 5 次复位键,出现了 5 行字符串。

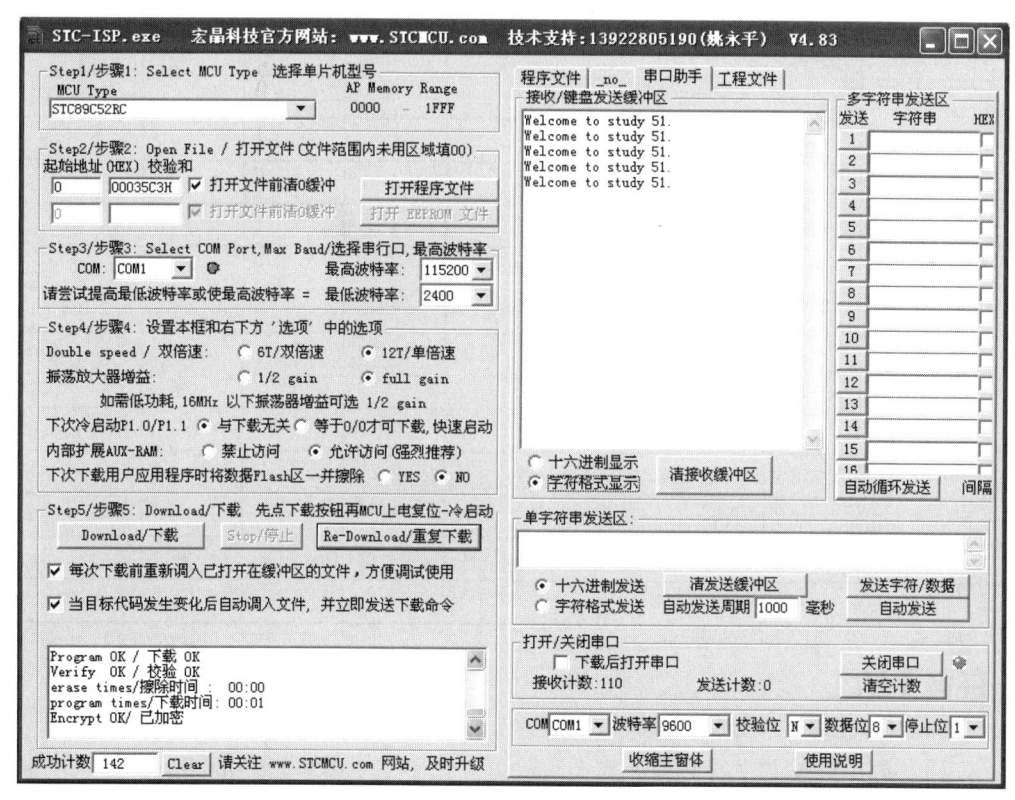

图 6-21　计算机端的串口调试助手显示单片机发送的字符串

【任务评价】

本任务的评价表如表 6-4 所示,其中,职业素养、安全规范、搭建电路、程序设计、仿真调试共 100 分,增值加分为 10 分。

表6-4 评价表

任务名称		通过串口发送一串字符至计算机			
姓名		班级			
小组编号		小组成员			
实施地点		指导教师			
评价项目	评价内容	配分	自评	互评	师评
职业素养	有工作计划，有明确的分工	5			
	实施任务过程中有讨论，工作积极	5			
	遵守工作纪律（无迟到、旷课、早退情况）	5			
安全规范	能够做好设备维护、卫生打扫工作，保证周边环境整洁、安全	5			
	安全操作规范	5			
	资料填写规范	5			
	穿戴规范	5			
搭建电路	设计的电路图可行	10			
	绘制的电路图美观	5			
	电气元器件图形符号符合标准	5			
程序设计	程序设计合理	5			
	程序编译无报错	5			
	程序设计效率较高	5			
仿真调试	生成HEX文件并加载到仿真电路中，仿真电路现象与任务要求一致	10			
	成功调试程序并下载到电路板上	10			
	接通电源，实验现象与任务要求一致	10			
增值加分	小组获评优秀	5			
	本人被评为今日之星	5			
总分					

【任务小结】

通过单片机发送字符串至计算机实验可以让学生了解串口通信的基本知识，掌握单片机串口通信的结构和原理，以及单片机串口通信编程的具体方法。

【拓展训练】

在本任务中，每复位一次单片机，单片机就会发送一串字符，若希望设置一个按键，每按一次就发送一串字符，则应如何更改程序呢？

【课后练习】

一、单选题

1. 51单片机的串口是（　　）。
   A．单工制式　　　B．全双工制式　　C．半双工制式　　D．都不是
2. 异步串行通信的数据帧格式中位于开头的是（　　）。
   A．起始位　　　　B．数据位　　　　C．校验位　　　　D．停止位
3. （　　）用于表征数据传输的速度，是串行通信的重要指标。
   A．字符帧　　　　B．数据位　　　　C．通信制式　　　D．波特率
4. 串口接收数据前，必须用软件将（　　）置1，只有这样，才能允许串行接收。
   A．REN　　　　　B．SM2　　　　　C．TI　　　　　　D．RI
5. 单片机串口工作于（　　）方式，可以用于扩展并行I/O口。
   A．mode0　　　　B．mode1　　　　C．mode2　　　　D．mode3

二、填空题

1. CPU与其他设备之间通信的基本方式有＿＿＿＿和＿＿＿＿两种。
2. 异步串行通信的数据帧格式包括＿＿＿＿、＿＿＿＿、＿＿＿＿、＿＿＿＿4部分。
3. 串行通信可以分为＿＿＿＿、＿＿＿＿、＿＿＿＿3种制式。
4. 芯片MAX232一般用于单片机与计算机的通信电路中，作用是＿＿＿＿。

【精于工、匠于心、品于行】

胡双钱："航空"手艺人

胡双钱，出生于1960年7月，中国商飞上海飞机制造有限公司数控机加车间钳工组组长，被称为"航空"手艺人。2015年10月13日，胡双钱荣获第五届全国道德模范评选授予的全国敬业奉献模范称号。2016年4月，胡双钱荣获2016年全国"五一劳动奖章"。

1980年，从小就喜欢飞机的胡双钱进入当时的上海飞机制造厂，亲身参与并见证了中国人在民用航空领域的第一次尝试——运10飞机的研制和首飞。那一刻他强烈感受到"制造飞机是一件很神圣的事"。然而，20世纪80年代初，运10项目终止了，这聚集了各路中国航空制造精英的工厂转眼间冷清了下来，争抢飞机技师的公司专车竟开到了工厂门口，面对私营企业的优越工资，胡双钱谢绝了。选择留下后，胡双钱与同事一起陆续参与了中美合作组装麦道飞机和波音、空客飞机零部件的转包生产，并抓住这些机遇练就了技术上的过硬本领。2002年，当我国启动ARJ21新支线飞机项目后，胡双钱多年的积累和沉淀终于有了用武之地。

胡双钱说过："勤奋刻苦为我赢得尊严，技艺精湛让我收获荣誉，我为自己是一名航空技术工人而感到自豪。我自身的工作并不是简单的零件加工，而是制造关系到千千万万乘客生命安全的航空产品。在平时的工作中，每每想到此，我就必然会

严格要求自己,像珍爱自己生命一样对待产品质量。"

(来自《成都商报》,2019 年 10 月 1 日)

任务 13　甲单片机板通过串口控制乙单片机板上的 LED 闪烁

【任务要求】

仿真演示　　　　双面 PCB 板演示

实现两块单片机板之间的相互通信,当按下甲单片机板上的按键时,甲单片机板通过串口发送信息至乙单片机板,以控制乙单片机板上的 LED 按一定规律闪烁。同时,甲单片机板上的 LED 按同样的规律闪烁。

【任务目标】

知识目标
- 了解波特率计算器。
- 掌握甲单片机板通过串口控制乙单片机板上的 LED 闪烁的原理。

能力目标
- 能使用波特率计算器。
- 能用串口通过甲单片机板控制乙单片机板上的 LED 闪烁。

素养目标
- 培养学生细致钻研的学风和求真务实的品德。
- 培养学生的规划组织与实践能力。

【相关知识】

初学单片机串口编程时,大多数高职学生对于串口初始化编程感到有一点儿困难,这里在随书电子资源中提供一个串口初始化编程工具——波特率计算器。它由宏晶科技免费提供,也可以在该公司官网下载该工具。波特率计算器界面如图 6-22 所示。

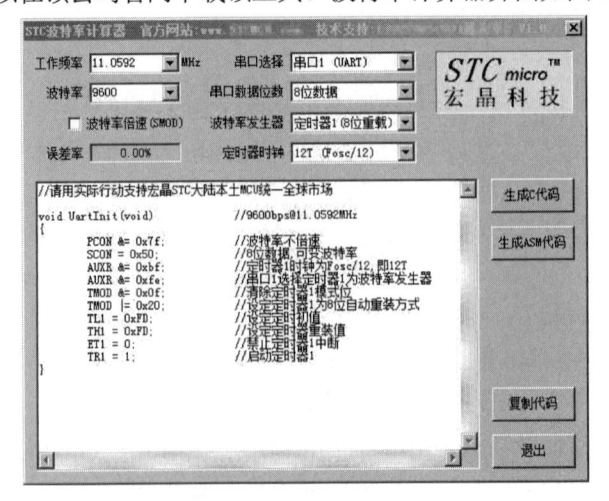

图 6-22　波特率计算器界面

按图 6-22 进行相应的设置后，单击"生成 C 代码"按钮，得到的代码如下：

```
void UartInit(void)         //9600bit/s@12MHz
{
    PCON &= 0x7f;           //波特率不倍速
    SCON = 0x50;            //8 位数据，可变波特率
    AUXR &= 0xbf;           //定时器 1 时钟为 $f_{osc}$/12，即 12T
    AUXR &= 0xfe;           //串口 1 选择定时器 1 为波特率发生器
    TMOD &= 0x0f;           //清除定时器 1 模式位
    TMOD |= 0x20;           //设定定时器 1 为 8 位自动重装方式
    TL1 = 0xFD;             //设定定时初值
    TH1 = 0xFD;             //设定定时器重装值
    ET1 = 0;                //禁止定时器 1 中断
    TR1 = 1;                //启动定时器 1
}
```

可将此代码直接复制到程序中，作为一个子程序。在主程序开始处调用一次该子程序，就可以按上述要求将串口初始化了。

【任务实施】

1）准备元器件

元器件清单如表 6-5 所示。

表 6-5 元器件清单

序号	种类	标号	参数	序号	种类	标号	参数
1	电阻	R1	220Ω	18	电容	C11	10μF
2	电阻	R2	220Ω	19	电容	C12	30pF
3	电阻	R3	220Ω	20	电容	C13	30pF
4	电阻	R4	220Ω	21	电容	C14	10μF
5	电阻	R5	10kΩ	22	芯片	U1	MAX232
6	电阻	R6	10kΩ	23	单片机	U2	80C51（甲）
8	电容	C1	1μF	24	芯片	U3	MAX232
9	电容	C2	1μF	25	单片机	U4	80C51（乙）
10	电容	C3	1nF	26	发光二极管	D1	红
11	电容	C4	1nF	27	发光二极管	D2	绿
12	电容	C5	1μF	28	发光二极管	D3	绿
13	电容	C6	1μF	29	发光二极管	D4	红
14	电容	C7	1nF	30	按键	K1	非自锁按钮
15	电容	C8	1nF	31	晶振	X1	12MHz
16	电容	C9	30pF	32	晶振	X2	12MHz
17	电容	C10	30pF	33	—	—	—

2）搭建硬件电路

本任务的仿真电路图如图 6-23 所示，该仿真电路只用作仿真。前述任务已经将本任务的电路制作完毕，故本任务无须另外制作。在用实验板操作时，需要同时用到两块 51 单片机板，一块作为甲单片机板，另一块作为乙单片机板。两块 51 单片机板的实际连接如图 6-15 所示。

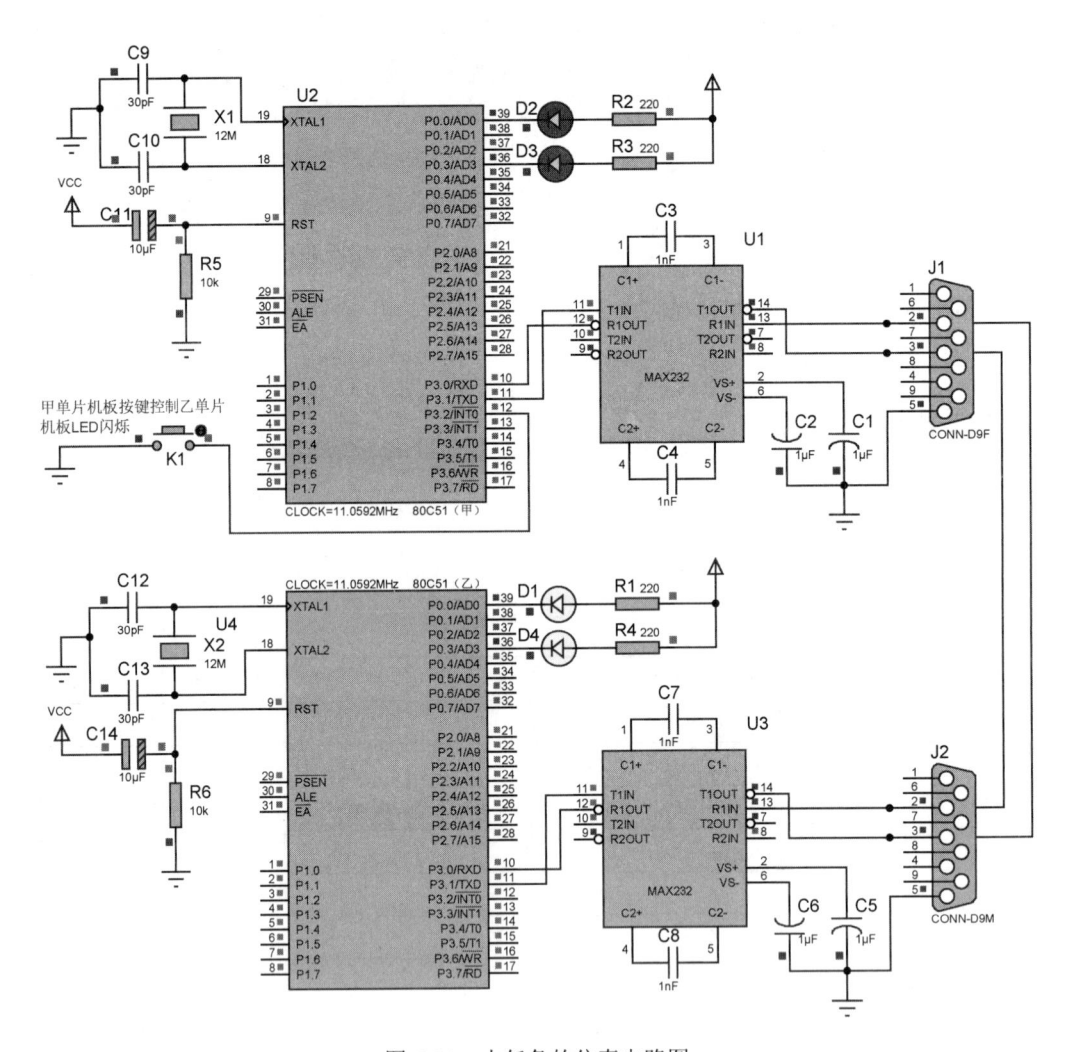

图 6-23 本任务的仿真电路图

3）程序设计

甲单片机的程序流程图如图 6-24 所示。

项目六 单片机串口应用

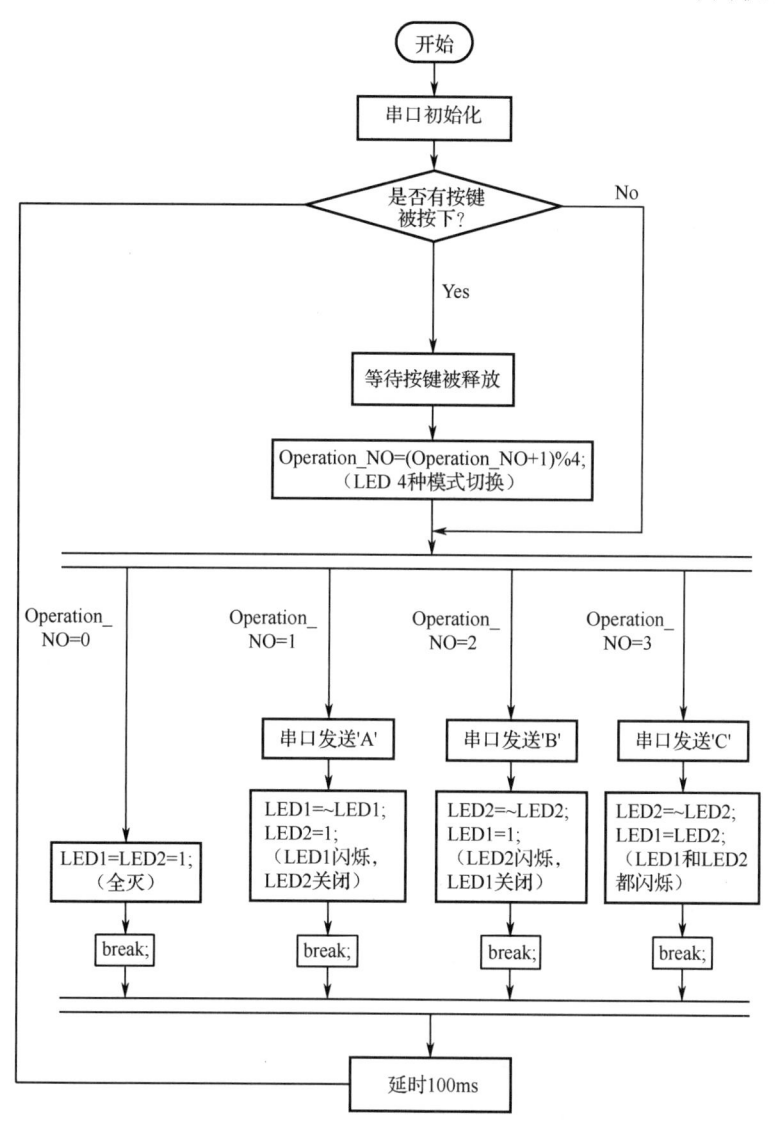

图 6-24 甲单片机的程序流程图

甲单片机程序清单如下：

```c
/** 任务 13   甲单片机板通过串口控制乙单片机板上的 LED 闪烁-甲单片机程序 **/
#include <stc.h>
#define uint unsigned int
#define uchar unsigned char
sbit LED1 = P0^0;
sbit LED2 = P0^3;
sbit K1 = P3^2;

void Delay(uint x)
{
    uchar i;
```

```c
        while(x--)
        {
            for(i=0;i<120;i++);
        }
    }

    void UartInit(void)            //9600bit/s@12MHz
    {
        PCON &= 0x7f;              //波特率不倍速
        SCON = 0x50;               //8位数据,可变波特率
        AUXR &= 0xbf;              //定时器1时钟为$f_{osc}$/12,即12$T$
        AUXR &= 0xfe;              //串口1选择定时器1为波特率发生器
        TMOD &= 0x0f;              //清除定时器1模式位
        TMOD |= 0x20;              //设定定时器1为8位自动重装方式
        TL1 = 0xFD;                //设定定时初值
        TH1 = 0xFD;                //设定定时器重装值
        ET1 = 0;                   //禁止定时器1中断
        TR1 = 1;                   //启动定时器1
    }

    void putc_to_SerialPort(uchar c)
    {
        SBUF = c;
        while(TI == 0);
        TI = 0;
    }

    void main()
    {
        uchar Operation_NO = 0;
        UartInit();                //串口初始化:9600bit/s@12MHz
        while(1)
        {
            if(K1 == 0)
            {
                Delay(8);
                if(K1 == 0)
                {
                    while(K1==0);
                    Operation_NO=(Operation_NO+1)%4;
                }
            }
            switch(Operation_NO)
            {
```

```
            case 0:
                    LED1=LED2=1; break;
            case 1:
                    putc_to_SerialPort('A');
                    LED1=~LED1;LED2=1;break;
            case 2:
                    putc_to_SerialPort('B');
                    LED2=~LED2;LED1=1;break;
            case 3:
                    putc_to_SerialPort('C');
                    LED1=~LED1;LED2=LED1;break;
        }
        Delay(100);
    }
}
```

乙单片机的程序流程图如图 6-25 所示。

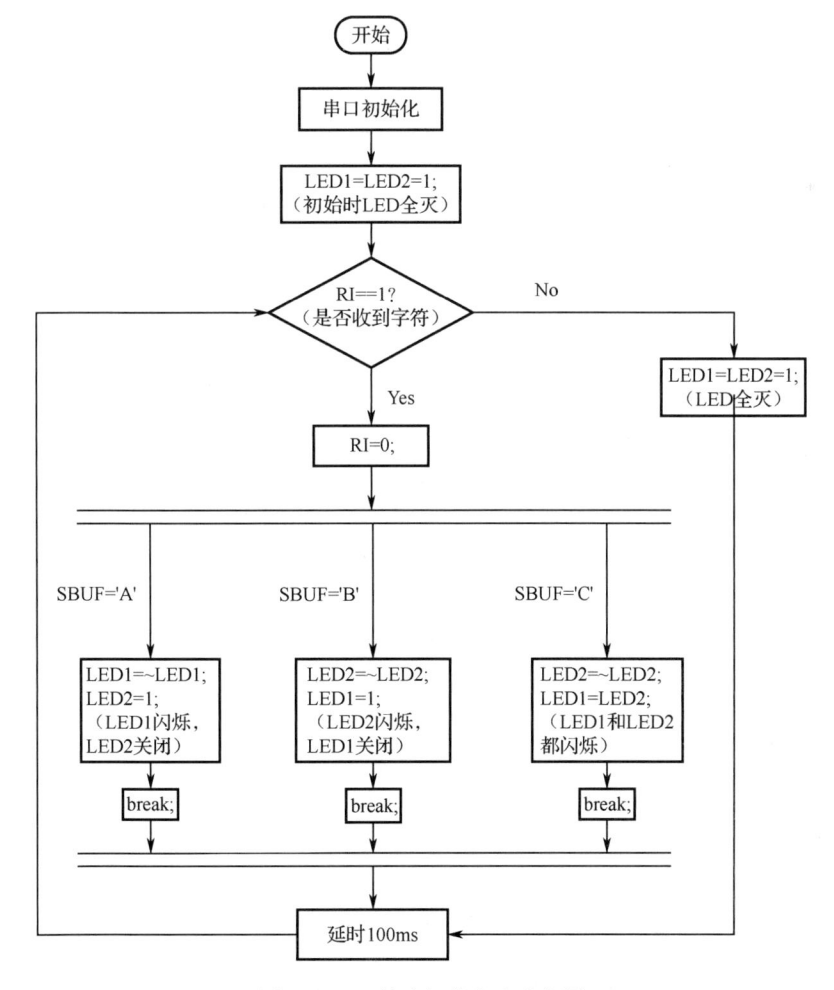

图 6-25 乙单片机的程序流程图

乙单片机程序清单如下：

```c
/** 任务13  甲单片机板通过串口控制乙单片机板上的 LED 闪烁-乙单片机程序 **/
#include <stc.h>
#define uint unsigned int
#define uchar unsigned char
sbit LED1 = P0^0;
sbit LED2 = P0^3;

void UartInit(void)         //9600bit/s@12MHz
{
    PCON &= 0x7f;       //波特率不倍速
    SCON = 0x50;        //8 位数据，可变波特率
    AUXR &= 0xbf;       //定时器 1 时钟为 $f_{osc}/12$，即 12T
    AUXR &= 0xfe;       //串口 1 选定时器 1 为波特率发生器
    TMOD &= 0x0f;       //清除定时器 1 模式位
    TMOD |= 0x20;       //设定定时器 1 为 8 位自动重装方式
    TL1 = 0xFD;         //设定定时初值
    TH1 = 0xFD;         //设定定时器重装值
    ET1 = 0;            //禁止定时器 1 中断
    TR1 = 1;            //启动定时器 1
}

void Delay(uint x)
{
    uchar i;
    while(x--)
    {
        for(i=0;i<120;i++);
    }
}

void main()
{
    UartInit();         //串口初始化：9600bit/s@12MHz
    LED1 = LED2 =1;
    while(1)
    {
        if(RI)
        {
            RI = 0;
            switch(SBUF)
            {
                case 'A': LED1=~LED1;LED2=1;break;
                case 'B': LED2=~LED2;LED1=1;break;
```

```
                    case 'C': LED1=~LED1;LED2=LED1;
                }
        }
        else
            LED1=LED2=1;
        Delay(100);
    }
}
```

写出程序后，在 Keil μVision2 中分别编译和生成甲、乙单片机板的 HEX 文件："甲单片机程序.hex"和"乙单片机程序.hex"。

4）使用 Proteus ISIS 仿真

将"甲单片机程序.hex"和"乙单片机程序.hex"分别加载到仿真电路图的甲、乙单片机板中，在仿真过程中可以看到，当按下按键 K1 时，甲、乙单片机板上的 LED 将按相同的规律闪烁。在第一次按下按键 K1 时，甲、乙单片机板的 P0.0 引脚对应的 LED 同时闪烁；在第二次按下按键 K1 时，甲、乙单片机板的 P0.3 引脚对应的 LED 同时闪烁；在第三次按下按键 K1 时，甲、乙单片机板的 P0.0 和 P0.3 引脚对应的 LED 同时闪烁；在第四次按下按键 K1 时，甲、乙单片机板上的所有 LED 同时熄灭。这些现象说明甲、乙单片机板之间能够进行数据通信。

5）使用实验板调试所编写的程序

将"甲单片机程序.hex"和"乙单片机程序.hex"分别下载到甲、乙单片机板中，按图 6-15 进行连接，通电后将看到与仿真完全一样的现象，如图 6-26 所示。

图 6-26　甲、乙单片机板相互通信

【任务评价】

本任务的评价表如表 6-6 所示，其中，职业素养、安全规范、搭建电路、程序设计、仿真调试共 100 分，增值加分为 10 分。

表 6-6 评价表

任务名称		甲单片机板通过串口控制乙单片机板上的 LED 闪烁				
姓名			班级			
小组编号			小组成员			
实施地点			指导教师			
评价项目	评价内容		配分	自评	互评	师评
职业素养	有工作计划,有明确的分工		5			
	实施任务过程中有讨论,工作积极		5			
	遵守工作纪律(无迟到、旷课、早退情况)		5			
安全规范	能够做好设备维护、卫生打扫工作,保证周边环境整洁、安全		5			
	安全操作规范		5			
	资料填写规范		5			
	穿戴规范		5			
搭建电路	设计的电路图可行		10			
	绘制的电路图美观		5			
	电气元器件图形符号符合标准		5			
程序设计	程序设计合理		5			
	程序编译无报错		5			
	程序设计效率较高		5			
仿真调试	生成 HEX 文件并加载到仿真电路中,仿真电路现象与任务要求一致		10			
	成功调试程序并下载到电路板上		10			
	接通电源,实验现象与任务要求一致		10			
增值加分	小组获评优秀		5			
	本人被评为今日之星		5			
	总分					

【任务小结】

从本任务的电路连接上可以看到,甲、乙单片机板之间只连接了 3 根线,一根用于接收,一根用于发送,一根为共地线。其中,RXD 为单片机系统的接收数据端,TXD 为发送数据端。显然,当单片机内部的数据向外传送(如从甲单片机板传送给乙单片机板)时,不可能 8 位数据同时进行,在一个时刻只可能传送 1 位数据(如从甲单片机板的发送端 TXD 传送 1 位数据到乙单片机板的接收端 RXD),8 位数据依次在一根数据线上传送,这种通信方式称为串行通信。它与前面几个模块所介绍的数据传送不同。例如,当通过 P0 口传送数据时,就是 8 位数据同时进行的,这种通信方式称为并行通信。

通过分析程序可知,通信双方都有对单片机定时器的编程,而且双方对定时器的编程完全相同。这说明，MCS-51 单片机在进行串行通信时，是与定时器的工作有关的。定时器用来设定串行通信数据的传输速率。在串行通信中，传输速率是用波特率来表征的。

通过单片机双机通信实验可以让学生进一步了解串口通信的知识，掌握单片机串口通信的结构和原理，串口通信初始化工具——波特率计算器的使用，以及单片机串口通信接收和发送编程的具体方法。

【拓展训练】

进行串口控制跑马灯的训练。

图 6-27 所示为单片机通过两片 74LS164 芯片来扩展 I/O 口的电路原理图，其具体的功能要求如下：当单片机一上电开始运行工作时，16 只 LED 快速左移点亮，形成一种简易的跑马灯。

训练任务要求如下。

（1）进行单片机应用电路分析，并完成 Proteus ISIS 仿真电路图的绘制。

（2）根据任务要求进行单片机控制程序流程和程序设计思路分析，并画出程序流程图。

（3）依据程序流程图在 Keil μVision2 中进行源程序的编写与编译。

（4）在 Proteus ISIS 中进行程序的调试与仿真，最终完成实现任务要求的程序。

（5）完成单片机应用系统实物装置的焊接制作，并下载程序实现正常运行。

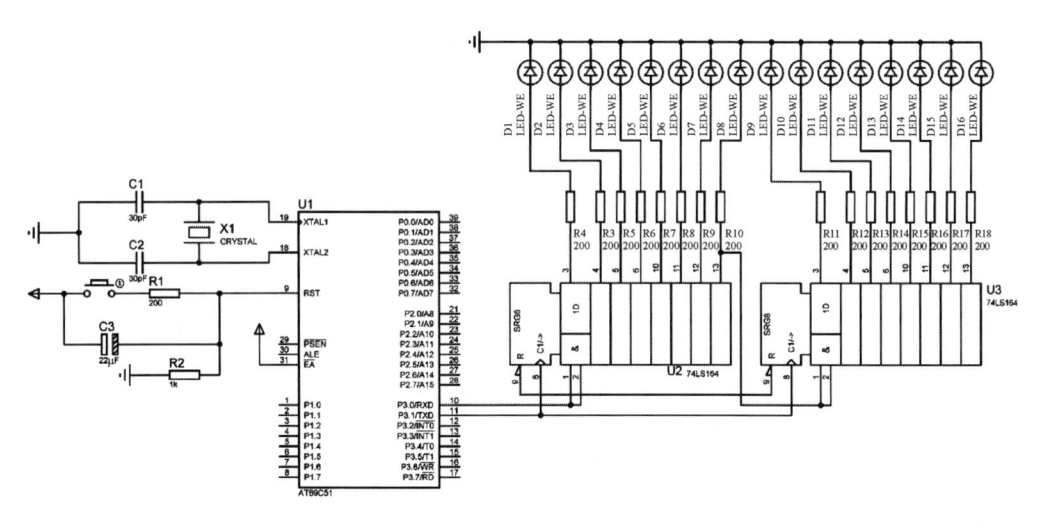

图 6-27 单片机通过两片 74LS164 芯片来扩展 I/O 口的电路原理图

【课后练习】

一、判断题

1．若波特率是 9600bit/s，则表示每秒能够发送 9600 位数据。　　　（　　）

2. 奇偶校验位的目的是防止通信过程受到干扰，导致某一位或多位数据出错。
（　　）

二、简答题

在收发程序中都用到了 SCON、SBUF，这两个寄存器的地址是什么？它们的作用如何？

三、编程题

1. 在本任务中，每按一次 K1 按键，甲、乙单片机板上的 LED 就会对应闪烁，若想将 LED 的闪烁改为 7 段数码管的数字变化，则应如何更改程序呢？

2. 对甲、乙单片机板进行编程，完成甲单片机板 4×4 矩阵键盘扫描工作，通过串口将键码发送给乙单片机板，并在乙单片机板最右侧的 7 段数码管中显示。

【精于工、匠于心、品于行】

孙泽洲：九天揽月向深空

作为嫦娥一号卫星副总设计师、嫦娥三号探测器系统总设计师、嫦娥四号探测器总设计师和天问一号火星探测器总设计师、中国航天科技集团有限公司五院总体设计部型号总设计师的孙泽洲带领研制团队圆满完成了我国首次绕月探测任务、首次月球表面软着陆和巡视探测任务，以及世界首次月球背面软着陆和巡视探测任务等，为我国月球和深空探测领域的发展做出了突出贡献。

2004 年，探月工程正式立项，孙泽洲任嫦娥一号卫星副总设计师，分管 6 个分系统的总体技术工作，专业跨度非常大。

他刻苦钻研，阅读了大量书籍，并向相关专家请教，很快就把"课"补到专业水准。在卫星总体设计过程中，他提出利用数管功能实现热控功能控制和电源管理等设计思路，大大提高了系统可靠性；在测控系统设计过程中，他创造性地设计了我国首个深空探测测控数传星载系统，解决了 40×10^4 km 外地月测控通信的设计难题；在月食方案设计过程中，他综合多学科技术进行系统优化，有效解决了长时间阴影对卫星的安全影响。孙泽洲专注研究，解决了环月探测的诸多关键技术难题，确保我国首次月球环绕探测任务圆满成功。

嫦娥三号承担着探月工程第二阶段"落"的使命。一般卫星的新研产品和新技术占总体的 20%～30%，而嫦娥三号却达到了 80%。作为嫦娥三号探测器系统总设计师，孙泽洲带领研制团队开展原始创新，同时进行了上万次数学仿真、成百上千次桌面联试，以及模拟月球重力环境和月表地形地貌等多次大型地面试验，应用智能控制、热管理等新技术解决了前所未有的技术难题，最终突破了月面软着陆和巡视探测的核心关键技术，取得了一系列自主创新科研成果。

2016 年，嫦娥四号任务和我国首次火星探测任务正式立项，作为两个探测器的总设计师，孙泽洲开始了一边"飞月背"、一边"奔火星"的"超常"职业生涯。

为了取得更多的科学探测成果，孙泽洲带领研制团队将嫦娥四号的目标确定为月球背面软着陆，这是人类第一次近距离精细地探测月球背面。为解决月球背面探测器与地球之间的通信难题,他创新性地提出了"鹊桥"中继通信总体方案。他带领研制团队反复地进行试验验证,经常做到凌晨。在"鹊桥"的支持下,嫦娥四号探测器成功实现了人类航天器首次月球背面软着陆和巡视探测。

我国首次火星探测任务计划一步实现"绕、着、巡"任务目标,任务难度非常大。面对困难,他带领研制团队集智攻关,远赴新疆戈壁、内蒙古草原进行外场试验,建造火星环境模拟试验设施,完成了多项关键技术攻关,为火星探测任务奠定了坚实的基础。

在狠抓技术攻关的同时,孙泽洲对年轻人悉心培养、严格要求,打造了战斗力强、凝聚力强的"嫦娥"团队。

(来自《中国航天报》,2021年1月1日)

项目七

单片机系统综合应用

任务 14　红外线解码并用 7 段数码管显示解码值

仿真演示　　万能板演示　　双面 PCB 板演示

【任务要求】

制作一个单片机系统电路板，使之能接收电视、DVD、空调等遥控器的遥控信号，并将收到的遥控代码用 7 段数码管显示出来。

【任务目标】

知识目标
- 了解红外线遥控器的优点和缺点。
- 理解常用的红外线信号传输协议。
- 掌握红外线发射和接收的编程方法。

能力目标
- 能够说出红外线遥控器的优点和缺点。
- 能列出常用的红外线信号传输协议。
- 能进行红外线发射和接收的编程。

素养目标
- 培养学生的工程项目分析能力和管理能力。
- 加强学生的团队精神和合作能力。

【相关知识】

1. 红外线遥控器简介

20 世纪 70 年代末，随着大规模集成电路和计算机技术的发展，遥控技术得到快速发展。遥控方式大体经历了从有线到无线的超声波，从振动子到红外线，再到使用总线的微机红外线遥控器这样几个阶段。无论采用何种方式，准确无误地传输信号，最终达到满意的控制效果是非常重要的。最初的无线遥控装置采用电磁波传输信号，由于电磁波容易产生干扰，也易受到干扰，因此逐渐采用超声波和红外线媒体来传输信号。与红外线相比，超声波传感器频带窄，所能携带的信息量少，易受到干扰而引起误动作。较为理想的遥控方式是光控方式，逐渐采用红外线的遥控方式取代了超声波遥控方式，进而出现了红外线多功能遥控器，成为当今时代的主流。

由于红外线在频谱上居于可见光之外，所以其抗干扰能力强，具有光波的直线传播特性，不易产生相互间的干扰，是很好的信息传输媒体。信息可以直接对红外线进行调制传输。例如，信息通过直接调制红外线的强弱进行传输；也可以先用红外线产生一定频率的载波，再用信息对载波进行调制，并在接收端去掉载波，得到信息。从信息的可靠传输上来说，后一种方法更好，这就是目前大多数红外线遥控器所采用的方法。由于红外线的波长远小于无线电波的波长，因此在采用红外线遥控器时，不会干扰其他电器的正常工作，也不会影响邻近的无线电设备。同时，由于红外线遥控器的工作电压低、功耗低、外围电路简单，因此它在日常工作和生活中的应用越来越广泛。

由于各生产厂家生产了大量红外线遥控器专用集成电路，因此需要时查阅相关手册资料即可。红外线遥控技术在近15年来得到了迅猛发展，尤其在家电领域，如电视、DVD、空调、音响设备、电风扇、安全保卫报警器、自动水龙头、自动门等，也在其他电子领域得到了广泛应用。随着人们生活水平的不断提高，对产品的追求是使用更方便、更智能化，红外线遥控技术正是一个重点发展方向。

红外线遥控技术是一种利用红外线进行点对点通信的技术，其相应的软件和硬件技术都已比较成熟。红外线遥控器是利用波长为 $0.76 \sim 1.5 \mu m$ 的近红外线来传递并控制信号的。

红外线遥控器具有以下特点。

（1）由于红外线为不可见光，因此对环境影响很小。

（2）红外线具有很高的隐蔽性和保密性，因此在防盗、警戒等安全保卫装置中也得到了广泛应用。

（3）红外线遥控器的遥控距离一般为几米至几十米。

（4）红外线遥控器具有结构简单、制作方便、成本低廉、抗干扰能力强、工作可靠性高等一系列优点，是室内遥控的优选遥控方式。

红外线遥控器在技术上具有以下主要优点。

（1）无须专门申请特定频率的使用执照。

（2）具有移动通信设备所必需的体积小、功率低的特点。

（3）传输速率适合家庭和办公室使用的网络。

（4）信号无干扰，传输准确度高。

红外线遥控器的缺点：由于它使用的是一种视距传输技术，采用点到点的连接，具有方向性。因此，如果在两设备之间传输数据，那么中间不能有阻挡物，而且通信距离较短。此外，红外发光二极管不是一种十分耐用的元器件。

2. 红外线信号的传输过程

图 7-1 展示了红外线信号的传输过程。通常红外线遥控器系统分为发射和接收两

部分。首先，发射部分将基带送来的二进制信号调制为一系列的脉冲串信号，通过红外线发射管发射红外线信号；然后，接收部分将收到的载波信号解调并送至接收端处理器进行数据处理。

常用的调制方法有两种：通过脉冲宽度来实现信号调制的脉宽调制（PWM）和通过脉冲串之间的时间间隔来实现信号调制的脉时调制（PTM）。红外线遥控器常用的载波频率为38kHz，这是由发送端编码芯片所使用的455kHz晶振来决定的。在发送端，要对晶振进行整数分频，分频系数一般取12，故有455kHz÷12≈38kHz。也有一些红外线遥控器采用36kHz、40kHz、56kHz等载波频率。

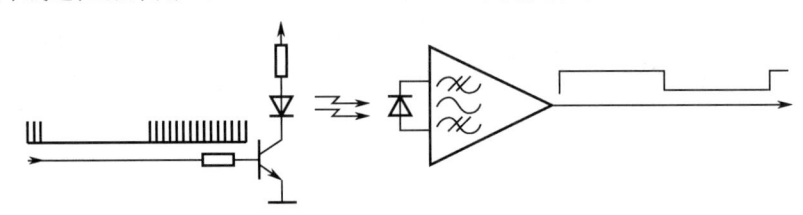

图 7-1　红外线信号的传输过程

发射部分的发射元器件为红外线发光二极管，它发出的是红外线而不是可见光。常用的红外线发光二极管发出的红外线的波长在 940nm 左右，其外形与普通 ϕ5mm 发光二极管相同，只是颜色不同，一般有透明、黑色和深蓝色 3 种。判断红外线发光二极管的好坏与判断普通二极管的方法一样。单只红外线发光二极管的发射功率约为 100mW。红外线发光二极管的发光效率需要用专用仪器进行测定，而在业余条件下，只能凭经验用拉距法进行粗略判定。

接收部分的红外线接收二极管是一种光敏二极管，使用时要给它加反向偏压，只有这样，它才能正常工作而获得高灵敏度。红外线接收二极管一般有圆形和方形两种。由于红外线发光二极管的发射功率较小，红外线接收二极管收到的信号较弱，因此在接收部分就要增加高增益放大电路。然而，现在无论是业余制作的产品还是正式的产品，大都采用成品的红外线一体化接收头。红外线一体化接收头是集红外接收、放大、滤波和比较器输出等功能的模块，性能稳定、可靠。红外线一体化接收头的封装方式大致有两种：一种采用铁皮屏蔽，另一种采用塑料封装（如 HS0038）。两种封装方式均有 3 个引脚，即电源正（VDD）、电源负（GND）和数据输出（VO 或 OUT）。红外线一体化接收头的引脚排列因型号不同而不尽相同，可参考厂家的使用说明。红外线一体化接收头的优点是不需要复杂的调试和外壳屏蔽，使用起来如同三极管，非常方便。有了红外线一体化接收头，人们不再制作高增益放大电路。这样，红外接收电路不但简单，而且可靠性得到大大的提高。但是，在使用它时应注意其载波频率。

3．红外线信号传输协议

鉴于家用电器的品种多样化和用户的使用特点，生产厂家对红外线遥控器进行了严格的规范编码，这些编码各不相同，从而形成了不同的编码方式，统一称为红外线信号传输协议。这些协议的原理是学习和应用红外线遥控器的必备知识。

目前，编者从外刊收集的红外线信号传输协议已多达十几种：NEC、Philips RC5、SIRCS、Sony、RECS80、Motorola、SAMSWNG 等。比较常用的红外线信号传输协议有 NEC、Philips RC5、Philips RC6、Philips RECS80、ITT、Nokia NRC。我国家用电器的红外线遥控器的生产厂家的编码方式多数是按上述各种协议进行编码的，但最常用的主要是 NEC 和 Philips RC5 两种协议，其他的都是这两者的变种。

1）NEC 协议

（1）支持 NEC 协议的编码芯片。支持 NEC 协议的编码芯片有 PT2221/PT2222、HT6221/HT6222 等。

（2）"1"和"0"的定义。采用脉冲位置调制（PPM）方式，图 7-2 是 NEC 协议中逻辑"1"与逻辑"0"的具体表示方法。逻辑"1"的总时间为 2.25ms，脉冲时间为 560μs；逻辑"0"的总时间为 1.12ms，脉冲时间也为 560μs。因此，可以根据脉冲时间来解码。每个脉冲的长度均为 560μs，它由频率为 38kHz 的载波脉冲构成，占空比为 1/4 或 1/3，约 21 个周期。

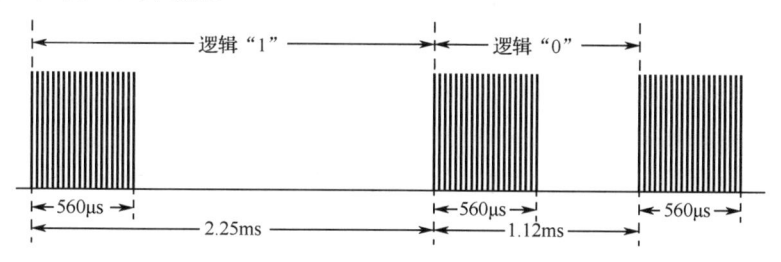

图 7-2 NEC 协议中逻辑"1"与逻辑"0"的具体表示方法

（3）NEC 协议数据帧的格式。如图 7-3 所示，NEC 协议下的发送端发射的一帧数据含有 1 个引导码、1 个起始码、8 位用户码、8 位用户反码、8 位键数据码、8 位键数据反码。其中，引导码是一个 9ms 的高电平，起始码是一个 4.5ms 的低电平。9ms 的高电平在早期的 IR 红外接收器中是用来设置增益的。

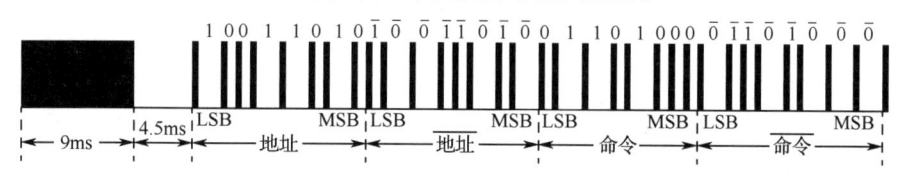

图 7-3 NEC 协议一帧数据的格式

（4）持续按键处理。当一直按着某个按键且持续时间超过 108ms 时，发送重复码，重复码由 9ms 高电平+2.25ms 低电平+560μs 高电平组成，如图 7-4 所示。重复码能告知接收端是哪个按键一直在被按着，电视的音量和频道切换按键都有此功能。重复码与重复码之间相隔 110ms。图 7-5 是某个按键一直被按着时发送的波形，可以看出，发送端发送了一次命令码之后，不会再发送命令码，而是每隔 110ms 发送一段重复码。

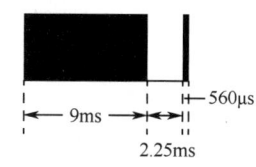

图 7-4 NEC 协议重复码的格式

红外线一体化接收头为了提高其接收灵敏度，其输入是高电平，而输出是相反的低电平。图 7-6 是整个调制解调过程中的波形变化图。

图 7-5 某个按键一直被按着时发送的波形

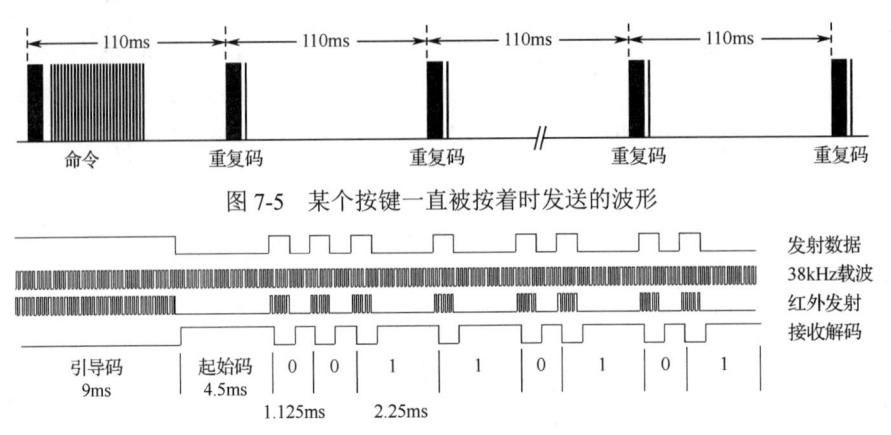

图 7-6 整个调制解调过程中的波形变化图

※※※注意：

- 地址和命令都传送两次，第二次传送的地址和命令是反码，可以用来校验收到的信息。
- 总的传输时间是固定的，因为每一位都有反码传送。
- 一个命令只发送一次，若按键一直被按着，则后面只会每隔 110ms 发送一次重复码。
- NEC 协议的载波频率为 38kHz。
- "0" 的传送时间为 1.125ms，"1" 的传送时间为 2.25ms。

2）Philips RC5 协议

（1）支持 Philips RC5 协议的编码芯片。支持 Philips RC5 协议的编码芯片有 SAA3010、PT2210/PT2211/PT1215、HT6230 等。

（2）"0" 和 "1" 的定义。Philips RC5 协议使用双相位调制一个 36kHz 的红外载波。在这个协议中，所有位的长度都等于 1.7778ms，位时间的一半填满一个频率是 36kHz 的载波，另外一半闲置。逻辑 "0" 代表一个脉冲位时间的前半时，逻辑 "1" 代表后半时。36kHz 载波的占空比为 1/3 或 1/4，可以降低能量消耗。图 7-7 是 Philips RC5 协议中逻辑 "1" 与逻辑 "0" 的具体表示方法。

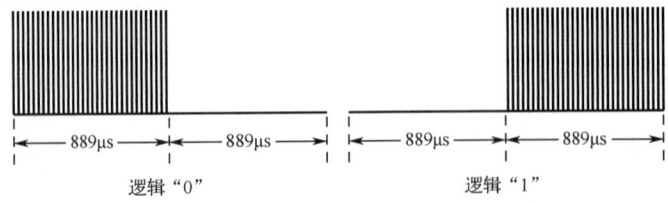

图 7-7 Philips RC5 协议中逻辑 "1" 与逻辑 "0" 的具体表示方法

（3）Philips RC5 协议的数据帧格式。Philips RC5 协议一帧数据的格式如图 7-8 所示。它由以下几部分组成。

① 起始码部分：2 个逻辑 "1"。
② 控制码部分：1 位。
③ 系统码部分：5 位。
④ 命令码部分：6 位。

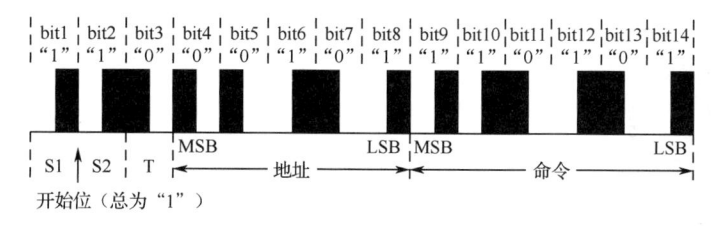

图 7-8 Philips RC5 协议一帧数据的格式

其中，前 2 位是开始脉冲，都是逻辑"1"。部分 Philips RC5 协议仅仅使用 1 个开始位，而 S2 位被转换成第 7 个命令位，使原来有的 6 个命令位变成了 7 个命令位。S2 的值必须反相后赋给第 7 个命令位。

第 3 位是一个触发位，在重复按下某按键时，此按键翻转。也就是说，每次释放按键并再一次按下后，此位翻转；若释放后按下其他按键，则此位保持"0"或"1"不变。这让接收器可以区别按键是否被重复按下。

接下来的 5 位代表红外设备地址，即"Address"，它首先发送最高有效位，然后发送低位。

最后面的 6 位为命令位，即"Command"，同样是高位在前、低位在后。

此处的一个数据帧包含 14 位，总的持续时间为 24.8892ms。

（4）持续按键处理。编码每隔 113.792ms 重复一次。在连续发送数据时，重复波形与第一次发送的波形相同，但是控制码位在前后两次按键中交替改变。

3）其他变种红外线信号传输协议

TC9028、PT2212、PT2213 等芯片的码型与 NEC 协议类似，只是引导码变为 4.5ms 高电平+4.5ms 低电平，简码为 4.5ms 高电平+4.5ms 低电平+0.56ms 高电平+1.68ms 低电平+1.56ms 高电平。

PT2461、LC7461 等芯片的码型也与 NEC 协议类似，其数据帧的长度变长了，一帧数据的格式为引导码+13 位用户码+13 位用户反码+8 位键数据码+8 位键数据反码，简码为 9ms 高电平+4.5ms 低电平+0.56ms 高电平。

【任务实施】

1）准备元器件

元器件清单如表 7-1 所示，该清单对应的实验需要采用实际的遥控器来发射红外线信号。表 7-1 中的数码管显示部分对应图 2-51 和表 2-13，图 7-9 中的 7 段数码管显示部分只能用于仿真。

表 7-1 元器件清单

序号	种类	标号	参数	序号	种类	标号	参数
1	电阻	R1	10kΩ	7	三极管	Q1~Q4	S8550
2	电容	C1	30pF	8	4 位 7 段数码管	SM1	3461BS
3	电容	C2	30pF	9	红外线一体化接收头	U3	1838
4	电容	C3	10μF	10	遥控器	—	NEC 协议
5	单片机	U1，U2	STC89C52	—	—	—	—
6	晶振	X1，X2	12MHz	—	—	—	—

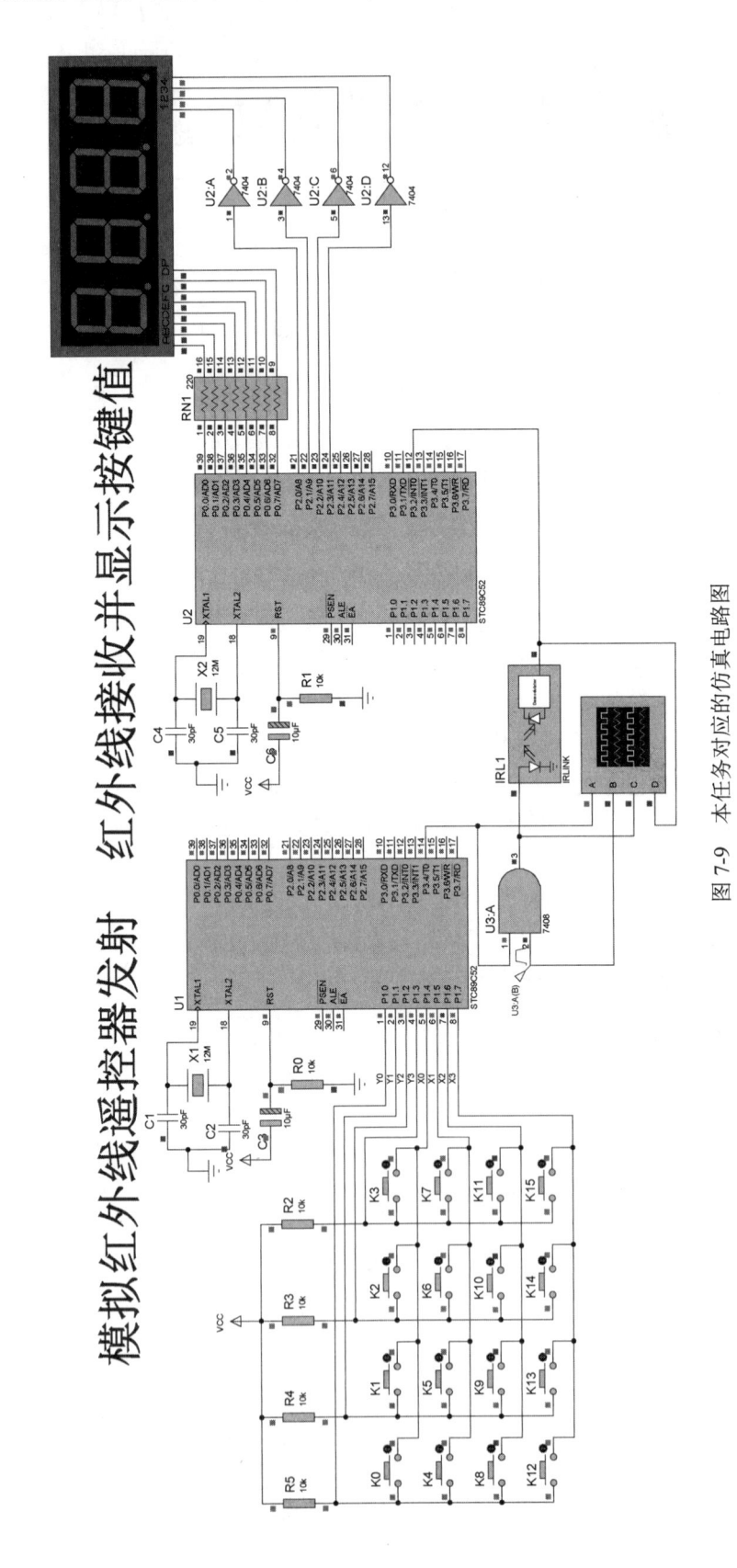

图 7-9 本任务对应的仿真电路图

项目七 单片机系统综合应用

2）搭建硬件电路

本任务对应的仿真电路图如图 7-9 所示，因为 Proteus ISIS 仿真软件中没有红外线遥控器组件，所以本次仿真用一块单片机板来模拟红外线遥控器发射，另一块单片机板用于接收。该电路图仅用作仿真，实际验证中可以用支持 NEC 协议的电视、DVD、空调的遥控器直接代替左边发射部分。当然，实际验证也像仿真电路一样，可以用一块单片机板进行发射，另一块单片机板用于接收。

本任务对应的配套实验板红外线接收部分电路原理图如图 7-10 所示。其中，单片机的 P3.2 引脚与红外线一体化接收头进行数据通信。R25 为限流电阻，用来保护 LED（不能将该电阻去掉，去掉后将会造成电流过大，有可能直接烧毁 LED，或者影响 LED 的寿命）；红外线一体化接收头内部放大器的增益很高，很容易引起干扰，因此在其供电引脚上必须加上滤波电容 C9。

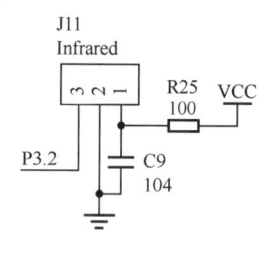

图 7-10　本任务对应的配套实验板红外线接收部分电路原理图

配套实验板对应的本任务的电路制作实物图如图 7-11 所示，用万能板制作的本任务的正、反面电路实物图分别如图 7-12 和图 7-13 所示。更清晰的电子版实物制作图可参看随书电子资源图片文件。

图 7-11　配套实验板对应的本任务的电路制作实物图

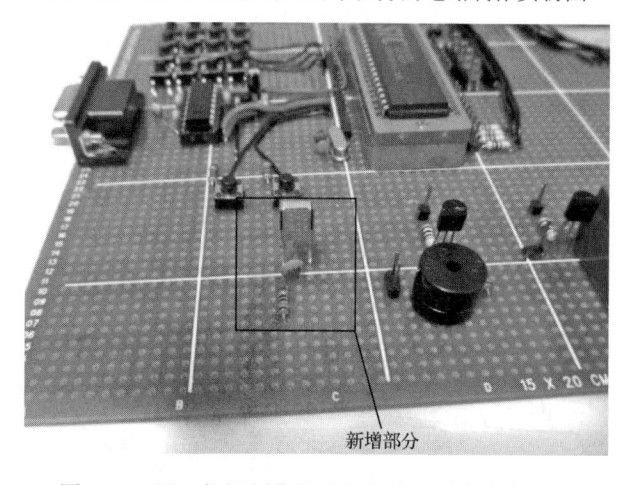

图 7-12　用万能板制作的本任务的正面电路实物图

新增部分

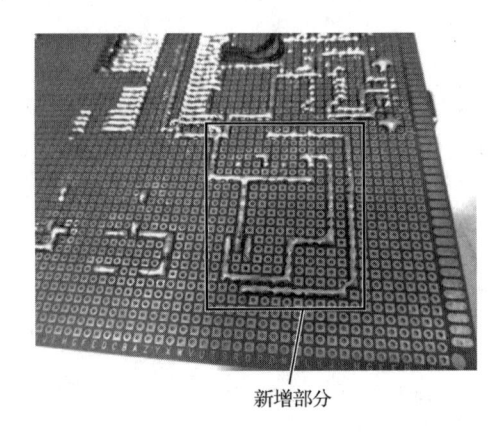

图 7-13 用万能板制作的本任务的反面电路实物图

3）程序设计

程序清单如下：

```c
/** 任务14  红外线解码并用7段数码管显示解码值-模拟红外线接收部分 **/
#include <stc.h>
#define uchar unsigned char
#define uint unsigned int
//15ms 在此处是晶振频率为12MHz时的取值，若用其他频率的晶振，则要改变相应的取值
#define ms15 15000
#define ms7 7000         //7ms
#define ms1_5 1500       //1.5ms
#define ms_7 700         //0.7ms
#define ms3 3000         //3ms
sbit P2_2 = P2^2;
sbit P2_3 = P2^3;
unsigned char code TAB[16]={0xc0,0xf9,0xa4,0xb0,     //0～3 对应的段码
                            0x99,0x92,0x82,0xf8,     //4～7 对应的段码
                            0x80,0x90,0xa0,0x83,     //8～b 对应的段码
                            0xa7,0xa1,0x84,0x8e};    //c～f 对应的段码
uchar f;
uchar Im[4]={0x00,0x00,0x00,0x00};
uchar show[2]={0x00,0x00};
uint Tc;
uchar m,IrOK;
void delay(unsigned int T)
{
    unsigned int CON;
    unsigned int i;
    for(i=0;i<T;i++)
        for(CON=0;CON<120;CON++);
}
void display()
```

```c
{
    P0=0xff;
    P2_2 = 0;P2_3 = 1;
    P0=TAB[show[0]];
    delay(1);
    P0=0xff;
    P2_2 = 1;P2_3 = 0;
    P0=TAB[show[1]];
    delay(1);
}

void intersvr0(void) interrupt 0              //外部中断解码程序
{
    Tc=TH0*256+TL0;                           //提取中断时间间隔时长
    TH0=0;
    TL0=0;                                    //定时中断重新置零
    if((Tc>ms7)&&(Tc<ms15))                   //找到起始码
    {
        m=0;
        f=1;
        return;
    }
    if(f==1)
    {
        if(Tc>ms1_5&&Tc<ms3)
        {
            Im[m/8]=Im[m/8]>>1|0x80; m++;
        }
        if(Tc>ms_7&&Tc<ms1_5)
        {
            Im[m/8]=Im[m/8]>>1; m++;          //取码
        }
        if(m==32)
        {
            m=0;
            f=0;
            if(Im[2]==~Im[3])
            {
                IrOK=1;
            }
            else IrOK=0;                      //取码完成后判断读码是否正确
        }//准备读下一码
    }
}
```

```c
void main(void)
{
    m=0;
    f=0;
    EA=1;
    IT0=1;
    EX0=1;
    TMOD=0x11;
    TH0=0;TL0=0;
    TR0=1;
    while(1)
    {
        if(IrOK==1)
        {
            show[1]=Im[2] & 0x0F;          //取按键值的低 4 位
            show[0]=Im[2] >> 4;
            IrOK=0;
        }
        display();
    }
}

/** 任务 14 红外线解码并用 7 段数码管显示解码值-模拟红外线发射部分 **/
#include <reg51.h>
#define KEYP P1
#define SEG7P P0
static unsigned int count;          //延时计数器
static unsigned int endcount;       //终止延时计数
char iraddr1;                       //16 位地址的第 1 字节
char iraddr2;                       //16 位地址的第 2 字节
void SendIRdata(char p_irdata);
void getkey();

void main(void)
{
    EA = 1;                         //允许 CPU 中断
    TMOD = 0x11;                    //设 T0 和 T1 为 16 位模式 1
    ET0 = 1;                        //T0 中断允许
    TH0 = 0xFF;
    TL0 = 0xE6;                     //设 T0 的初值为 38kHz,即每隔 26μs 中断一次
    TR0 = 1;                        //开始计数
    iraddr1=0xff;
    iraddr2=0xff;
    while(1)
    {
```

```c
        getkey();
    }
}
//T0 中断处理
void timeint(void) interrupt 1
{
    TH0=0xFF;
    TL0=0xE6;                    //设 T0 的初值为 38kHz, 即每隔 26μs 中断一次
    count++;
}
void SendIRdata(char p_irdata)
{
    int i;
    char irdata;
    endcount=223;                //发送 9ms 的起始码
    count=0;
    P3_4=1;
    while(count<endcount);
    endcount=117;                //发送 4.5ms 的结果码
    count=0;
    P3_4=0;
    while(count<endcount);
    irdata=iraddr1;
    for(i=0;i<8;i++)             //发送 16 位地址的前 8 位
    {
        //先发送 0.56ms 的 38kHz 红外线（编码中 0.56ms 的低电平）
        endcount=13;
        count=0;
        P3_4=1;
        while(count<endcount);
        //停止发送红外线信号（编码中的高电平）
        if(irdata%2)             //判断二进制数末位是 1 还是 0
        {
            endcount=39;         //1 为宽的高电平
        }
        else
        {
            endcount=13;         //0 为窄的高电平
        }
        count=0;
        P3_4=0;
        while(count<endcount);
        irdata=irdata>>1;
    }
    irdata=iraddr2;
```

```c
        for(i=0;i<8;i++)              //发送16位地址的后8位
        {
            //先发送0.56ms的38kHz红外线（编码中0.56ms的低电平）
            endcount=13;
            count=0;
            P3_4=1;
            while(count<endcount);
            //停止发送红外线信号（编码中的高电平）
            if(irdata%2)               //判断二进制数末位是1还是0
            {
                endcount=39;           //1为宽的高电平
            }
            else
            {
                endcount=13;           //0为窄的高电平
            }
            count=0;
            P3_4=0;
            while(count<endcount);
            irdata=irdata>>1;
        }
        irdata=p_irdata;
        for(i=0;i<8;i++)               //发送8位数据
        {
            //先发送0.56ms的38kHz红外波（编码中0.56ms的低电平）
            endcount=13;
            count=0;
            P3_4=1;
            while(count<endcount);
            //停止发送红外线信号（编码中的高电平）
            if(irdata%2)               //判断二进制数末位是1还是0
            {
                endcount=39;           //1为宽的高电平
            }
            else
            {
                endcount=13;           //0为窄的高电平
            }
            count=0;
            P3_4=0;
            while(count<endcount);
            irdata=irdata>>1;
        }
        irdata=~p_irdata;
        for(i=0;i<8;i++)               //发送8位数据的反码
```

```c
    {
        //先发送 0.56ms 的 38kHz 红外线（编码中 0.56ms 的低电平）
        endcount=13;
        count=0;
        P3_4=1;
        while(count<endcount);
        //停止发送红外线信号（编码中的高电平）
        if(irdata%2)                //判断二进制数末位是 1 还是 0
        {
            endcount=39;            //1 为宽的高电平
        }
        else
        {
            endcount=13;            //0 为窄的高电平
        }
        count=0;
        P3_4=0;
        while(count<endcount);
        irdata=irdata>>1;
    }
    endcount=50;
    count=0;
    P3_4=1;
    while(count<endcount);
    P3_4=0;
}
void getkey()
{
    unsigned char row,col;                      //row 代表行，col 代表列
    unsigned char colkey,kcode;                 //colkey 代表列键值，kcode 代表按键值
    unsigned char scan[4]={0xef,0xdf,0xbf,0x7f};//高 4 位为扫描码，低 4 位设置为输入
    for(row=0;row<4;row++)                      //第 row 次循环，扫描第 row 行
    {
        KEYP=scan[row];                         //高 4 位输出扫描信号，低 4 位输入行值
        colkey=~KEYP&0x0f;                      //读入 KEYP 的低 4 位（反相后清除高 4 位）
        if(colkey!=0)                           //如果有按键被按下
        {
            if(colkey==0x01) col=0;             //如果第 0 列被按下
            else if(colkey==0x02) col=1;        //如果第 1 列被按下
            else if(colkey==0x04) col=2;        //如果第 2 列被按下
            else if(colkey==0x08) col=3;        //如果第 3 列被按下
            kcode =4*row+col;                   //算出按键值
            while(colkey!=0)                    //当按键未被释放时，一直等
            {   colkey=~KEYP&0x0f;}
            SendIRdata(kcode);
```

```
        }
    }
}
```

单片机的外部中断引脚 INT0 和红外线一体化接收头的信号线相连,中断方式为下降沿触发方式;并用定时器 0 计算中断的间隔时间,以区分引导码、二进制数的"1""0",并将 8 位操作码提取出来在 7 段数码管上显示。解码值存放在 Im[2]中,当 IrOK 为 1 时,解码有效。用遥控器对准红外线一体化接收头,按下遥控器按键,在 7 段数码管的 2 位上就会显示对应的按键值。

写出红外线发射和接收程序后,在 Keil μVision2 中分别编译和生成 HEX 文件"任务 14-红外线发射.hex"和"任务 14-红外线接收.hex"。

4)使用 Proteus ISIS 仿真

将"任务 14-红外线发射.hex"和"任务 14-红外线接收.hex"分别加载到仿真电路图的单片机 U1 与 U2 中。仿真开始时,分别按下模拟发射单片机模块中的 4×4 矩阵键盘上的 16 个按键,红外线接收单片机模块中的 4 位 7 段数码管的右边 2 位将会分别显示"00""01""02"……"0c""0d""0e""0f"。并且,在示波器中将看到如图 7-14 所示的波形。其中,第一个波形为由单片机 U1 的 P3.4 引脚发射的数据波形,第二个波形为频率是 38kHz 的载波,第三个波形为调制后的红外线发射信号波形,第四个波形为红外线接收滤波后的还原数据波形。可以看出,还原后的数据波形与发射的数据波形的相位刚好反向。这种红外线遥控器码波形与前述遥控器厂家提供的(见图 7-6)波形数据完全吻合。

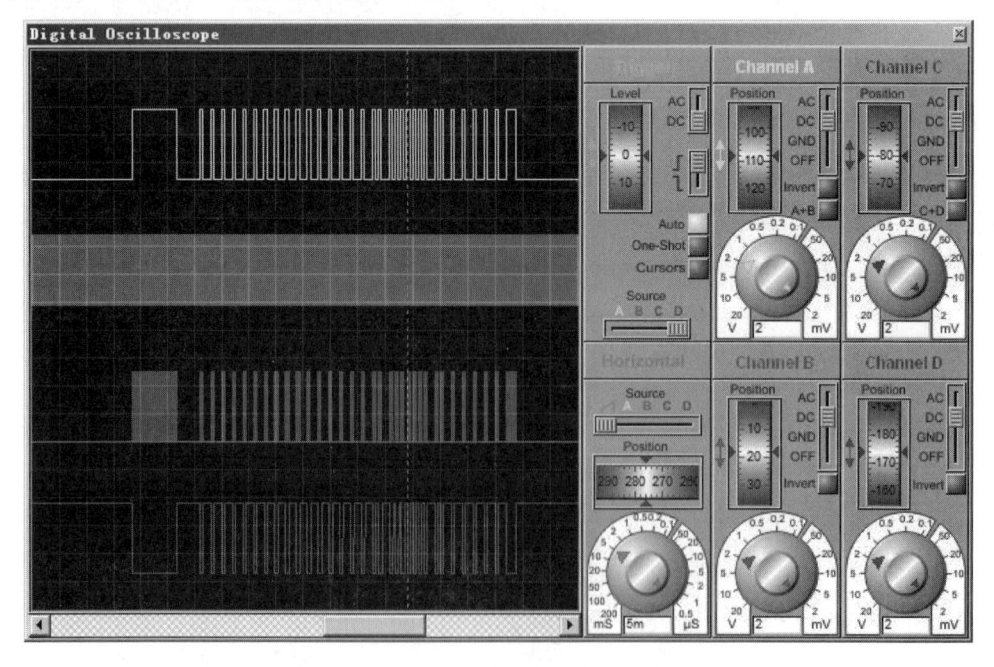

图 7-14 红外线信号传输过程中发射、载波、调制和解调波形

5)使用实验板调试所编写的程序

第一种方案:与仿真一样,将"任务 14-红外线发射.hex"和"任务 14-红外线接

收.hex"分别加载到两块单片机板中,按图 7-15 连线。其中,图 7-15(a)用来模拟红外线遥控器发射数据;图 7-15(b)用来接收红外线遥控器信号,解调并用 2 位 7 段数码管显示收到的红外线信号编码。这两部分通过两根线相连,白色线是地线,使两块单片机板共地;红色线连接图 7-15(a)中的 P3.4 引脚和图 7-15(b)中的外部中断 INT0。图 7-15 显示的是当按下图 7-15(a)中的按键 K14 时,图 7-15(b)显示"14"。

实验结果证明,仿真结果在实物单片机板上同样是正确的,说明该仿真电路中的发射模块就等同于一个实际的红外线遥控器。

(a)发射   (b)接收

图 7-15 用实物单片机板验证模拟红外线的发射与接收

第二种方案:用实际的红外线遥控器进行测试,经海信电视 CN-22601 遥控器、开博尔电视盒遥控器、志高空调 ZH/JT-06 遥控器测试证明:接收部分接收、解调并用 2 位 7 段数码管来显示收到的红外线信号编码完全正确。若按下开博尔电视盒遥控器上的关机键,则 2 位 7 段数码管显示"0f"。

【任务评价】

本任务的评价表如表 7-2 所示,其中,职业素养、安全规范、搭建电路、程序设计、仿真调试共 100 分,增值加分为 10 分。

表 7-2 评价表

任务名称		红外线解码并用 7 段数码管显示解码值				
姓名			班级			
小组编号			小组成员			
实施地点			指导教师			
评价项目	评价内容		配分	自评	互评	师评
职业素养	有工作计划,有明确的分工		5			
	实施任务过程中有讨论,工作积极		5			
	遵守工作纪律(无迟到、旷课、早退情况)		5			

续表

评价项目	评价内容	配分	自评	互评	师评
安全规范	能够做好设备维护、卫生打扫工作,保证周边环境整洁、安全	5			
	安全操作规范	5			
	资料填写规范	5			
	穿戴规范	5			
搭建电路	设计的电路图可行	10			
	绘制的电路图美观	5			
	电气元器件图形符号符合标准	5			
程序设计	程序设计合理	5			
	程序编译无报错	5			
	程序设计效率较高	5			
仿真调试	生成HEX文件并加载到仿真电路中,仿真电路现象与任务要求一致	10			
	成功调试程序并下载到电路板上	10			
	接通电源,实验现象与任务要求一致	10			
增值加分	小组获评优秀	5			
	本人被评为今日之星	5			
总分					

【任务小结】

通过单片机控制红外线遥控器发射和接收、解码显示实验可以让学生了解常用的红外线信号传输协议、红外线信号的处理方法和红外线信号的模拟方法,以及单片机控制红外线发射和接收的设计方法,熟悉单片机处理红外线信号编程的具体方法。

【拓展训练】

(1) NEC 协议一帧数据的具体格式是什么样的?处理该数据可采用什么思路?

(2) 本任务中的程序使用的是 NEC 协议,若使用 Philips RC5 协议,则在硬件和程序上应怎样修改?

【课后练习】

一、单选题

1. 下列哪个不是红外线遥控器的特点?(   )

A. 红外线为不可见光,对环境影响很大

B. 具有很高的隐蔽性和保密性,在防盗、警戒等安全保卫装置中广泛应用

C. 遥控距离一般为几米至几十米

D. 结构简单、制作方便、成本低廉、抗干扰能力强、工作可靠性高

2. 红外线遥控器在技术上具有的主要优点是（　　）。
(1) 无须专门申请特定频率的使用执照。
(2) 具有移动通信设备所必需的体积小、功率低的特点。
(3) 传输速率适合家庭和办公室使用的网络。
(4) 信号无干扰，传输准确度高。

A．(1)、(2)、(3)、(4)　　　　　B．(2)、(3)、(4)
C．(1)、(2)、(3)　　　　　　　D．(1)、(2)、(4)

3. 发送端编码芯片使用的晶振频率是 455kHz，分频系数是 12，红外线遥控器的载波频率是（　　）。

A．36kHz　　　B．40kHz　　　C．38kHz　　　D．42kHz

二、填空题

1. 红外线遥控技术是一种利用红外线进行_____通信的技术。
2. 接收电路的红外线接收二极管是一种_____，使用时要给它加反向偏压，只有这样，它才能正常工作而获得高灵敏度。

【精于工、匠于心、品于行】

艾爱国：劳模制造　必是精品

艾爱国，1950年3月出生，中共党员，湖南华菱湘潭钢铁有限公司（以下简称湘钢）焊接顾问，荣获"七一勋章""全国劳动模范""全国技术能手""全国十大杰出工人"等称号。

他精通技艺，是焊接领域的"大国工匠"。他在焊工岗位上工作50多年，攻克焊接技术难关400多个，改进工艺100多项，多次参与我国重大项目焊接技术攻关和特种钢材焊接性能试验。他指导实施参与某试验型导弹焊接工艺，将中碳调质钢弹壳与发射座焊接相连，X射线检验100%，达到一级标准。海军某在研先进舰艇的推进动力装置要在仅$0.2m^2$的紫铜导板上密集施焊，制造方历时半年也没能完成。艾爱国受邀前往，采用熔化极氩弧焊接工艺重新制定焊接方案，并现场指导，成功解决了产品一直焊缝渗漏、质量不合格的技术难题。

他传承技术，是响当当的"大师傅"。他主持的湘钢板材焊接实验室被湖南省列为焊接工艺技术重点实验室，被中华全国总工会命名为"全国示范性劳模创新工作室"。多年来，他带过的徒弟有600多名，湘钢80%的高级技师、技师、高级工以上级别的焊工都跟艾爱国学过艺。在他的徒弟中，有的获得全国"五一劳动奖章"，有的成为湖南省劳动模范、"三八红旗手"和"十佳青年"等。艾爱国还无偿向200多名下岗工人和农村青年传授焊接技术，其中有100多人进入中国南方机车车辆工业集团、三一重工股份有限公司等大型企业，并凭借过硬的技术基础和自身的努力逐渐成为企业骨干。

他坚定本色，是扎根一线的"老黄牛"。艾爱国在湘钢工作了一辈子，最高职务就是焊接班的班长，领导曾经多次想提拔他，艾爱国都婉言谢绝了。退休之后，女儿想把他接过去安享晚年，但艾爱国选择留在湘钢。如今，70多岁的艾爱国，每天早上7点半前上班，下午6点半后下班，继续奋战在焊接工艺研究和操作技术开发第一线。

（来自央视网，2022年3月2日）

任务 15 用 DS18B20 测量温度并用 7 段数码管显示

【任务要求】

仿真演示　　万能板演示　　双面 PCB 板演示

制作一个单片机系统电路板,使用数字温度传感器 DS18B20,使该电路板能实时测量 0℃以上的温度值,并且温度值需要精确到 1℃,并能将测得的温度值用 3 位 7 段数码管分别显示百位、十位和个位。

【任务目标】

知识目标
- 了解 DS18B20 的测温原理。
- 理解 DS18B20 的测温过程。
- 掌握 DS18B20 单总线通信的单片机编程方法。

能力目标
- 能说出 DS18B20 的测温原理。
- 能说出 DS18B20 的测温过程。
- 能用 DS18B20 单总线通信进行单片机编程。

素养目标
- 培养学生细致钻研的学风和求真务实的品德。
- 树立学生劳动光荣的观念。

【相关知识】

1. DS18B20 简介

DS18B20 是 DALLAS 公司生产的一种单总线数字温度传感器,与传统的热敏电阻不同的是,它使用集成芯片,采用单总线技术,能够有效地减少外界的干扰,提高测量精度,具有微型化、低功耗、高性能、抗干扰能力强、易于搭配处理器等优点。同时,它可以直接将被测温度转换为串行数字信号供微处理器处理,接口简单,使数据传输和处理简单化;部分功能电路的集成使总体硬件设计更简洁,能有效降低成本,使搭建电路和焊接电路的速度更快,调试也更方便,缩短了开发周期,特别适合用于高精度测温系统。DS18B20 具有的独特优点如下。

- 采用单总线的接口方式:仅需要一根信号线即可实现微处理器与 DS18B20 的双向通信。单总线具有经济性好、抗干扰能力强、适合恶劣环境的现场温度测量、使用方便等优点,用户可轻松地组建传感器网络,为测量系统的构建引入全新的概念。
- 测量温度范围宽、测量精度高:测量温度范围为-55～+125℃,在-10～+85℃范围内的测量精度为±0.5℃,测温分辨率最高可达 0.0625℃。
- 在使用中不需要任何外围元器件即可实现测温。

- 温度数据转换时间为 200ms（典型值），12 位分辨率时最多在 750ms 内把温度值转换为数字。
- 多点组网功能：多个 DS18B20 可以并联在唯一的三线上，实现多点测温。
- 可以做到零待机功耗。
- 供电方式灵活：可以通过内部寄生电路从数据线上获取电源。因此，当数据线上的时序满足一定的要求时，它可以不接外电源，从而使系统结构更简单，可靠性更高。
- 具有用户自定义的非易失性温度报警设置。
- 测量参数可配置：测量分辨率可通过程序设定为 9~12 位。
- 负压特性：当电源极性接反时，不会因发热而烧毁，只是不能正常工作。
- 掉电保护功能：内部含有 EEPROM，在系统掉电以后，它仍可保存分辨率和报警温度的设定值。

DS18B20 具有体积小、适用电压范围宽，可选更小的封装方式、更宽的电压适用范围的特点，适合构建自己的经济的测温系统，因此一直受到设计者的青睐。

2．DS18B20 的测温原理

DS18B20 的温度传感器是通过温度对振荡器的频率影响来测量温度的。图 7-16 所示为 DS18B20 的测温原理图。DS18B20 内部有两个具有不同温度系数的振荡器：低温度系数振荡器的振荡频率受温度的影响很小，用于产生固定频率的脉冲信号并送给减法计数器 1，为减法计数器 1 提供频率稳定的计数脉冲；高温度系数振荡器的振荡频率随温度变化而明显改变，是很敏感的振荡器，它所产生的信号作为减法计数器 2 的脉冲输入，为减法计数器 2 提供一个频率随温度变化的计数脉冲。两个计数器和温度寄存器均有一个预置的基数值，该基数值与-55℃对应。如果减法计数器 1 比减法计数器 2 先计数到 0，就表示测量的温度高于-55℃，被预置在-55℃的温度寄存器的值就增加 1℃。此时，减法计数器 1 的预置基数值将重新被装入，重新开始对低温度系数振荡器产生的脉冲信号进行计数，如此循环，直到减法计数器 2 计数到 0，停止温度寄存器值的累加，此时温度寄存器中的数值即所测温度。同时，为了补偿和修正温度系数振荡器的非线性，减法计数器 1 按斜坡累加器所给定的值进行预置。DS18B20 所测温度值以 16 位二进制补码的形式存放在存储器中，温度值由主机发出读存储器命令读出，经过取补和十进制转换得到实测的温度值。

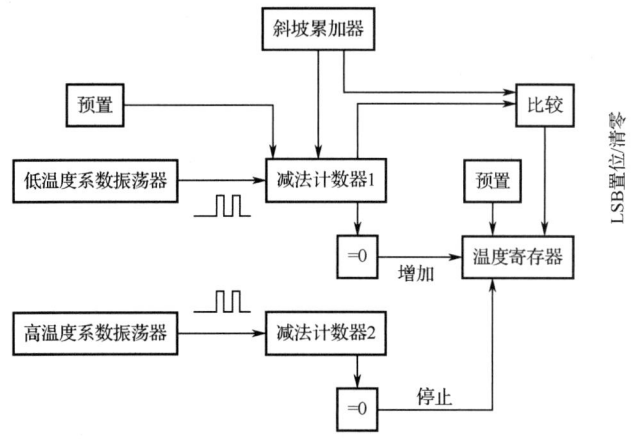

图 7-16 DS18B20 的测温原理图

3. DS18B20 的内部结构及外部封装

图 7-17 所示为 DS18B20 的内部结构，主要由四大部分组成：64 位光刻 ROM、温度传感器、高温触发器（非易失性电可擦除）和低温触发器（非易失性电可擦除）、配置寄存器（非易失性电可擦除）。

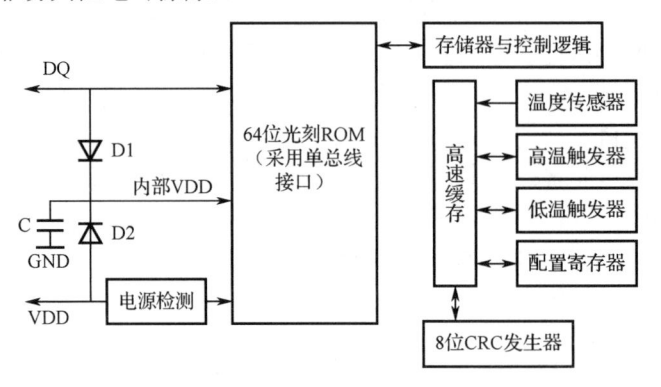

图 7-17 DS18B20 的内部结构

从图 7-17 中可以看出，DS18B20 外部一共有 3 个引脚，其中，VDD 为电源输入端，DQ 为数字信号输入/输出端，GND 为电源地。图 7-18 所示为 DS18B20 实物引脚分布，有 3 种封装形式。尽管 3 种封装形式的引脚数不同，但有效的只有 3 个引脚，其中，VDD 和 GND 为电源引脚；另一根 DQ 线用作 I/O 总线，因此称为一线式数据总线，与单片机的一个 I/O 口相接，并且在该总线上可挂接多个 DS18B20。

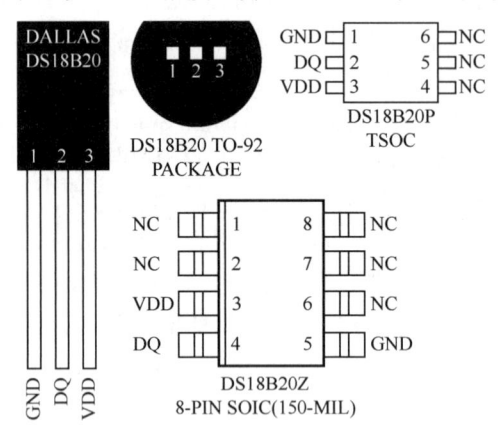

图 7-18 DS18B20 实物引脚分布

4. DS18B20 的存储器

1) 64 位光刻 ROM

64 位光刻 ROM 是出厂前就光刻好的，可以看作该 DS18B20 的地址序列码（ID 号）。64 位光刻 ROM 的排列如图 7-19 所示：开始 8 位（地址：28H）是系列产品代码，为最低 8 位；接着的 48 位是该 DS18B20 自身的序列号，并且每个 DS18B20 的序列号都不相同；最后 8 位是前面 56 位的循环冗余校验码（CRC=X8+X5+X4+1）。由于每个 DS18B20 的 64 位光刻 ROM 中的数据都各不相同，因此微控制器可以通过单总线对多个 DS18B20 进行寻址，从而实现在一根总线上挂接多个 DS18B20。

8位CRC码	48位序列号	8位系列产品代码(28H)
MSB　　　LSB	MSB　　　　　　　　　　　　LSB	MSB　　　LSB

图 7-19　64 位光刻 ROM 的排列

2）RAM 和 EEPROM

（1）DS18B20 的寄存器分布。DS18B20 的内部存储器包括一个高速缓存 RAM 和一个非易失性电可擦除的 EEPROM，后者存放高温阈值（TH）、低温阈值（TL）和配置寄存器。数据先写入 RAM，经校验后传给 EEPROM。

RAM 包含 9 个连续字节，前 2 个字节是测得的温度信息，第 1 个字节是温度的低 8 位 TL；第 2 个字节是温度的高 8 位 TH；第 3、4 个字节是 TH、TL 的易失性备份；第 5 个字节是配置寄存器的易失性备份，第 3～5 个字节的内容在每次上电复位时都被刷新；第 6～8 个字节用于内部计算；第 9 个字节是冗余校验字节，可用来保证通信正确。DS18B20 的暂存寄存器分布如表 7-3 所示。

表 7-3　DS18B20 的暂存寄存器分布

寄存器内容	地　　址
温度的低 8 位数据（LSB）	0
温度的高 8 位数据（MSB）	1
高温阈值（TH）	2
低温阈值（TL）	3
配置寄存器	4
保留	5
保留	6
保留	7
CRC 校验值	8

EEPROM 只有 3 个字节，与 RAM 的第 2～4 个字节中的内容相对应，作用是存储 RAM 的第 2～4 个字节中的内容，以使这些数据在掉电后不丢失。可通过命令将 RAM 的该 3 个字节中的内容复制到 EEPROM 中或从 EEPROM 中将该 3 个字节的内容复制到 RAM 的第 2～4 个字节中。因为从外部改写报警值和元器件的设置都是只对 RAM 进行操作的，所以，要保存这些设置后的数据，还要用相应的命令将 RAM 中的数据复制到 EEPROM 中。

（2）设置 DS18B20 的寄存器。RAM 的第 5 个字节为配置寄存器，其中的内容用来确定测试模式和温度的转换精度。配置寄存器各位的内容如表 7-4 所示。

表 7-4　配置寄存器各位的内容

bit7	bit6	bit5	bit4	bit3	bit2	bit1	bit0
TM	R1	R0	1	1	1	1	1

配置寄存器的低 5 位都是 1；TM 是测试模式位，用于设置 DS18B20 处于工作模

式还是测试模式，在 DS18B20 出厂时，该位被设置为 0，一般不要改动；R1 和 R0 用来设置分辨率，DS18B20 出厂时被设置为 12 位，具体设置如表 7-5 所示。设定的分辨率越高，所需的温度数据转换时间就越长。因此，在实际应用中，要在分辨率和温度数据转换时间之间权衡考虑。

表 7-5　DS18B20 分辨率设置

R1	R0	分　辨　率	温度数据的有效位数	温度数据的最大转换时间/ms
0	0	0.5℃	9 位（bit11～bit3）	93.75
0	1	0.25℃	10 位（bit11～bit2）	187.5
1	0	0.125℃	11 位（bit11～bit1）	375
1	1	0.0625℃	12 位（bit11～bit0）	750

5．DS18B20 的温度转换

温度传感器在测量完成后将测量结果存储在 DS18B20 的两个 8 位的 RAM 中，单片机可通过单线接口读取到该数据，读取时低位在前、高位在后。以 12 位转换为例，温度数据的存储格式如图 7-20 所示。

2^3	2^2	2^1	2^0	2^{-1}	2^{-2}	2^{-3}	2^{-4}	LSB
MSb			(unit=℃)				LSb	
S	S	S	S	S	2^6	2^5	2^4	MSB

图 7-20　12 位温度数据的存储格式

表 7-6 给出了 DS18B20 温度采集转换后输出的 12 位二进制数。其中，高 8 位中的前 5 位是符号位，如果测量的温度不低于 0℃，那么这 5 位为 0，此时，只要将得到的二进制数转换成十进制数后乘以 0.0625 就可以得到测量的实际温度；相反，如果测量的温度低于 0℃，那么这 5 位为 1，此时，将得到的数值取反加 1 后乘以 0.0625 就可以得到测量的实际温度。例如，当将采集的温度转换为+125℃的实际温度后，数字输出为 07D0H，此时，实际温度=07D0H×0.0625=2000×0.0625= 125（℃）。

表 7-6　12 位转化后得到的 12 位温度数据

温度/℃	数字输出（二进制）	数字输出（十六进制）
+125	0000 0111 1101 0000	07D0H
+85	0000 0101 0101 0000	0550H
+25.0625	0000 0001 1001 0001	0191H
+10.125	0000 0000 1010 0010	00A2H
+0.5	0000 0000 0000 1000	0008H
0	0000 0000 0000 0000	0000H
−0.5	1111 1111 1111 1000	FFF8H
−10.125	1111 1111 0101 1110	FF5EH
−25.0625	1111 1110 0110 1111	FF6FH
−55	1111 1100 1001 0000	FC90H

DS18B20 完成温度转换后，就把测得的温度值（*T*）与 TH、TL 做比较，若 *T* 大于 TH 或小于 TL，则将该元器件内的告警标志置位，并对主机发出的告警搜索命令做出响应。因此，可用多个 DS18B20 同时测量温度并进行告警搜索。

6．DS18B20 单总线通信协议

1）单总线网络

图 7-21 所示为 DS18B20 组成的单总线网络。单总线系统包括一个总线控制器和一台或多台从机。单总线网络具有严谨的控制结构，一般通过双绞线与单总线元器件进行数据通信，单总线元器件通常被定义为漏极开路端点。单总线网络为主/从式多点结构，而且一般都在主机端接一个上拉电阻（4.7kΩ）后接+5V 电源。通常为了给单总线设备提供足够的电源，需要一个 MOSFET 管将单总线设备的总线电压上拉至+5V。

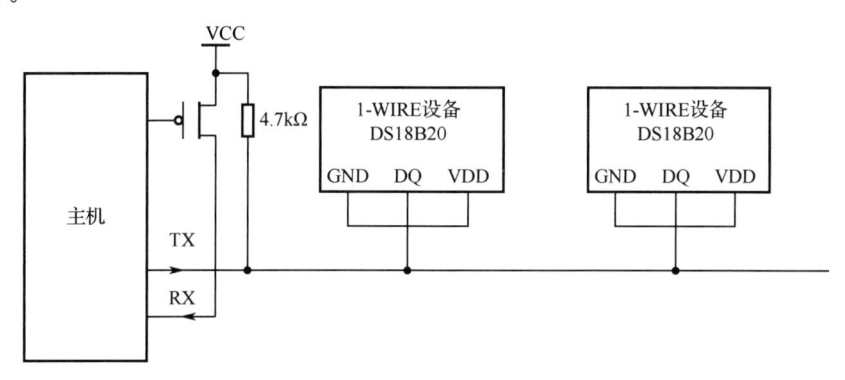

图 7-21　DS18B20 组成的单总线网络

2）单总线传输时序

DS18B20 单总线通信协议是分时定义的，有严格的时序概念。

图 7-22 所示为单总线协议的复位脉冲时序。总线上的所有操作都是从初始化开始的。主机向总线发送一个复位脉冲，要求主 CPU 将数据线下拉 480～960μs 后释放，单总线经过 4.7kΩ 的上拉电阻后恢复至高电平状态。DS18B20 检测到总线上升沿之后，等待 15～60μs 后发送 60～240μs 的存在脉冲（拉低），之后 DS18B20 会释放总线，主 CPU 收到此存在脉冲后表示复位成功。

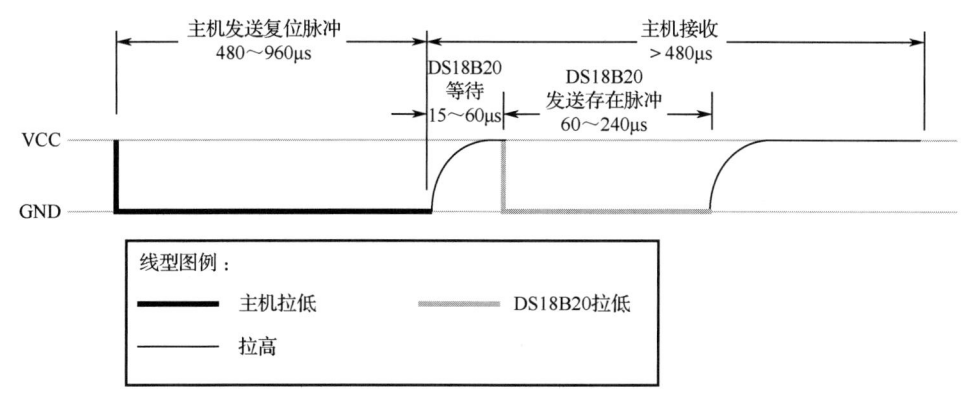

图 7-22　单总线协议的复位脉冲时序

图 7-23 所示为单总线协议写 "0" 和 "1" 的时序图。主机在与 DS18B20 的通信过程中下传数据和命令时需要遵照写时序。主机将数据线从高电平拉至低电平，产

生写起始信号。主机在 15μs 内将所需写的位送到数据线上，DS18B20 在 15～60μs 内对数据线进行采样，如果采样为高电平，就写"1"；如果采样为低电平，就写"0"。在开始另一个写周期前，必须有 1μs 以上的高电平恢复时间。

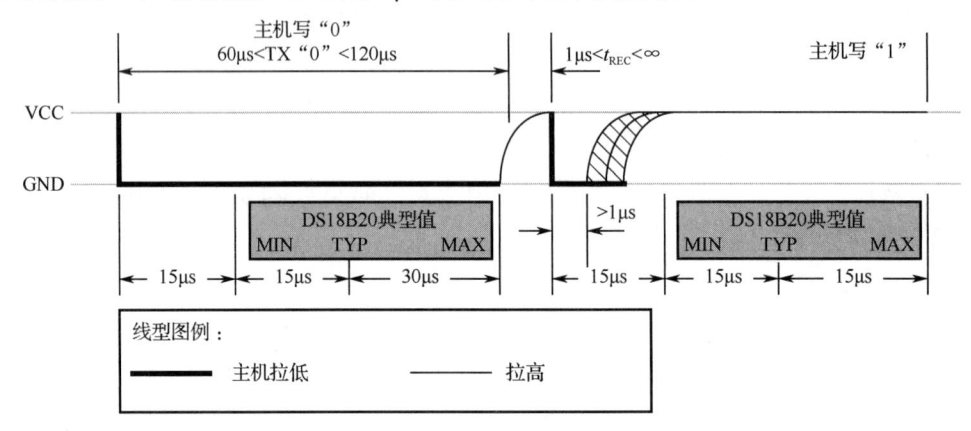

图 7-23 单总线协议写"0"和"1"的时序图

图 7-24 所示为单总线协议读"0"和"1"的时序图，图 7-25 所示为单总线协议读"1"的时序细节。当读取 DS18B20 上传的数据时，需要用到读时序。主机先将数据线从高电平拉至低电平 1μs 以上，再释放，使数据线恢复为高电平，从而产生读起始信号。主机在读时间段下降沿之后的 15μs 内完成读位。每个读周期最短的持续期为 60μs，各个读周期之间也必须有 1μs 以上的高电平恢复时间。

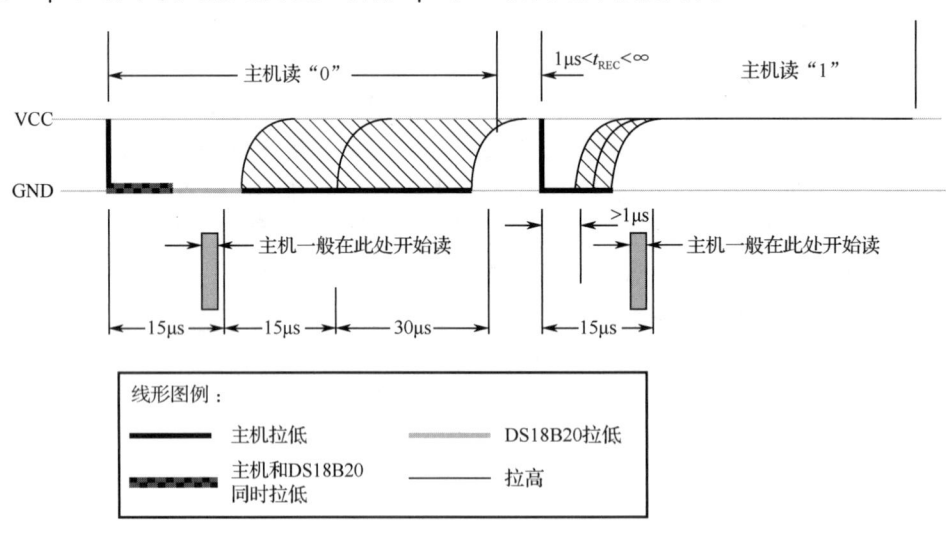

图 7-24 单总线协议读"0"和"1"的时序图

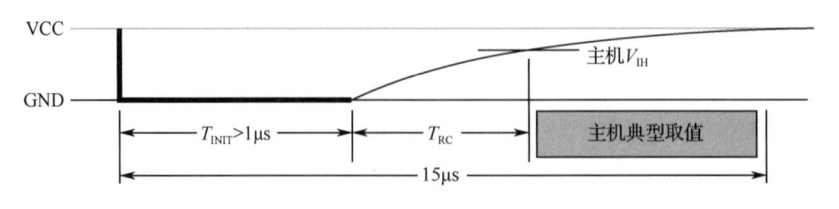

图 7-25 单总线协议读"1"的时序细节

3）DS18B20 温度转换及读取步骤

由于 DS18B20 单总线通信功能是分时完成的，有严格的时序概念，如果出现序列混乱的情况，那么单总线元器件将不响应主机，因此读写时序很重要。系统对 DS18B20 的各种操作必须按协议进行。DS18B20 的协议规定，微控制器控制 DS18B20 完成一个 RAM 命令（如温度的转换、读取等）必须经过以下 4 个步骤。

（1）每次读/写前都要对 DS18B20 进行复位初始化。

（2）发送一条 ROM 命令。DS18B20 的 ROM 命令集如表 7-7 所示。

表 7-7　DS18B20 的 ROM 命令集

命 令 名 称	命　令	功　能
读 ROM	0x33	读 DS18B20 中的编码（64 位地址）
匹配 ROM	0x55	发出此命令后发出 64 位 ROM 编码，访问单总线上与该编码对应的 DS18B20，使之做出响应，为下一步对该 DS18B20 的读/写做准备
搜索 ROM	0xF0	用于确定挂接在同一根总线上 DS18B20 的个数并识别 64 位 ROM 地址，为操作各元器件做准备
跳过 ROM	0xCC	忽略 64 位 ROM 地址，直接向 DS18B20 发出温度转换命令，适用于单个 DS18B20
告警搜索	0xEC	执行后，只有温度超过阈值上限或下限的 DS18B20 才做出响应

- 读 ROM 命令（0x33）：通过该命令可以读出 ROM 中的 8 位系列产品代码、48 位自身序列号和 8 位 CRC 码。
- 匹配 ROM 命令（0x55）：多个 DS18B20 在线时，主机发出该命令和一个 64 位数列，只有内部的 ROM 与主机序列一致的 DS18B20 才能响应主机发送的寄存器操作命令，而其他 DS18B20 则等待复位。该命令也可用于单片 DS18B20 的情况。
- 搜索 ROM 命令（0xF0）：该命令可以使主机查询到总线上有多少个 DS18B20，以及各自的 ID 号。
- 跳过 ROM 命令（0xCC）：若系统只用了一个 DS18B20，则该命令允许主机跳过 ROM 序列号检测而直接对寄存器进行操作，从而节省时间。对于多个 DS18B20 测温系统，该命令将引起数据冲突。
- 告警搜索命令（0xEC）：该命令的操作过程同搜索 ROM 命令，但是只有当上次温度测量值已置为告警标志时，DS18B20 才响应该命令。

（3）发送存储器命令。DS18B20 的 RAM 命令集如表 7-8 所示。

表 7-8　DS18B20 的 RAM 命令集

命 令 名 称	命　令	功　能
温度转换	0x44	启动 DS18B20 进行温度转换，转换时间最长为 500ms（典型值为 200ms），结果存入内部 9 字节 RAM 中
读暂存器	0xBE	读内部 RAM 中 9 字节的内容
写暂存器	0x4E	发出向内部 RAM 的第 3、4 个字节写上、下温度数据命令，在发出该命令之后，传达 2 字节的数据
复制暂存器	0x48	将 RAM 中第 3、4 个字节中的内容复制到 EEPROM 中

续表

命令名称	命令	功能
重调EEPROM	0xB8	将EEPROM中的内容恢复到RAM的第3、4个字节中
读供电方式	0xB4	读DS18B20的供电模式,寄生供电时DS18B20发送"0",外部供电时DS18B20发送"1"

- 温度转换命令（0x44）：DS18B20收到该命令后立即进行温度转换,不需要其他数据。此时,DS18B20处于空闲状态,当温度转换正在进行时,主机读总线结果为0,转换结束后为1。
- 读暂存器命令（0xBE）：该命令可以读出暂存器中的内容,从第1个字节开始,直到读完第9个字节,如果仅需要读取暂存器中的部分内容,那么主机可以在合适的时间发出复位命令以结束该过程。
- 写暂存器命令（0x4E）：该命令把数据依次写入高温触发器、低温触发器和配置寄存器。命令复位信号发出之前必须把这3个字节写完。
- 复制暂存器命令（0x48）：把高速缓存器中第2～4个字节中的内容转存到DS18B20的EEPROM中。命令发出后,主机发出读命令来读总线,如果转存正在进行中,那么主机读总线的结果为0,转存结束后为1。
- 重调EEPROM：把EEPROM中的内容回调至高温触发器、低温触发器和配置寄存器中。命令发出后,若主机接着读总线,则读结果为0表示忙、为1表示回调结束。
- 读供电方式命令（0xB4）：主机发出该命令后读总线,DS18B20将发送电源标志,0表示数据线供电,1表示外接电源。

(4) 进行数据通信。

例如,当系统只用了一个DS18B20时,要实时测量并读取一次温度,应该按如下步骤进行。

① 复位。
② ROM命令（0xCC）。
③ RAM命令（0x44）。
④ 数据通信（无）。
⑤ 延时（12位精度需要延时长于750ms）。
⑥ 复位。
⑦ ROM命令（0xCC）。
⑧ RAM命令（0xBE）。
⑨ 数据通信（读取暂存器的第1～9字节）。

温度转换操作（步骤①～④）总线状态如图7-26所示,温度读取操作（步骤⑥～⑨）总线状态如图7-27所示。

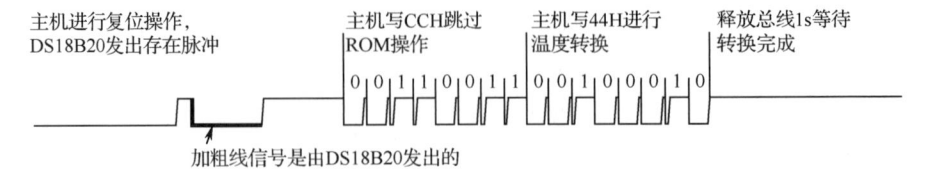

图7-26 温度转换操作总线状态

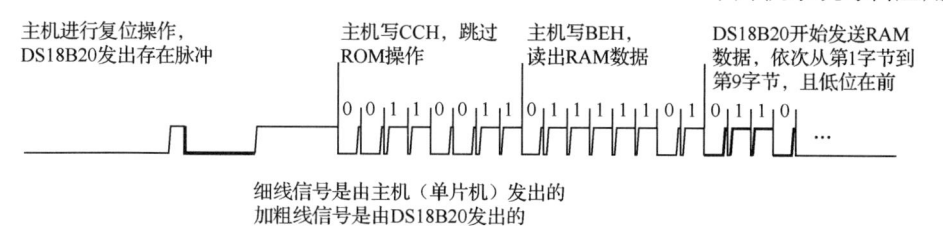

图 7-27 温度读取操作总线状态

4）DS18B20 的 ROM 和 RAM 功能处理流程

DS18B20 的 ROM 功能处理流程如图 7-28 所示，DS18B20 的 RAM 功能处理流程如图 7-29 所示。

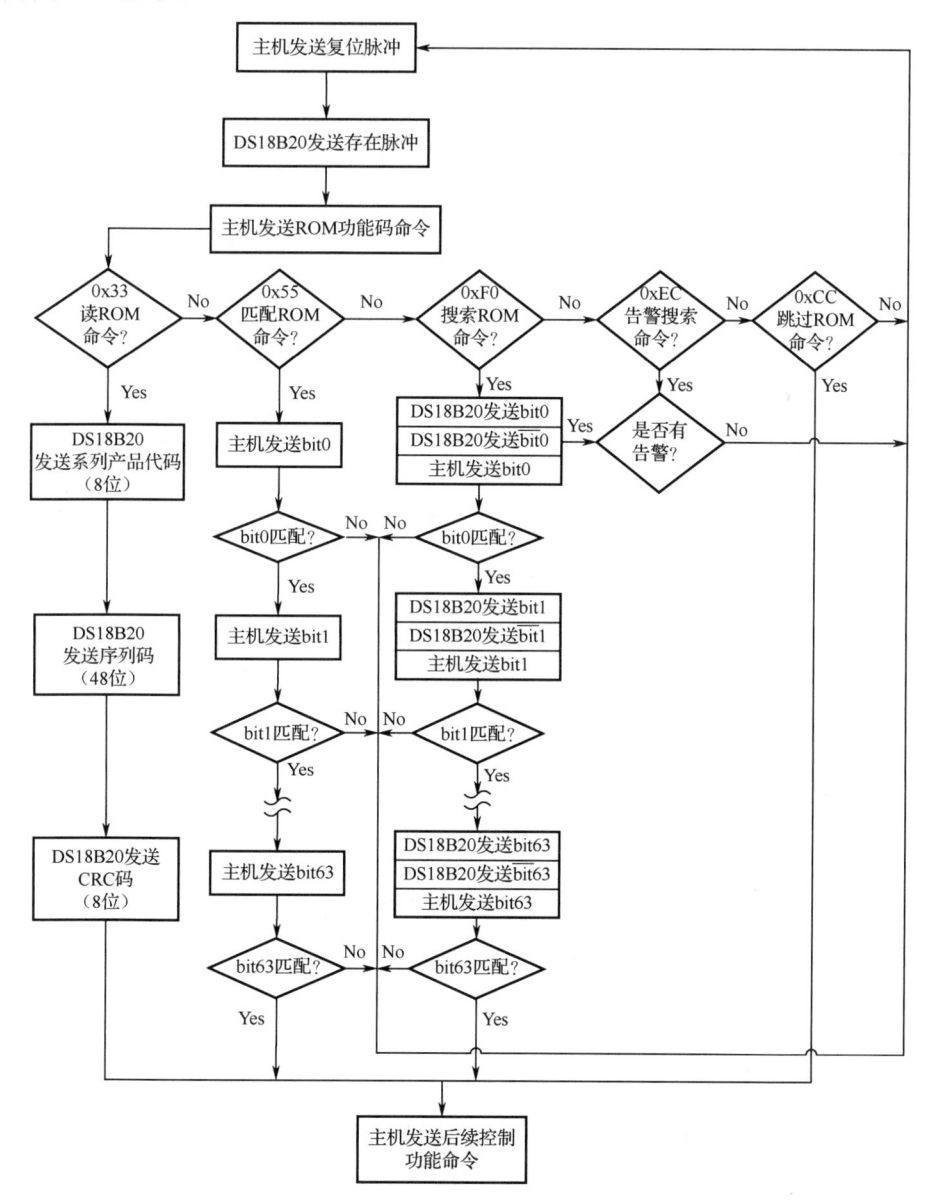

图 7-28 DS18B20 的 ROM 功能处理流程

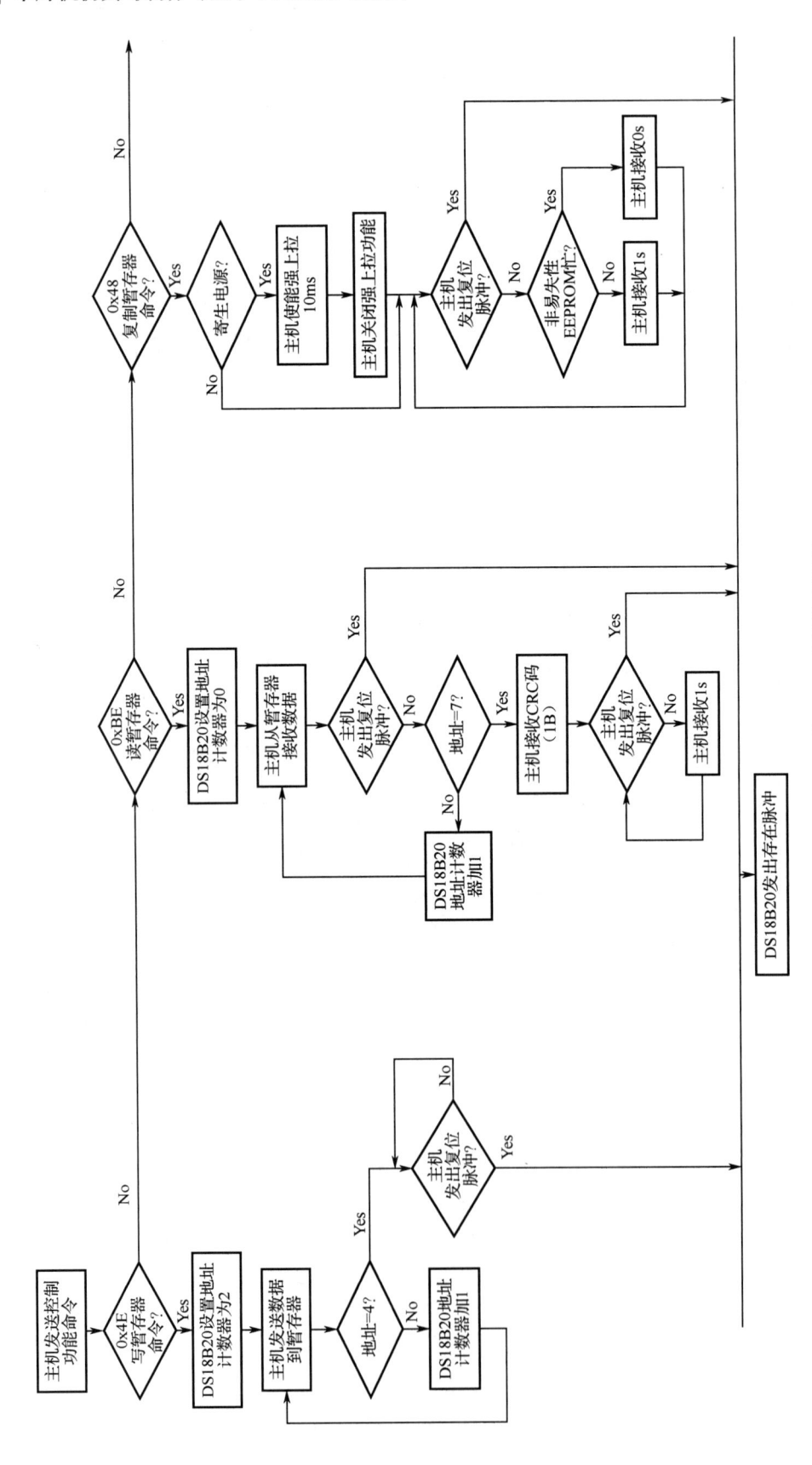

图 7-29 DS18B20 的 RAM 功能处理流程

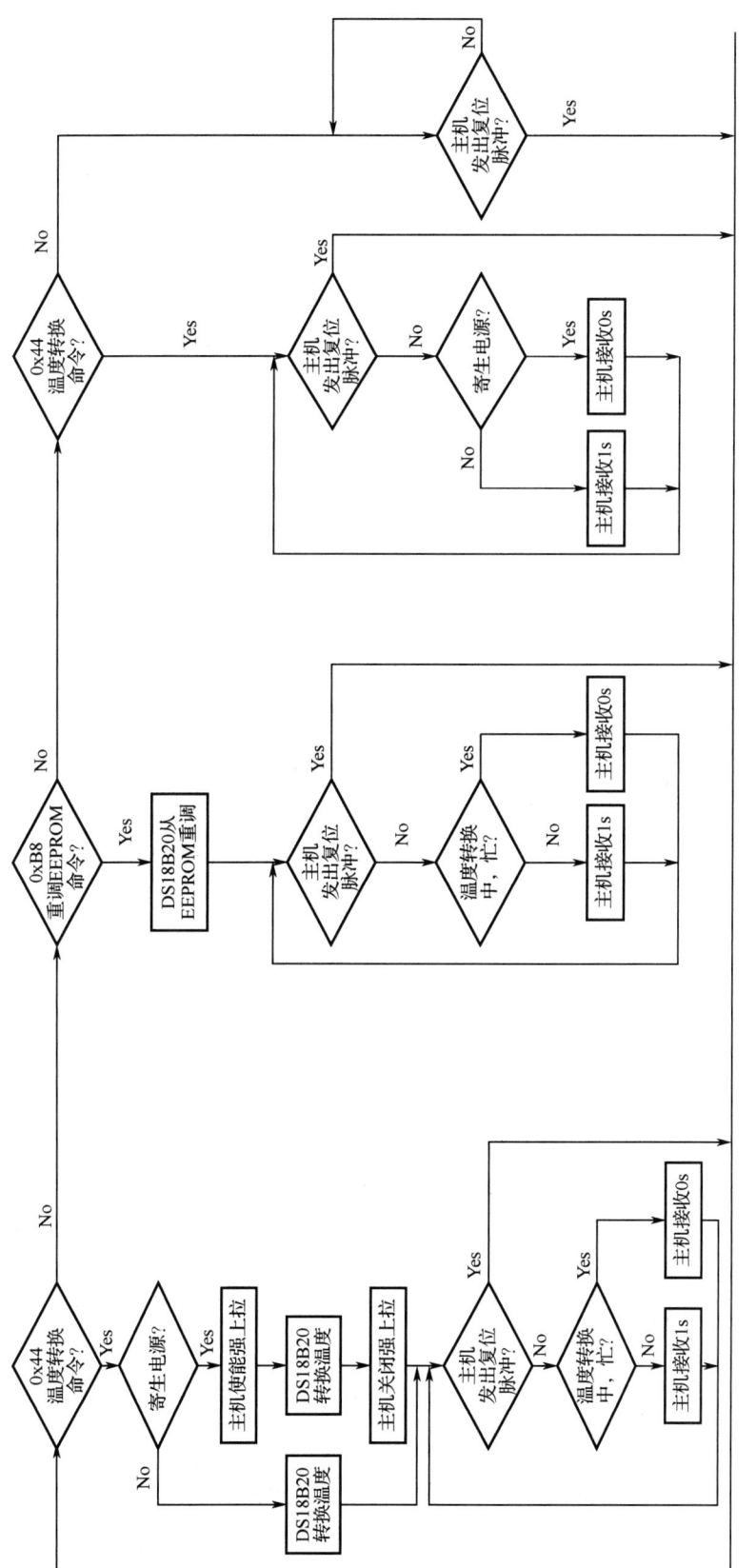

图 7-29 DS18B20 的 RAM 功能处理流程（续）

7. DS18B20 的测温过程

（1）初始化单总线上的所有 DS18B20。

（2）如果还没有获得特定 DS18B20 的 ID 号，就先只接一个 DS18B20，发送读 ROM 命令（0x33），然后读取 DS18B20 返回的该芯片自身的 ID 号，将读出的多个 DS18B20 芯片的 ID 号顺序保存到单片机 EEPROM 的指定位置，当单总线上接有多个 DS18B20 时，用各个芯片的 ID 号选中特定的芯片进行操作，如果已经获得了 ID 号，就先发送匹配 ROM 命令（0x55），再发送 ID 号，选中特定的芯片。

（3）发送写暂存器命令（0x4E）设置 DS18B20 的工作模式，并写入 3 个字节：温度上限、温度下限、模式设置字节（R1、R0 分别为该字节的第 5 位和第 6 位，第 7 位为 0，其他位为 1）（该步可以省略，使用 DS18B20 的默认模式，即最高分辨率模式）。

（4）自动温度转换，发送温度转换命令（0x44）。

（5）等待温度转换结束，当分辨率不同时，该等待时间也应不同。

（6）读取转换结果。先发送读暂存器命令（0xBE），然后读取转换结果，为了保证读出的数据正确，一般要读出 DS18B20 的 RAM 中 9 个字节，并校验读出的数据是否正确。

（7）如果校验正确，就将读出的前 2 个字节转换成十进制形式的温度值。DS18B20 为用户提供了 5 个 ROM 命令和 6 个 RAM 命令，而具体命令信息的传送则主要通过初始化时序、读时序、写时序 3 个基本时序单元的组合来实现。

※※※注意：

DS18B20 虽然具有测温系统简单、测温精度高、连接方便、占用口线少等优点，但在实际应用中也应注意以下几方面的问题。

- 在每次读/写之前，都要对 DS18B20 进行复位，复位成功后发送一条 ROM 命令，并发送 RAM 命令，只有这样，才能对 DS18B20 进行预定的操作。
- 在写数据时，若写 0，则单总线至少被拉低 60μs；若写 1，则在 15μs 内就会释放总线。
- 较小的硬件开销需要相对复杂的软件进行补偿，由于 DS18B20 与微处理器之间采用串行数据传送方式，因此，在对 DS18B20 进行读/写编程时，必须严格保证读/写时序，否则将无法读取测温结果。在使用 PL/M、C 等高级语言进行系统程序设计时，对 DS18B20 的操作部分最好采用汇编语言实现。
- 在 DS18B20 的有关资料中均未提及单总线上所挂 DS18B20 的数量问题，容易使人误认为可以挂任意多个 DS18B20，但在实际应用中并非如此。当单总线上所挂的 DS18B20 超过 8 个时，就需要解决微处理器的总线驱动问题，这一点在进行多点测温系统设计时要加以注意。
- 连接 DS18B20 的总线电缆是有长度限制的。试验中，当采用普通信号电缆的传输长度超过 50m 时，读取的测温数据将发生错误。这种情况主要是由于总线分布电容使信号波形产生畸变造成的。当将总线电缆改为双绞线带屏蔽电缆时，正常通信距离可达 150m；当采用每米绞合次数更多的双绞线带屏蔽电缆时，正常通信距离进一步加长。因此，在用 DS18B20 进行长距离测温系统设计时，要充分考虑总线分布电容和阻抗匹配问题。测温电缆线建议采用屏蔽 4 芯双绞线，其中一对接地线与信号线，另一对接 VCC 和地线，屏蔽层在源端单点接地。

- 在 DS18B20 测温程序设计中,向 DS18B20 发出温度转换命令后,程序总要等待 DS18B20 的返回信号,一旦某个 DS18B20 接触不好或断线,当程序读该 DS18B20 时,将没有返回信号,程序进入死循环。这一点在进行 DS18B20 硬件连接和软件设计时也要给予一定的重视。

【任务实施】

1)准备元器件

元器件清单如表 7-9 所示,其中数码管显示部分对应图 2-51,图 7-30 中的数码管显示部分只能用于仿真。为了能快速得到不同的温度值,还需要准备一把热风枪或一把电烙铁,用于快速加热;有冷热风功能的电吹风、酒精、棉签,用于快速冷却。

表 7-9 元器件清单

序号	种类	标号	参数	序号	种类	标号	参数
1	电阻	R0	10kΩ	7	单片机	U1	STC89C52
2	电阻	R10~R21	1kΩ	8	三极管	Q1-Q4	S8550
3	电阻	R6	4.7kΩ	9	4位7段数码管	SEG7-4	3641BS
4	电容	C1	30pF	10	晶振	X1	12M
5	电容	C2	30pF	11	数字温度传感器	U3	DS18B20
6	电容	C3	10μF	12	—	—	—

2)搭建硬件电路

本任务对应的仿真电路图如图 7-30 所示。该电路图在任务 6 的基础上增加了 U3(DS18B20)和 R6(4.7kΩ),只需对前面的电路稍做改动即可实现。

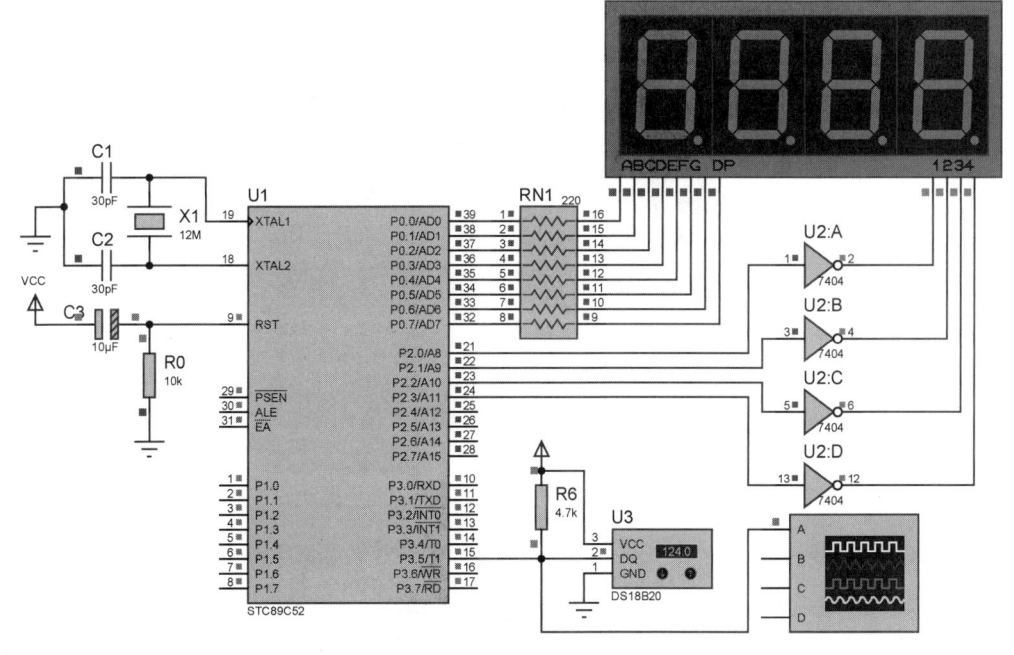

图 7-30 本任务对应的仿真电路图

本任务对应的配套实验板 DS18B20 部分电路原理图如图 7-31 所示。其中，单片机的 P3.5 引脚与 DS18B20 进行数据通信，R6 为上拉电阻，用来保持总线在无通信时为高电平常态。

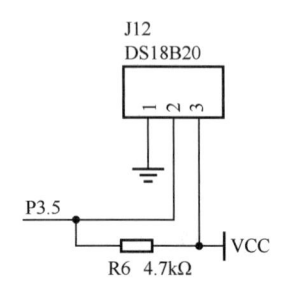

图 7-31　本任务对应的配套实验板 DS18B20 部分电路原理图

配套实验板对应的本任务的电路制作实物图如图 7-32 所示，用万能板制作的本任务的正、反面电路实物图分别如图 7-33 和图 7-34 所示。更清晰的电子版实物制作图可参看随书电子资源图片文件。

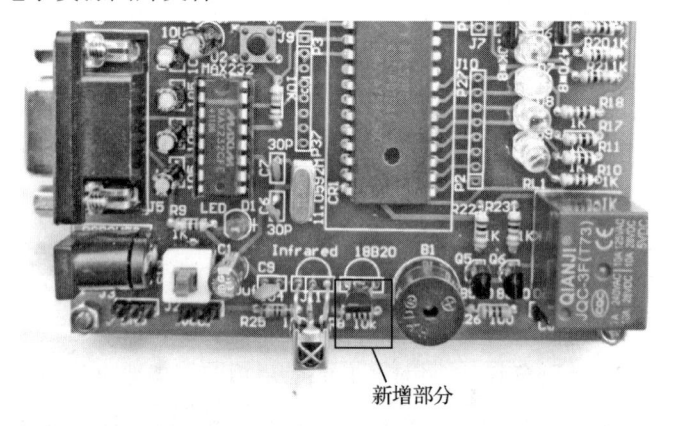

图 7-32　配套实验板对应的本任务的电路制作实物图

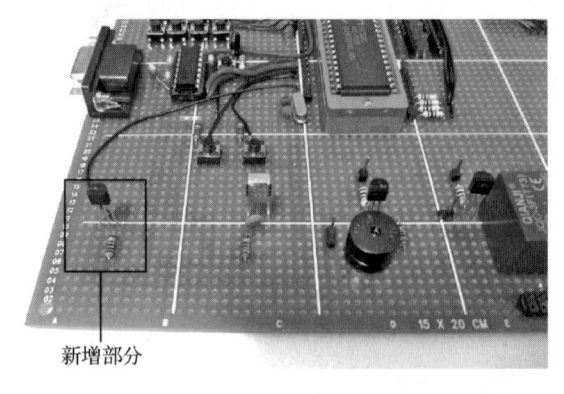

图 7-33　用万能板制作的本任务的正面电路实物图

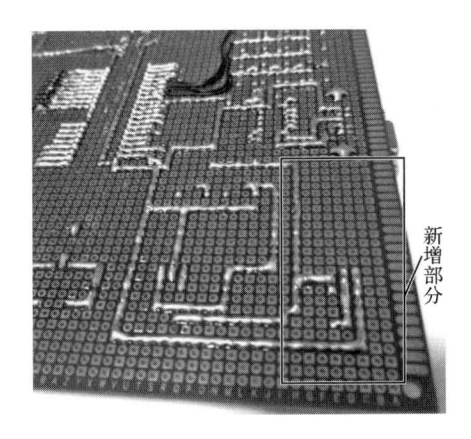

图 7-34 用万能板制作的本任务的反面电路实物图

3）程序设计

程序清单如下：

```c
/** 任务 15  用 DS18B20 测量温度并用 7 段数码管显示 **/
#include <stc.h>
#define uint unsigned int
#define uchar unsigned char
sbit DQ = P3^5;
sbit P2_0 = P2^0;
sbit P2_1 = P2^1;
sbit P2_2 = P2^2;
sbit P2_3 = P2^3;
bit DS18B20_IS_OK = 1;
uchar CurrentT = 0;
uchar Temp_Value[]={0};
uchar Display_Digit[]={0,0,0,0};
//7 段数码管的段码，对应数字 0～9
uchar code DSY_CODE[]={0xc0,0xf9,0xa4,0xb0,0x99,0x92,0x82,0xf8,0x80,0x90};

void delayms(uint x)    //延时子程序，延时 x×1ms
{
    uchar i;
    while(x--)
    {
        for(i=0;i<120;i++);
    }
}

void delayus(uchar us)      //延时子程序，延时时间为(5+2×us)μs
{
    while(--us);
}
```

```c
uchar Init_DS18B20()          //DS18B20 初始化子程序
{
    uchar status;
    DQ = 1;
    delayus(1);               //延时 7μs（实测）
    DQ = 0;
    delayus(250);             //延时 505μs（实测）
    DQ = 1;
    delayus(28);              //延时 61μs（实测）
    status = DQ;
    delayus(240);             //延时 485μs（实测）
    return status;            //根据返回值判断是否复位成功，0 表示复位成功
}

uchar ReadOneByte()           //DS18B20 读取一字节子程序
{
    uchar i,dat=0;
    DQ = 1;
    for(i=0;i<8;i++)
    {
        DQ = 0;
        delayus(3);           //延时 11μs（实测）
        DQ = 1;
        dat >>= 1;
        if(DQ)
            dat|=0x80;
        DQ = 1;
        delayus(30);
    }
    return dat;
}

void WriteOneByte(uchar dat)  //DS18B20 写入一字节子程序
{
    uchar i;
    for(i=0;i<8;i++)
    {
        DQ = 1;
        delayus(1);
        DQ = 0;
        delayus(1);
        DQ = (bit)(dat&0x01);
        dat >>= 1;
        delayus(40);
```

```c
    }
}

void Display_Temperature()        //7 段数码管显示温度子程序
{
    uchar i;
    for(i=0;i<140;i++)            //输出到 7 段数码管显示
    {
        P0 = 0xff;                //关闭 7 段数码管，防止闪烁
        P2_1 = 0;                 //低电平对应的位显示
        P0 = DSY_CODE[Display_Digit[2]];
        delayms(2);

        P0 = 0xff;                //关闭 7 段数码管，防止闪烁
        P2_1 = 1;P2_2 = 0;        //低电平对应的位显示
        P0 = DSY_CODE[Display_Digit[1]];
        delayms(2);

        P0 = 0xff;                //关闭 7 段数码管，防止闪烁
        P2_2 = 1;P2_3 = 0;        //低电平对应的位显示
        P0 = DSY_CODE[Display_Digit[0]];
        delayms(2);
        P2_3 = 1;
    }
}

void Read_Temperature()
{
    if(Init_DS18B20()==1)         //判断是否复位成功
        DS18B20_IS_OK=0;          //DS18B20 没有准备好
    else
    {
        WriteOneByte(0xcc);
        WriteOneByte(0x44);
        DQ = 1;
        //等待温度转换，耗时约 840ms，边等边显示上次测量的温度
        Display_Temperature();
        Init_DS18B20();
        WriteOneByte(0xcc);
        WriteOneByte(0xbe);
        Temp_Value[0] = ReadOneByte();    //读取 RAM 的第 0 字节
        Temp_Value[1] = ReadOneByte();    //读取 RAM 的第 1 字节
        CurrentT = ((Temp_Value[0]&0xf0)>>4)|((Temp_Value[1]&0x07)<<4);
        Display_Digit[2] = CurrentT/100;
        Display_Digit[1] = CurrentT%100/10;
```

```
                Display_Digit[0] = CurrentT%10;
                DS18B20_IS_OK=1;
        }
}

void main()//主程序
{
        while(1)
        {
                Read_Temperature();   //实时读取温度并显示
        }
}
```

程序说明：

- 只用了 3 位 7 段数码管显示了个位、十位和百位，没有显示小数位。
- 共阳极 7 段数码管用 P0 口控制，低电平有效，即"0"亮，数码管的位由 P2 口（P2.1 为百位，P2.2 为十位，P2.3 为个位）控制，低电平有效。
- 本任务的程序专为高职类初学者提供，尽量简单明了，此处没有编写负温度的显示。

写出程序后，在 Keil μVision2 中编译并生成 HEX 文件"任务 15.hex"。

4）使用 Proteus ISIS 仿真

将"任务 15.hex"加载到仿真电路图的单片机 U1 中，仿真开始将看到 7 段数码管上显示"030"，表示目前温度为 30℃，如图 7-35 所示。按 DS18B20 上的上、下箭头按键，调节测量到的温度从 0℃至+125℃变化，7 段数码管上将跟随显示"000"至"125"。图 7-36 所示为 DS18B20 测量到 30℃时向主机发送的仿真数据波形。

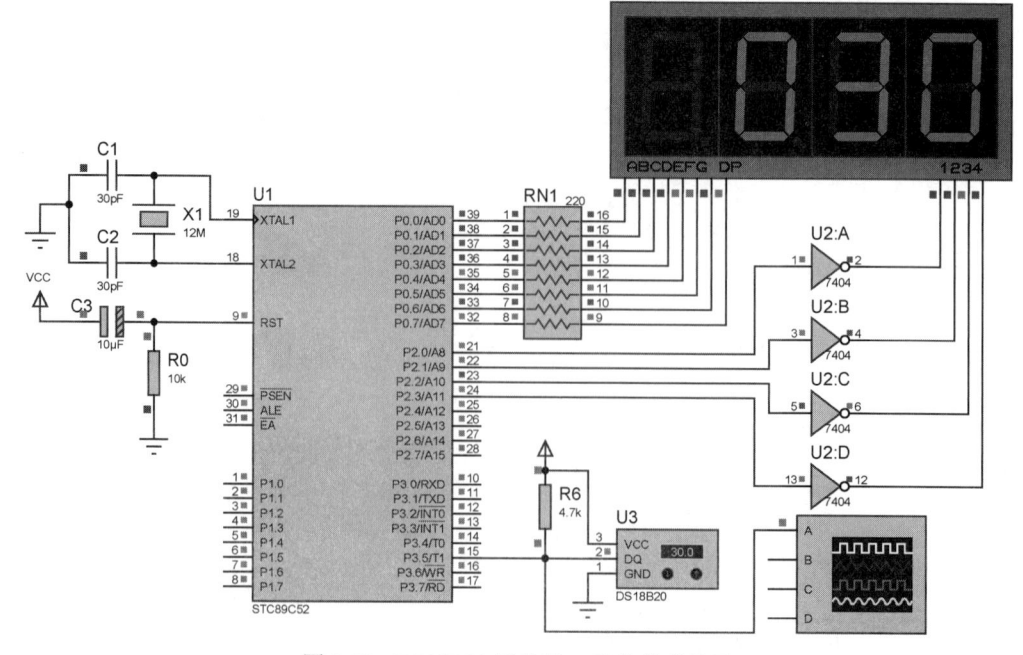

图 7-35 DS18B20 测量到 30℃的仿真显示

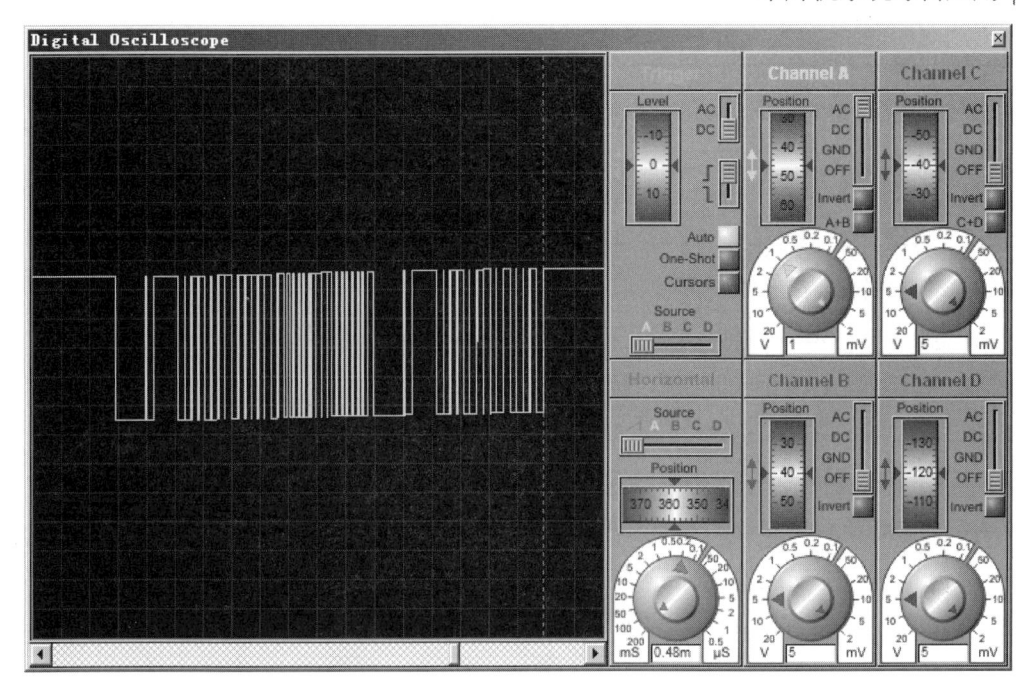

图 7-36　DS18B20 测量到 30℃时向主机发送的仿真数据波形

5）使用实验板调试所编写的程序

将"任务 15.hex"程序下载到单片机中，上电后，单片机板将实时显示测量到的温度，一开始测量到的是室内温度。当用手握紧 DS18B20 时，显示的测量温度逐渐上升，最高可以升到 35℃。松开手，温度逐渐下降到室温。若想快速看到温度变化，则可用热风枪对着 DS18B20 吹，但应该注意将热风枪的温度调到 150℃的较低温度，否则可能会伤到电路板。若没有热风枪，则也可用电吹风或电烙铁替代，但使用电烙铁时切记不要让烙铁头碰到 DS18B20。当需要快速降低温度时，也可先用棉签在 DS18B20 上擦拭酒精，然后用冷风吹。

为了验证 DS18B20 测量温度时向主机发送的数据，还可以用示波器进行实时监测，可以看到示波器监测到的波形与图 7-36 所示的仿真波形完全一致。

【任务评价】

本任务的评价表如表 7-10 所示，其中，职业素养、安全规范、搭建电路、程序设计、仿真调试共 100 分，增值加分为 10 分。

表 7-10　评价表

任务名称	用 DS18B20 测量温度并用 7 段数码管显示		
姓名		班级	
小组编号		小组成员	
实施地点		指导教师	

续表

评价项目	评价内容	配分	自评	互评	师评
职业素养	有工作计划，有明确的分工	5			
	实施任务过程中有讨论，工作积极	5			
	遵守工作纪律（无迟到、旷课、早退情况）	5			
安全规范	能够做好设备维护、卫生打扫工作，保证周边环境整洁、安全	5			
	安全操作规范	5			
	资料填写规范	5			
	穿戴规范	5			
搭建电路	设计的电路图可行	10			
	绘制的电路图美观	5			
	电气元器件图形符号符合标准	5			
程序设计	程序设计合理	5			
	程序编译无报错	5			
	程序设计效率较高	5			
仿真调试	生成 HEX 文件并加载到仿真电路中，仿真电路现象与任务要求一致	10			
	成功调试程序并下载到电路板上	10			
	接通电源，实验现象与任务要求一致	10			
增值加分	小组获评优秀	5			
	本人被评为今日之星	5			
总分					

【任务小结】

本任务是一个综合性的单片机开发项目，需要学生在完全读懂 DS18B20 使用手册的基础上进行编程。通过制作 DS18B20 数字温度测量系统，可让学生熟悉 DS18B20 的使用方法，以及单片机处理单总线通信编程的具体方法，也能深入了解单片机系统开发过程，对于学生的系统开发能力有很大的提高作用。

【拓展训练】

（1）DS18B20 单总线通信协议是什么样的？当需要读取一个 DS18B20 的 ID 号并用 7 段数码管显示时，试写出程序流程图和具体程序。

（2）试制作单总线上有两个 DS18B20 时的两点温度测量系统，编写程序并调试。

【课后练习】

一、单选题

1. DS18B20 内部有（　　）个具有不同温度系数的振荡器。

A. 1　　　　　B. 2　　　　　C. 3　　　　　D. 4

2. 减法计数器 1/2 和温度寄存器均有一个预置的基数值，该基数值与（　　）℃ 对应。

A. -55　　　　B. -50　　　　C. -60　　　　D. 55

3. 下面不是 DS18B20 优点的是（　　）。

A. 测量温度范围宽，测量精度低　　　B. 可以做到零待机功耗
C. 供电方式灵活　　　　　　　　　　D. 测量参数可配置

二、填空题

DS18B20 的温度传感器是通过_____影响来测量温度的。

【精于工、匠于心、品于行】

刘湘宾：矢志奋斗 只争朝夕

刘湘宾参加工作 40 多年，在精密加工事业部数控组当了 20 多年的组长，他所带领的团队主要承担国家防务装备惯导系统关键件、重要件的精密超精密车铣加工任务，其加工的惯性导航产品参加了 40 余次国家防务装备、重点工程、载人航天、探月工程等大型飞行试验任务，圆满完成长征系列火箭导航产品关键零件、卫星/神舟十二号重要部件的生产任务。

他率领团队在行业内首次实现了球型薄壁石英玻璃的加工需求，打通该型号研制的关键瓶颈。石英半球谐振子是世界上最先进的精密陀螺仪之一——半球谐振陀螺仪最难加工的核心敏感零部件。作为材料的石英玻璃既硬又脆，形状是薄壁半球壳形，球面十分"娇气"，易崩易裂，在刀具超高速运转下，稍有不慎，就会导致内外壁厚度出现偏差，精密加工难度极大。

一次次画图、建模、调整刀具、修改编程，刘湘宾反复改进，经过整整 6 年时间，进行了成千上万次的实验，最终将精密加工精度提升至 1μm，仅仅是一根头发直径的 1/70，远远超出了设计要求，成功打破技术垄断与封锁。

在 40 多年的时间里，数控铣工刘湘宾只做了擦亮大国重器的"眼睛"这一件事。他带领团队加工的产品参加了 100 余次国家防务装备、载人航天、探月工程等大型飞行试验任务，一次又一次地填补国内空白，让中国制造走向世界。

（来自央视网，2022 年 3 月 2 日）

反侵权盗版声明

电子工业出版社依法对本作品享有专有出版权。任何未经权利人书面许可，复制、销售或通过信息网络传播本作品的行为，歪曲、篡改、剽窃本作品的行为，均违反《中华人民共和国著作权法》，其行为人应承担相应的民事责任和行政责任，构成犯罪的，将被依法追究刑事责任。

为了维护市场秩序，保护权利人的合法权益，我社将依法查处和打击侵权盗版的单位和个人。欢迎社会各界人士积极举报侵权盗版行为，本社将奖励举报有功人员，并保证举报人的信息不被泄露。

举报电话：（010）88254396；（010）88258888
传　　真：（010）88254397
E-mail：　dbqq@phei.com.cn
通信地址：北京市海淀区万寿路173信箱
　　　　　电子工业出版社总编办公室
邮　　编：100036